传统口味蔬菜高品质栽培技术

主编　曹　华

中国农业科学技术出版社

图书在版编目（CIP）数据

传统口味蔬菜高品质栽培技术 / 曹华主编 . —北京：中国农业科学技术出版社，2021.3

ISBN 978-7-5116-5211-9

Ⅰ.①传… Ⅱ.①曹… Ⅲ.①蔬菜园艺 Ⅳ.① S63

中国版本图书馆 CIP 数据核字（2021）第 033855 号

责任编辑 张志花
责任校对 李向荣
责任印制 姜义伟 王思文

出 版 者 中国农业科学技术出版社
北京市中关村南大街 12 号 邮编：100081
电 话 （010）82106636（编辑室）（010）82109702（发行部）
（010）82109709（读者服务部）
传 真 （010）82106631
网 址 http://www.castp.cn
经 销 者 各地新华书店
印 刷 者 北京科信印刷有限公司
开 本 170 mm × 240 mm 1/16
印 张 16 彩插 32 面
字 数 335 千字
版 次 2021 年 3 月第 1 版 2021 年 3 月第 1 次印刷
定 价 69.80 元

《传统口味蔬菜高品质栽培技术》

编　委　会

主　　编　曹　华

副 主 编　赵　鹤　徐　进　李红岭

编　　委（按姓氏笔画排序）

王　帅　王红霞　王艳芳

王铁臣　文方芳　刘士勇

刘奥伟　齐长红　李　蔚

李云飞　李显友　李新旭

辛　士　辛树林　张　乐

张冬梅　侯　爽　郭　芳

葛玉梅　程　旭　薛雅茹

组织编写　北京市农业技术推广站

主编简介

曹 华

北京市农业技术推广站名优蔬菜专家，北京市12316首席蔬菜栽培专家。曾任蔬菜室副主任、北京特菜大观园副总经理等职务。从事蔬菜技术工作50余年，近20年来主要从事传统口味蔬菜恢复栽培技术研究推广工作，以及高品质蔬菜和景观蔬菜的栽培技术的研究。荣获农业农村部和北京市政府16项科技成果奖励，其中一等奖4项，二等奖3项；“特种蔬菜栽培技术推广”项目获全国农牧渔业丰收一等奖；在《中国蔬菜》等核心期刊发表论文90多篇，主编《名特蔬菜优质栽培新技术》《24节气话种菜》等技术专著16部。作为第一发明人获得国家专利授权7项。多年总结的蔬菜生产实用技术被中央电视台拍成100多部专题片在全国播放。现被聘为中国农业科技园区专家，中国农业科技下乡团老口味蔬菜栽培组组长，农业农村部都市农业北方重点试验室蔬菜专家，全国青少年食品安全专家等。连续两年获全国“爱我中华 奉献农业”全国十大优秀栽培专家荣誉称号；2017年4月被农业部授予“最受农民欢迎的12316十佳专家”荣誉称号。

序

书桌上摆放着一摞打印的书稿，这是曹华老师即将出版的新作《传统口味蔬菜高品质栽培技术》。和曹华老师相识多年，在工作上多有来往，看到曹老师新的力作，油然产生一种敬佩之情。曹老师在蔬菜界很有声望，其知识广博，技艺精湛。尤为可贵的是曹华老师笔耕不辍，时有大作出版。拜读书稿后，想起曹华老师所托，希望我能为此书写点东西，为此感到忐忑。实话实说，对于蔬菜栽培，我技不如曹老师，焉敢班门弄斧。但对传统口味蔬菜却深有所感，毕竟也是70多岁的人，对当年的蔬菜还有记忆，恭敬不如从命，提笔如下。

远的不说，20世纪五六十年代常吃的蔬菜品种今天还有吗?

当年的核桃纹白菜帮嫩叶甜，开锅即烂，入口无渣。那形象，那味道，只在记忆中了。当年的鞭杆红胡萝卜，长长的根茎，紫红色的表皮，“咔吧”一声掰断，胡萝卜的清香味儿即刻四溢。其肉质紧实，无论炖、炒，色、香、味俱佳。当年的北京刺瓜比今天市场上见到的黄瓜瓜条要短一点儿，偏细。外表刺瘤密，握在手里有微微扎手的感觉，真正的顶花带刺儿。瓜味非常浓，没吃就能闻到一股浓浓的清香味儿。当年的“苹果青”番茄更是别有特色，成熟时高圆的果实从顶部开始变粉红色，近果蒂部分似苹果一样呈绿色，掰开果实里面果肉是沙沙的，吃到嘴里，浓浓的番茄味儿，酸甜适中，吃了一个还想再吃一个。还有当年的老来紫圆茄、板叶心里美萝卜、铁丝苗青韭、野鸡脖五彩韭菜……啊！我的传统口味蔬菜，离别久矣。如今她只停留在老人的闲谈中，停留在老人的梦忆中。

传统不应是抽象地停留在追忆中，而应在我们日常的生活中，在一代一代人手中传递、延展，让传统为生活增添色彩，这就是文化。传统丢失了，文化还有吗?！感谢曹华老师和其团队的蔬菜科研工作者们，为了保留传统，为了文化的传承，不辞劳苦，默默无闻地耕耘着。

为了寻找遗失多年的种子，他们“磨破了嘴，跑断了腿”。就拿恢复的第一个品种心里美萝卜来说，找了多家种子公司、亲戚朋友、京郊菜农，功夫不负有心人，在多方打听之下，从一位多年从事蔬菜种植的老把式王振林手中，找到了比较纯的心里美萝卜种子。找到原种只是万里长征第一步，还需要对得到的种子经种植后选育、提纯。说起来容易，干起来就是几年。

要种出当年的老滋味，更非易事，必须在最适合的季节和最适合的环境条件下种植，土壤、水分、气候差一点都不行。另外，种的时候要施用优质、腐熟的有机肥，再加上平衡施肥和施用生物菌肥，不用化肥和农药，采用生物农药来防治病虫害等多种技术手段，确保产品安全；要采用科学管理方法，精耕细管，使之在最适宜的环境条件下生长；在最佳采收期采收，在适宜条件下贮存，保证最佳品质。至今为止，曹华老师和他的团队已经恢复了多个传统品种。当您有幸得到这些传统美味蔬菜时，您得到的是这些科研工作者的辛勤劳动和拳拳的敬业之心。

为使传统口味蔬菜更好地传承、发展，使更多的菜农生产出好吃的蔬菜，曹华老师总结了多年的栽培经验，写出了《传统口味蔬菜高品质栽培技术》一书。

此书不仅详细讲述了北京传统蔬菜的种植技术，还介绍了天津、上海、河南、河北、山东、安徽、江苏、湖北、江西、广西等全国南北方省（区、市）具有优良传统的 30 余种蔬菜高品质栽培技术。这一力作的面世，定会极大推动传统优质蔬菜的发展，造福社会。

2019 年 12 月 23 日北京满天飞雪，得曹华老师馈赠核桃纹白菜两棵。心中大喜，即兴而作，不合格律。借此书出版之际，附录其后，以示留念。

为得曹华老师馈赠核桃纹白菜两棵即兴二首

其一

满天飞雪天气寒，馈赠嘉蔬暖心间。
核桃有纹曰白菜，叶多帮少滋味甜。
当家品种今罕见，欣喜专家有遗传。
但愿上下齐努力，保留传统谱新篇。

其二

白绿相间玻璃种，根带泥土现砍成。
天寒地冻能有此，定是精心培育成。
传统嘉蔬今又见，十年辛苦十年功。
如翡似翠不寻常，今称白菜古曰崧。

张德纯
中国农业科学院蔬菜花卉研究所
2020 年 6 月 6 日于斗室

前　言

北京蔬菜生产历史悠久，据考证已有3 000多年。从元朝建都700多年以来，北京一直作为全国政治、军事、经济和文化的中心，人口众多，是当时全国最繁华的城市。此后，虽历经多次变革，但随着社会的逐渐安定、经济的逐渐恢复和发展、民族的逐渐融合，以及国际交往的逐渐增多等，北京作为首善之地，依然保持着昔日的繁荣。

由于特殊的历史文化背景，北京的蔬菜生产具有独特性。随着人们生活水平的不断提高，城市消费者对蔬菜产品的外观、口味，乃至鲜嫩程度都有了更高的要求，为了适应市场需求，菜农在生产过程中也逐渐形成了精耕细作的种植传统，蔬菜产品不仅外观漂亮，而且风味好、口感脆嫩，受到文人墨客和追求高品质生活消费者的赞叹。

都门极品大白菜，代表品种为“核桃纹大白菜”，由于叶面布满褶皱，似核桃表面坑洼不平，因此得名“核桃纹”，其风味浓郁、味甜、纤维少，开锅即烂。晚清时期著名才子李慈铭在品评“都中风物”之时，把大白菜和糖炒栗子、牛奶葡萄一起列为京城“三可吃”（即三种最好吃的食物）。北京和台湾的故宫博物院都藏有精美的玉雕工艺品“翠玉白菜”，可见大白菜在当时是极为珍贵的蔬菜。

生熟咸宜品萝卜，北京一向有“萝卜赛梨”的说法。老北京人最熟知的花叶心里美萝卜，是鲜食萝卜中的极品，个头不大，上部淡绿色、下部为白色，肉为鲜艳的红色，又酥又脆，“掉在地上能摔成八瓣”，口感脆甜，已有上百年栽培历史，历史上曾以海淀罗道庄、丰台黄土岗、大兴西红门、高米店等地所产最为著名。清代时期成为皇宫的贡品，深受慈禧的喜爱。当时，只要西红门的菜农给皇宫里送心里美萝卜，什么时候叫城门什么时候就开，因此有了老北京的一句俗话：西红门的萝卜叫城门。中华人民共和国成立后，心里美萝卜曾作为国礼馈赠国际友人。

"苹果青"番茄别有特色，成熟时高圆的果实从顶部开始变为粉红色，近果蒂部分呈青苹果一样的绿色，掰开果实里面果肉是沙沙的，吃到嘴里有浓浓的番茄味，触动人的味觉神经。北京刺瓜、瀛海的五色韭菜、柿饼冬瓜、鞭杆红胡萝卜、北京春秋刺瓜、橘黄嘉辰西红柿……诸多北京传统口味蔬菜深受各阶层消费者的青睐。

改革开放以来，城市建设进入快车道，北京城市人口逐渐增多，近郊区蔬菜生产基地逐渐外移。为保障城市居民对蔬菜总量的需求，一些品质好、风味浓的传统口味品种由于抗病性差、产量低等问题逐渐被高产、抗病的杂交一代良种所取代。传统口味品种随着种植基地变迁、菜农更替以及种植结构调整而逐渐流失。

随着我国改革开放的进一步深化，人们生活水平的日渐提高，蔬菜产品的品质、口感和安全性等方面又重新成为消费者关注的焦点，许多市民开始怀念小时候吃过的蔬菜味道。近几年，普通蔬菜产销总体出现供过于求的情况，种植者的经济效益也出现"天花板效应"，即产品销售价格逐渐下降，但由于生产资料的价格不断上涨带来种植成本不断上升，致使种植者虽然每天早出晚归，风吹日晒地在田间辛勤劳作，但难以获得较高收益，因此许多农民抛家舍业到一些大城市去打工。另外，消费者对高品质蔬菜的追求已成为一种饮食文化，不仅要吃得饱，还要吃得好，人们追求 30 年前的口味，同时也希望能吃到具有丰富营养成分且具有一定保健功效的蔬菜。为满足市场需求，提高市民幸福生活指数，从 2009 年开始，笔者所在工作单位北京市农业技术推广站就开展了对北京传统口味蔬菜品种的恢复和挖掘工作。工作团队在品种搜集整理的基础上，恢复以前精耕细作的优良栽培传统，再结合目前生态、安全的栽培新技术，生产出了风味浓郁、独具特色的"花叶心里美萝卜"、"核桃纹大白菜"、"北京刺瓜"、"北京春秋刺瓜"、"苹果青"番茄、"鞭杆红"胡萝卜、"五色韭菜"、"柿饼冬瓜"、"北京黑茄子"等 10 余种传统口味蔬菜品种。10 多年来，在北京郊区的金福艺农农业园、蟹岛度假村、南宫世界地热博览园等 60 多个园区和合作社种植传统口味蔬菜品种，每年种植面积达到 1 000 亩[①]左右，恢复种植取得了成功，产品一经上市供不应求，圆了许多市民的怀旧梦，满足了消费市场需求。种植传统口味蔬菜的经济收益比种植普通蔬菜提高 2 ~ 5 倍，上海、山东、江苏、河北、天津、黑龙江等省份许多菜农也纷纷引种种植。我们在大量

---

① 1 亩≈ 667 米^2，全书同。

田间试验和示范推广的过程中总结经验，形成10余套栽培技术规范，用于指导广大菜农种植，也使他们成为生产极品蔬菜和精品蔬菜的“高端”农民阶层，经济收益显著高于种植普通蔬菜的菜农，并且深受消费者的尊敬。

恢复传统口味蔬菜的种植，使北京和全国各地蔬菜精耕细作的优良传统和食用“时令蔬菜”的传统文化得以传承和保护。这与近些年中央一号文件精神中“关于推进农业供给侧改革，将农业的增产导向转变为提质导向”相吻合，也与农业部等11部委于2015年8月18日提出的要“注重农村文化资源挖掘……推进农业与文化、科技、生态、旅游的融合，提高农产品附加值，提升休闲农业的文化软实力和持续竞争力，按照‘在发掘中保护、在利用中传承’的思路，加大对农业文化遗产价值的发掘，推动遗产地经济社会可持续发展”之精神是一致的，这有着重要意义。

本书由具有50余年蔬菜生产经验的技术人员牵头编写，编者近年来曾多次到全国各地指导传统口味蔬菜的种植技术，将全国的“沙窝萝卜”和“胶州大白菜”等20余个深受消费者欢迎的传统口味蔬菜高品质栽培技术进行总结，并参考了许多专家、老师的相关资料，撰写成本书。全书20多万字，配有品种和田间操作的照片100多张，以实用技术为主，本着高品质、优质、安全和高效的栽培原则，图文并茂地将以前皇宫、达官贵人享用，现在深受各阶层消费者青睐的传统口味蔬菜栽培诀窍详细展示给读者。书中包括花叶心里美萝卜等10多种老北京传统口味蔬菜和全国知名度很高的胶州大白菜等30种传统口味蔬菜。读者对象为市、县及乡镇农业部门领导和技术人员，也非常适合普通菜农朋友作为优化种植结构，提高种植经济效益的实用技术工具书。

在开展传统口味蔬菜栽培和本书撰写过程中得到一些领导和全国著名专家的大力支持及帮助，北京市农业农村局王艺中处长对开展栽培工作给予很大帮助和支持；北京市农业农村局王永泉处长在品种恢复和文化发掘方面给予了悉心的指导；北京市农业农村局司力珊处长和北京市农业技术推广站王克武站长在推广过程中给予了大力支持。全国著名蔬菜专家、中国农业科学院蔬菜花卉研究所张德纯先生在本书编写过程中帮忙审稿把关，并在百忙之中为本书作序，还提供了部分全国传统口味蔬菜照片；全国著名植保专家郑建秋先生在开展种植过程中帮助解决了病虫害防治中遇到的许多难题；从事蔬菜生产近70年，经验非常丰富的北京市丰台区卢沟桥种子站老把式王振林老先生无私奉献出珍藏多年的“苹果青”番茄、

“北京刺瓜”等一大批传统口味蔬菜宝贵的种子，并在种植方面献计献策；中国农业科技下乡团秘书长辛士先生和副秘书长葛玉梅女士为高品质蔬菜栽培工作提供国内外最新物化成果的鼎力支持，并参与了本书的编写工作；北京市农林科学院蔬菜研究中心品种资源室张宝海、刘庞源两位专家给予种质资源的支持；北京市种子管理站窦欣欣科长和北京绿金蓝种苗有限公司董事长文国强先生都在品种方面给予大力支持。借此机会，对以上各位领导和专家表示衷心的感谢！

因时间仓促，编者水平有限，书中难免有不足之处，敬请广大读者批评指正。

编者

2020 年 6 月

目　录

第一章　我国传统口味蔬菜发展简介 …… 1

第一节　我国传统口味蔬菜发展历史 …… 1

一、我国传统蔬菜发展现状 …… 1

二、我国传统蔬菜优势 …… 3

三、我国传统蔬菜发展存在的问题 …… 3

四、我国传统蔬菜健康发展的措施 …… 4

第二节　北京蔬菜发展历史和恢复传统口味品种 …… 6

一、北京历史上传统口味蔬菜的形成 …… 7

二、中华人民共和国成立后迅速发展 …… 9

三、传统口味品种的流失 …… 9

四、恢复的背景 …… 9

五、恢复的困难与成效 …… 10

六、恢复种植必须遵循的原则 …… 11

第二章　传统口味蔬菜品种介绍及高品质栽培技术 …… 13

第一节　花叶心里美萝卜 …… 13

一、品种特性 …… 13

二、对环境条件的要求 …… 14

三、地块选择 …… 14

四、高品质栽培技术 …… 14

五、上市时间及食用方法 …… 17

第二节 北京核桃纹大白菜 …… 17
一、品种特性 …… 18
二、对环境条件的要求 …… 18
三、地块选择 …… 19
四、高品质栽培技术 …… 19
五、上市时间及食用方法 …… 23
第三节 北京刺瓜 …… 24
一、品种特性 …… 24
二、对环境条件的要求 …… 24
三、地块选择 …… 25
四、高品质栽培技术 …… 25
五、上市时间及食用方法 …… 31
第四节 北京春秋刺瓜 …… 31
一、品种特性 …… 31
二、对环境条件的要求 …… 32
三、地块选择 …… 32
四、高品质栽培技术 …… 32
五、上市时间及食用方法 …… 38
第五节 北京苹果青番茄 …… 38
一、品种特性 …… 38
二、对环境条件的要求 …… 39
三、地块选择 …… 39
四、高品质栽培技术 …… 40
五、上市时间及食用方法 …… 44
第六节 北京鞭杆红胡萝卜 …… 45
一、品种特性 …… 45
二、对环境条件的要求 …… 46
三、地块选择 …… 46
四、高品质栽培技术 …… 46

五、上市时间及食用方法 …… 49

第七节 北京黑茄子 …… 49

一、品种特性 …… 49

二、对环境条件的要求 …… 50

三、地块选择 …… 50

四、高品质栽培技术 …… 50

五、上市时间及食用方法 …… 57

第八节 北京五色韭菜 …… 57

一、品种特性 …… 58

二、对环境条件的要求 …… 58

三、地块选择 …… 59

四、高品质栽培技术 …… 59

五、上市时间及食用方法 …… 64

第九节 北京微型柿饼冬瓜 …… 64

一、品种特性 …… 64

二、对环境条件的要求 …… 64

三、高品质栽培技术 …… 65

四、上市时间及食用方法 …… 71

第十节 天津青麻叶大白菜 …… 71

一、品种特性 …… 72

二、对环境条件的要求 …… 72

三、地块选择 …… 72

四、高品质栽培技术 …… 72

五、上市时间及食用方法 …… 75

第十一节 山东胶州大白菜 …… 76

一、品种特性 …… 76

二、对环境条件的要求 …… 76

三、地块选择 …… 77

四、高品质栽培技术 …… 77

五、上市时间及食用方法 …… 82
第十二节　山东潍县萝卜 …… 82
一、品种特性 …… 82
二、对环境条件的要求 …… 83
三、地块选择 …… 83
四、高品质栽培技术 …… 84
五、上市时间及食用方法 …… 87
第十三节　天津沙窝萝卜 …… 87
一、品种特性 …… 87
二、对环境条件的要求 …… 87
三、地块选择 …… 88
四、高品质栽培技术 …… 88
五、上市时间及食用方法 …… 92
第十四节　山东马家沟芹菜 …… 92
一、品种特性 …… 93
二、对环境条件的要求 …… 93
三、地块选择 …… 94
四、高品质栽培技术 …… 94
五、上市时间及食用方法 …… 98
第十五节　河北玉田包尖白菜 …… 98
一、品种特性 …… 99
二、对环境条件的要求 …… 99
三、地块选择 …… 99
四、高品质栽培技术 …… 100
五、上市时间及食用方法 …… 103
第十六节　河南新野甘蓝 …… 103
一、品种特性 …… 104
二、对环境条件的要求 …… 104
三、地块选择 …… 104

四、高品质栽培技术 ……105
五、上市时间及食用方法 ……107
第十七节 安徽太和香椿 ……108
一、品种特性 ……108
二、对环境条件的要求 ……109
三、地块选择 ……109
四、高品质栽培技术 ……109
五、上市时间及食用方法 ……112
第十八节 安徽黄心乌塌菜 ……112
一、品种特性 ……112
二、对环境条件的要求 ……113
三、地块选择 ……113
四、高品质栽培技术 ……113
五、上市时间及食用方法 ……115
第十九节 上海荠菜 ……115
一、品种特性 ……116
二、对环境条件的要求 ……116
三、地块选择 ……117
四、高品质栽培技术 ……117
五、上市时间及食用方法 ……118
第二十节 广西桂林马蹄 ……118
一、品种特性 ……119
二、对环境条件的要求 ……119
三、地块选择 ……119
四、高品质栽培技术 ……119
五、上市时间及食用方法 ……123
第二十一节 广西荔浦芋头 ……123
一、品种特性 ……124
二、对环境条件的要求 ……124

三、地块选择 ……125
四、高品质栽培技术 ……125
五、上市时间及食用方法 ……127
第二十二节　湖北保安水芹菜 ……127
一、品种特性 ……128
二、对环境条件的要求 ……128
三、地块选择 ……129
四、高品质栽培技术 ……129
五、上市时间及食用方法 ……130
第二十三节　江苏如皋黑塌菜 ……130
一、品种特性 ……131
二、对环境条件的要求 ……131
三、地块选择 ……131
四、高品质栽培技术 ……132
五、上市时间及食用方法 ……134
第二十四节　江苏白蒲黄芽菜 ……134
一、品种特性 ……134
二、对环境条件的要求 ……135
三、地块选择 ……135
四、高品质栽培技术 ……135
五、上市时间及食用方法 ……136
第二十五节　江西藠菜 ……136
一、品种特性 ……137
二、对环境条件的要求 ……137
三、地块选择 ……137
四、高品质栽培技术 ……137
五、上市时间及食用方法 ……140
第二十六节　上海青浦练塘茭白 ……140
一、品种特性 ……141

二、对环境条件的要求 ……141
三、地块选择 ……142
四、高品质栽培技术 ……142
五、上市时间及食用方法 ……145
第二十七节 云南丘北辣椒 ……145
一、品种特性 ……146
二、对环境条件的要求 ……147
三、地块选择 ……147
四、高品质栽培技术 ……147
五、上市时间及食用方法 ……149
第二十八节 江苏海门香芋 ……149
一、品种特性 ……150
二、对环境条件的要求 ……150
三、地块选择 ……150
四、高品质栽培技术 ……151
五、上市时间及食用方法 ……152
第二十九节 江苏太湖莼菜 ……152
一、品种特性 ……153
二、对环境条件的要求 ……153
三、地块选择 ……153
四、高品质栽培技术 ……154
五、上市时间及食用方法 ……155
第三十节 江苏如皋白萝卜 ……156
一、品种特性 ……156
二、对环境条件的要求 ……157
三、地块选择 ……157
四、高品质栽培技术 ……158
五、病虫害防治 ……159
六、上市时间及食用方法 ……160

第三章　栽培过程中疑难问题和生理病…… 161

一、番茄 …… 161

二、黄瓜 …… 167

三、茄子 …… 169

四、甜辣椒 …… 170

五、胡萝卜 …… 171

六、萝卜 …… 172

七、大白菜 …… 174

八、其他方面 …… 176

参考文献…… 178

附　　录…… 180

图 1　北京花叶心里美萝卜——去皮切开

图 2　北京花叶心里美萝卜田间

图 3　北京核桃纹大白菜

图 4　北京核桃纹大白菜田间

图 5　北京刺瓜中耕后蹲苗

图 6　春大棚北京刺瓜长势

图 7　北京春秋刺瓜春大棚定植多层覆盖

图 8　北京刺瓜植株结瓜期

图 9　北京刺瓜

图 10　北京春秋刺瓜——切开果实

图 11　北京春秋刺瓜温室种植

图 12　北京春秋刺瓜田间

图 13 北京苹果青番茄果实掰开肉沙

图 14 北京苹果青番茄果实

图 15 北京苹果青番茄田间

图 15 北京苹果青番茄田间（续）

图 16 北京苹果青番茄振荡授粉器授粉操作

图 17 北京苹果青番茄营养钵育苗——幼苗健壮

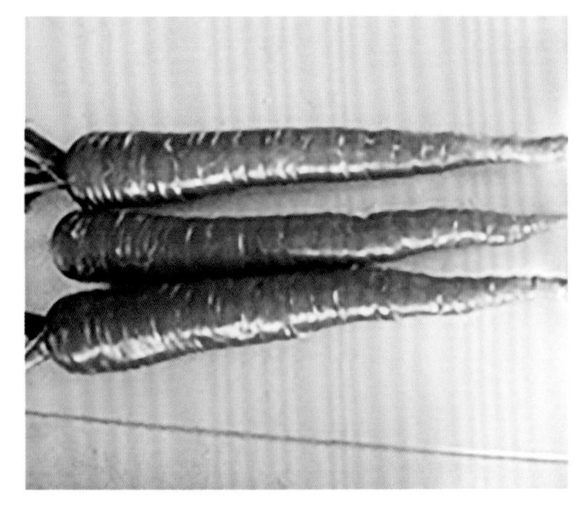

图 18 北京鞭杆红胡萝卜

图 19 北京六叶茄

图 20 北京老来黑六叶茄

图 21 北京七叶茄

图 22 北京九叶茄

图 23 北京九叶茄大棚种植

图 24 北京五色韭菜

图 25 北京五色韭菜田间

图 26 种植五色韭菜小拱棚放风降温

图 27 北京微型柿饼冬瓜果实

图 27 北京微型柿饼冬瓜果实（续）

图 28 天津青麻叶大白菜

图 28　天津青麻叶大白菜（续）

图 29　山东胶州大白菜

图 30　山东胶州大白菜田间

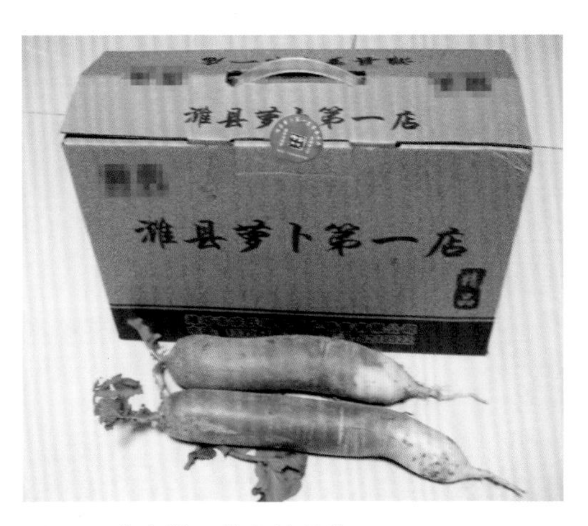

图 31　山东潍县萝卜礼品装

图 32　山东潍县萝卜田间采收

图 33　山东潍县萝卜温室种植

图 34　山东潍县萝卜田间

图 35　天津沙窝萝卜

图 35　天津沙窝萝卜（续）

图 35　天津沙窝萝卜（续）

图 36　山东马家沟芹菜

图 36　山东马家沟芹菜（续）

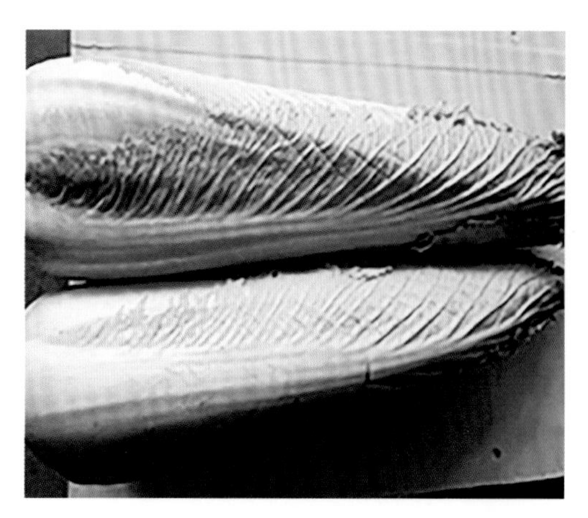

图 37　河北玉田包尖白菜

图 38　河南新野甘蓝

图 39　安徽太和香椿

图 39　安徽太和香椿（续）

图 40　安徽太和香椿植株

图 41　安徽黄心乌塌菜

图 42　上海荠菜

图 43　广西桂林马蹄

图 44　广西荔浦芋头

图 45　湖北保安水芹菜

图 46　湖北保安水芹菜田间

图 47　江苏如皋黑塌菜

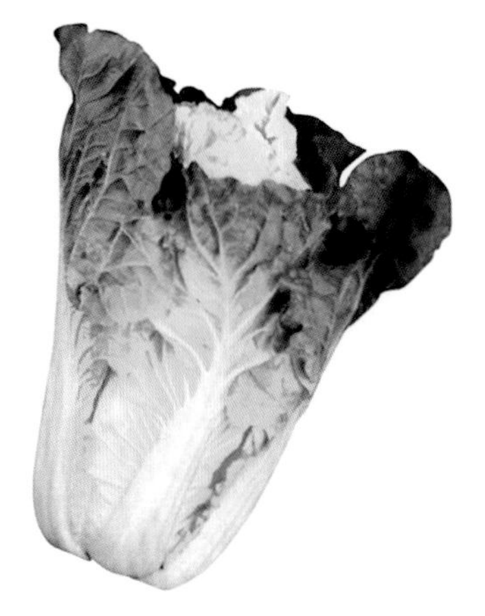

图 48 江苏白蒲黄芽菜

图 49 白灼江西蕹菜

图 50 江西蕹菜田间

图 51 上海青浦练塘茭白

图 52 云南丘北辣椒

图 53 江苏海门香芋植株

图 54　江苏太湖莼菜

图 54　江苏太湖莼菜（续）

图 55　江苏如皋白萝卜

图 55　江苏如皋白萝卜（续）

图 56　番茄果柄防折环

图 57　番茄畸形果

图 58 番茄脐腐病

图 59 黄瓜白粉病

图 60 黄瓜霜霉病

图 61 黄瓜蚜虫为害发展成煤污病

图 62 黄瓜花打顶

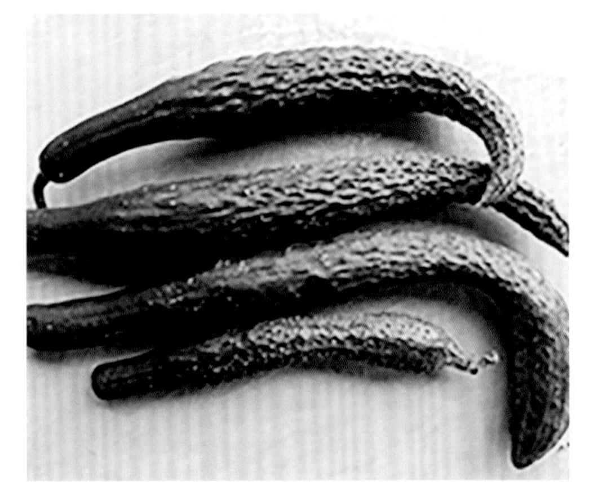

图 63 弯腰尖头畸形黄瓜

图 64　老北京小菜园

图 65　主编曹华（左一）与王振林（左三）老先生座谈

图 66　星级酒店名优蔬菜陈列

图 67　传统口味蔬菜超市销售

图 68　精耕细种——做畦

图 69　疏果时借助小镜子

图 70　苹果青番茄利用黄板、蓝板诱杀害虫

图 71　甘蓝夜蛾诱杀成虫装置

图 72　雪天清除温室积雪

图 73　文丘里施肥器

图 74　以羊粪为原料生物有机肥

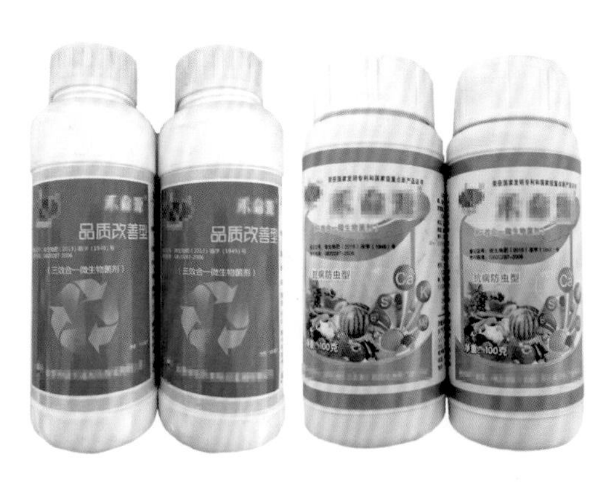

图 75　生物农药

第一章　我国传统口味蔬菜发展简介

第一节　我国传统口味蔬菜发展历史

我国幅员辽阔，自然条件复杂，蔬菜资源丰富，许多蔬菜起源于我国；需要引入的蔬菜种类和品种，经长期的选择和培育，形成了新的变种和类型，我国已经成为这些蔬菜的次生中心。我国悠久的历史、文化和精细的蔬菜栽培技术孕育了多种多样、适应于不同生态环境、深为我国及世界各国广大消费者喜爱的名特产蔬菜。许多我国生产的名特产蔬菜品质优良、风味独特，不仅丰富了蔬菜的花色品种及食用用途，满足了许多讲究生活质量人群的消费需求，这些名特蔬菜产品经烹调大师的巧手操作，而且还能做出许多高端色香味俱佳的名品菜肴，使人吃出品位、吃出文化。例如，我国四大名著之一《红楼梦》四十一回所描述的使人享用后难以忘怀的“茄鲞”就是例子。同时一些蔬菜产品具有一定的保健功效，经常食用对增进人体健康起到了重要的作用。

一、我国传统蔬菜发展现状

（一）我国传统蔬菜品种来源

在我国丰富的蔬菜品种资源基础上，在各地区特定气候和水土环境条件下，经过长期选择形成了具有特色的蔬菜品种，并得到了各地方以及国内的认可，甚至在国际市场上也受到欢迎。中国传统蔬菜包括的种类及品种范围如下。

（1）在中国栽培历史悠久，中国为起源地或起源地之一的蔬菜，同时具有优良的经济性状，具有较好的经济效益和社会效益，在国内外市场较受欢迎的蔬菜。如芋头、茭白、乌塌菜、莼菜、香椿、韭菜、黄花菜、冬瓜、竹笋等。

（2）引进中国历史较久，分布面积较广，经过较长时间栽培，形成具有中国特色的生态型蔬菜。如中国大蒜（山东苍山和金乡、江苏太仓、上海嘉定、乌鲁木齐等地所产大蒜）、新疆哈密瓜、兰州白兰瓜、中国干辣椒等。

（3）中国为起源地或起源地之一的野生、半野生蔬菜，在中国分布较广，生产数量较大，并具有较高的经济效益，在国内外享有很高声誉的极品蔬菜，如发菜和蕨菜等。

（4）在中国普遍栽培的蔬菜中，一些地方品种由于当地独特的气候条件形成了特殊的经济性状，成为国内外知名的特产蔬菜。如北京花叶心里美萝卜、五色韭菜、山东胶州大白菜、山东章丘大葱、北京刺瓜等都是驰名中外的高端、稀缺蔬菜品种。

（二）我国传统口味蔬菜的区域分布

我国境内自然地理条件和气候因素差异很大，适于多种蔬菜的栽培。常见的蔬菜种类包括37个科140多种，其中原产于中国的约有25个科近60种。根据其对环境条件的要求，蔬菜大体可分为喜温、喜冷凉及耐寒性强三类。

根据1985年中国农业科学院蔬菜花卉研究所《蔬菜区划》中记载，全国的蔬菜栽培优势区大致可分为8个，即东北区、华北区、华中区、华东区、华南区、西南区、西北青藏区和蒙新区，每个区都有自己独特的名特蔬菜产品。

东北蔬菜栽培优势区包括黑龙江、吉林、辽宁三省，主要名特产有黑龙江王兆红萝卜和翘头青萝卜、吉林大马蔺韭和白羊角豆角、辽宁金早生甘蓝和大锉菜白菜等。

华北蔬菜栽培优势区包括河北、山西、山东、河南四省及北京、天津两市。名特产品有胶州大白菜、北京小青口核桃纹白菜、天津青麻叶白菜；山东潍县萝卜、天津卫青及北京花叶心里美萝卜；莱芜生姜、苍山大蒜、章丘大葱及北京春秋刺瓜、天津津研系列黄瓜等。

华中、华东蔬菜栽培优势区包括湘、鄂、赣、皖、苏、浙及沪六省一市。著名品种有上海“四月慢”油菜、茄门甜椒、黑叶小平头甘蓝、太湖莼菜、无锡茭白、杭州荸荠、安徽“雪湖贡藕”、太和香椿、武汉紫菜薹、江西信丰红瓜子、广昌通心白莲子及湖南邵东黄花菜等。

华南蔬菜栽培优势区包括广东、广西、福建及台湾四省（区），盛产广东四九心、海澄早菜花、七星籽节瓜、福建竹笋、蒲田蘑菇等。

西南蔬菜栽培优势区包括四川、云南、贵州三省，誉享中外的特产有四川涪陵榨菜、云南大头菜，此外，成都圆根萝卜，红嘴燕豇豆，云南大白豆，四川银耳、木耳亦颇有名气。

西北蔬菜栽培优势区包括陕西、甘肃两省及宁夏回族自治区（以下简称宁夏），闻名的特产有兰州白兰瓜、百合、黑木耳、镇远黄花菜、耀县干椒、汉中冬韭、临潼韭黄、平罗红瓜子；宁夏枸杞、甘肃和宁夏等地所产的发菜等产品在国内各地和国际市场，均享有很高的声誉。

青藏蔬菜栽培优势区包括青海、西藏两省及四川、新疆部分高原山区，该地区气象资源丰富，日照充足，昼夜温差大，一些蔬菜个体大得惊人，一株西葫芦能结瓜3个，重量可达80余斤（40余千克），甘蓝最大者达46斤（23千克），大萝卜重量达30斤（15千克），芜菁又称为“圆根”，每个重达9斤（4.5千克），这类个头大、口味好的蔬菜实属国内外罕见。

蒙新蔬菜栽培优势区包括内蒙古和新疆两个自治区。名特产品有哈密瓜、紫皮大蒜和白皮大蒜、黄花菜、发菜等，其中有的产品独占港澳市场，具有较强的竞争力。

二、我国传统蔬菜优势

（一）中国传统名优特蔬菜营养丰富，功效独特

作为人们生活重要副食品之一的蔬菜，主要供给人体必需的各种维生素、矿物质、酶、纤维素等营养成分。相较于普通蔬菜，中国传统名特优蔬菜营养成分的含量更高。一些蔬菜品种含有特殊的营养物质，具有较高的医疗价值，其药食同源，既是美味蔬菜，经常食用又有辅助治病、美容、延年益寿的功效。

（二）社会及经济效益好

国家提出调整农业产业结构的要求，种植业结构的调整方向是发展优质高效农业，粮食和棉花的面积压缩，为蔬菜生产提供了新的发展空间。随着蔬菜生产的发展和消费水平的提高，市场对名优蔬菜的需求日益迫切。国民消费饮食的发展逐渐由温饱型向营养型、保健型过渡，对蔬菜的口感和风味品质的要求越来越高。我国传统名优特新蔬菜可满足市场需求，具有良好的社会效益和经济效益。

（三）国际市场前景广阔

出口蔬菜生产是劳力技术密集型产业，在国际上有着巨大的市场。我国众多的名特产蔬菜资源和悠久的生产历史，曾奠定了我国蔬菜在国际市场的特殊地位，如太湖莼菜、宜兴百合、无锡茭白等都是国际市场上畅销的商品，供不应求。为了扩大我国名特优蔬菜生产，发展创汇农业，应积极引进、挖掘中国传统名优蔬菜品种并加以推广。

三、我国传统蔬菜发展存在的问题

（一）品种丢失或混杂退化的现象严重

根据25个省（区、市）的不完全统计，近10年丢失的地方蔬菜品种达280余个。品质优良的名特产传统蔬菜的品种数量与传统栽培技术正在不断消失，主要由于大部分地方传统蔬菜品种不具有高产、抗虫、抗病、抗旱等特性，地方传统蔬菜品种特性差的缺陷成为未来地方传统蔬菜品种减少甚至消失的主要原因。有些品种虽然保留下来，但多年以来对于传统蔬菜品种的提纯复壮工作没引起足够的重视，由于这些传统口味蔬菜品种为农家品种，容易形成混杂退化，致使这些宝贵的品种纯度下降。

（二）高品质栽培技术和加工贮藏技术有待提升

据了解，由于前一时期对于蔬菜销售没有采取优质优价的政策，致使大多数名特产蔬菜的种植面积逐年下降，至今还未恢复到历史最高水平。绝大多数种植者采用普通蔬菜产品的种植方法，习惯了实行普通大路蔬菜的粗放式管理方式，我国精耕细作的优良传统已基本丢失，致使传统名特优蔬菜品种的种植技术水平低。另外，传统的种植方式与种植经验已经不适用于现如今多变的气候和逐年发生的严重病虫害，没有针对

传统品种特性形成相应的栽培技术，导致种植面积逐渐缩减；蔬菜产品的加工和整修技术有待提高，加工整修不仅影响产品的质量，也限制了蔬菜大面积生产的发展。

（三）产品安全程度亟待提高

许多种植者习惯于普通大路蔬菜产品的生产观念和习惯，没有采取农业措施、物理措施和生物措施来预防和控制病虫害，仅靠施用化学农药来防治病虫害和杂草；以施用化学肥料作为作物的主要营养，很少施用有机肥料。致使生产出的产品不仅味淡，而且农药、重金属和硝酸盐等有害物质超标。

（四）传统名特蔬菜的发掘与保护不足

很多地区尤其是少数民族生活地区以及山区，存在着大量的传统蔬菜资源。但许多地区没有对名特产蔬菜资源进行全面调查、挖掘和保护，缺少优良品种提纯复壮、生长发育特性及适宜栽培技术的研究，任其自生自灭，导致出现传统蔬菜资源减少的趋势。

四、我国传统蔬菜健康发展的措施

近年来，随着人们生活水平的提高，对传统蔬菜和名特产蔬菜的需求日益增强，如“北京核桃纹大白菜”、“花叶心里美萝卜”、“北京春秋刺瓜”、“山东胶州大白菜”、“章丘大葱”等名产蔬菜，栽培历史悠久，品质极佳，深受国内外消费者的欢迎。应积极重视传统蔬菜品种的恢复与开发，从品种恢复与引进、栽培技术研究以及加工包装技术研究等方面促进传统蔬菜的发展。

（一）优良品种是形成和发展传统蔬菜的物质基础

要充分利用我国丰富的蔬菜品种资源，挖掘和恢复地方名特产蔬菜品种，积极引进新类型新品种，丰富我国传统蔬菜品种。如北京市种子管理站重视核桃纹大白菜、北京棍豆、苹果青番茄等20多个传统口味品种的繁育和提纯复壮工作，并在海南三亚建立加代繁育基地，克服了台风等不利气候因素，取得了可喜成果。江苏省挖掘繁育了茭白和菱角等已经丢失的一些水生蔬菜地方优良品种，并建立了水生蔬菜品种资源保存基地；四川等地挖掘选育出一些芥菜类蔬菜新的变种，扩大栽培鲜食芥菜的优良品种；分布在四川、云南等地的鱼腥草，对流感、肺炎有明显抑制作用，味道清香，常作为凉拌菜用，深受消费者欢迎。优良品种的保持与恢复对传统蔬菜的发展起着决定性作用，通过选种保持品种的优点并克服缺点，按照原品种固有的特征特性和主要经济性状，严格选择种株，一般经过连续选择2～3年，就可以达到品种纯化的目的，对我国传统蔬菜品种资源恢复与保持起到重要的作用。

（二）充分利用最佳生态条件

俗话说："一方水土养一方人。"许多名特产蔬菜都是在特定的环境气候条件下形成的特有的风味，离开特有的环境气候，口味会变差、产量会变低。例如，许多地方引种北京花叶心里美萝卜都不如北京郊区种植的酥脆香甜，这种蔬菜产品常被人们称为"特产"。为此，国家农业农村部等8个部门于2020年2月26日认定了第三批8个特色农产品优势区域，并强调扎实推进特色农产品优势区域建设工作。所以，要深入挖掘传统蔬菜的品种特性，不要盲目引种，先了解品种特性和对环境条件的要求，确定生长环境和设施性能满足作物需求后再种植。利用最佳生态条件才能发挥传统口味蔬菜风味浓郁的优势。

（三）配套高品质的栽培技术

良种良法配套才能生产出高品质的产品，这是从北京10多年恢复传统口味蔬菜取得的经验。除选用品质好的优良品种以外，还要根据传统蔬菜品种的生长发育特性及对生长环境条件的要求，采取科学、及时的田间管理措施，使作物植株生长健壮，结出果形周正、色泽好，大小适中、风味浓郁、产品安全的高品质产品，逐渐形成每个地区传统口味蔬菜高品质栽培技术操作规范，以促进传统口味蔬菜持续发展。

（四）做好传统口味蔬菜的产后整修和加工

随着人们生活水平的提高，许多消费者购买农产品不仅要好吃，而且颜值还要好，所以应在整修和包装上动脑筋，不同规格的产品要分开包装出售，捆扎整齐，不带泥土和黄叶，例如，核桃纹大白菜整修好每棵捆一根红绳，让市民用有特色的环保袋带回去，比用托盘包保鲜膜装入纸箱带回去更有特色。产品包装出售时必须保持表里如一，杜绝有些菜农"内差外好，以次充好"的整修包装普通蔬菜产品的陋习。杜绝过度包装和选用高价材料，以竹子和荆条为材料比较环保，还能反复利用。除了种出高品质的产品，还要对包装有所研究，材料和外观都具有特色的包装最受欢迎，也能体现产品档次。

为满足国内外市场需求，提高产品质量、扩大销售量，针对传统蔬菜特性开展贮藏加工的研究，例如，四川榨菜的加工和灭菌包装方法，使得榨菜销售量猛增，深受消费者的欢迎。发展中国传统蔬菜生产及加工利用，对促进我国传统口味蔬菜发展有着重要意义。

（五）品牌的创建和维护是取得效益的关键

品牌是在市场竞争中获胜的法宝，进行品牌定位营销是最好的途径，要将产品销售给讲究生活质量的人群，通过宅配、线上销售、超市专柜和来园购买等方式，每种方式都让消费者感到方便、舒心和快乐。现在不少高品质农产品没有品牌，还有些产品注册了品牌没有进行宣传，仍处在“养在深闺人未识”的状态。要改变过去“酒香不怕巷子深”的陈旧理念，要建立得力的销售团队，强化品牌宣传和推介。利用各种媒体和多种形式去宣传品牌，并充分利用农产品展览会、交易会、推介会等机会。还要深度挖掘品牌农产品产品优势和文化内涵，只有这样，才能使广大消费者认可自己的产品，取得较好的经济效益。

第二节 北京蔬菜发展历史和恢复传统口味品种

北京郊区蔬菜生产历史悠久，据考证已有 3 000 多年，特别是元朝建都直至明、清两朝和中华人民共和国成立后 700 多年来，北京一直作为全国的政治、文化和经济中心，据查证元朝初期统计数据（公元 1285 年）北京有 14.8 万户，40.1 万人口，为中国最繁华的城市。随着社会安定、经济的恢复、民族的融合，以及不断扩大的国际交往，讲究生活质量的人群云集北京，特别是清朝时期的满族人（当时称为“在旗人”）对蔬菜产品的外观、口味，乃至鲜嫩程度都非常讲究。需求拉动生产，多年来北京郊区的菜农形成了精耕细作的种植传统，生产出的蔬菜全国闻名，不仅外观漂亮，而且风味好、口感脆嫩，许多食客赞叹在北京食用蔬菜是一种享受。例如，核桃纹大白菜叶面布满褶皱，似核桃表面坑洼不平，因此得名“核桃纹”，味甜、纤维少，开锅即烂，在清代被誉为“都门之极品”（都门指北京）。还有老北京人最熟知的花叶心里美萝卜，是鲜食萝卜中的极品，个头不大，上部淡绿色、下部为白色，肉为鲜艳的红色，又酥又脆，“掉在地上能摔成八瓣”，口感脆甜、赛过鸭梨，已有上百年栽培历史。历史上曾以海淀区罗道庄、大兴区西红门、高米店等地所产最为著名。清代时期成为皇宫的贡品，深受慈禧的喜爱。那时候，只要西红门的菜农给宫里送心里美萝卜，什么时候叫城门什么时候就开，因此有了老北京的一句俗话：“西红门的萝卜叫城门”。中华人民共和国成立后，也曾作为国礼馈赠国际友人。而“苹果青”番茄更是别有特色，成熟时高圆形的果实从顶部开始变粉红色，近果蒂部分似苹果一样绿色，掰开果实里面果肉是沙沙的，吃到嘴里是浓浓的番茄味，触动人的味觉神经。

还有北京刺瓜、五色韭菜、柿饼冬瓜、鞭杆红胡萝卜、北京秋瓜、橘黄嘉辰西红柿……这些诸多市民儿时记忆中的北京老口味蔬菜深受各阶层消费者的青睐。北京老口味蔬菜以其营养丰富、口感好的特色得到人们的喜爱，开展老口味北京特色传统蔬菜的恢复种植，在丰富市民菜篮子的同时，圆了市民百姓的怀旧梦，使老北京蔬菜精耕细作的栽培优良传统和食用“时令蔬菜”的传统文化得以传承，丰富了都市型现代农业的内涵，同时提高了种植者的经济效益。2015年8月18日农业部等11个部委颁发“关于积极开发农业多种功能大力促进休闲农业发展的通知”（中加发〔2015〕5号）文件中明确提出要“注重农村文化资源挖掘……推进农业与文化、科技、生态、旅游的融合，提高农产品附加值，提升休闲农业的文化软实力和持续竞争力。中共中央十九大和近两年中央一号文件都强调推进农业供给侧改革，要将增产导向调整为提质导向。按照‘在发掘中保护、在利用中传承’的思路，加大对农业文化遗产价值的发掘，对这些农业遗产的保护和利用是满足消费者需求，提高广大市民幸福生活指数的重要工作”。所以开展北京老口味蔬菜恢复和文化的挖掘及传承工作，有着重要和深远的意义。

一、北京历史上传统口味蔬菜的形成

元朝初期北京建都以来，蔬菜生产得到迅速发展，无论在栽培技术、引种、驯化，还是在贮藏、加工运输和销售和食用等诸多环节，都有显著的提高，特别是借丝绸之路的途径大规模从国外和我国南方地区引种了几十种蔬菜。北京种植蔬菜种类达到140种,分为45个科。

（一）蔬菜不同季节食用习俗

元朝中期尽管当时蔬菜以露地种植为主，但已有食用时令菜的习俗，如在农历三、四月食用菘菜（白菜）、萝卜和荠菜为主；五月食用黄瓜、菜瓜、冬瓜和茄子；六月食用萝卜（四季萝卜）和豇豆；进入初冬的十月，人们忙着贮藏白菜、萝卜等耐贮藏的蔬菜，准备过冬。欧阳玄所作《渔家傲》所描述的：“十月都人家旨蓄，霜菘（指大白菜）、雪韭冰芦菔（指萝卜）”，乃是当时的社会写真。

（二）元代蔬菜品种食用习俗的变化

在《农桑辑要》（1273年）和《王祯农书》（1313年）元初问世的两本农书里关于“瓜菜”和“蔬谱”的论述中有“葵菜（冬寒菜）为百菜之首”的说法，表明冬寒菜在元代初期，为当时大都乃至北方地区居民食用的首要蔬菜，当时称为“菘菜”的大白菜尚处于默默无闻的地位。然而到了元代中期，久吃不腻的白菜登上皇帝的餐桌，在元文宗天历三年（1330年）被“饮膳正要”纳入“御膳菜谱”；到了元代末期据《析津志物产菜志》一书中记载“菘（即白菜）已升至“家园种莳之蔬”，即栽培蔬菜面积的首位，而把葵菜（即冬寒菜）降至栽培蔬菜作物面积的第11位。原来以葵菜和猪肉为主导的食物结构组合，逐渐转向以菘菜、羊肉为主导的食物结构组合，说明人们的食用习俗逐渐营养化和科学化。

（三）蔬菜种植技术的发展

李时珍在《本草纲目·菜部·菘》一文中写道：“燕京圃人又以马粪入窖壅培，不见风日，长出苗叶皆嫩黄色，脆美无渣，谓之‘黄芽菜’，豪贵以为嘉品，盖亦仿韭黄之法也”。引文意思是说：在冬季寒冷的北京地区，菜农利用马粪作为热物以提高地温，采用地窖作为保护地设施，在密闭、遮光的环境条件下，进行白菜的软化栽培，种出的产品非常名贵，是仿照韭黄的生产方法，说明在明朝北京的蔬菜栽培技术已十分先进。

1. 引入品种

元朝官修的农书《农桑辑要》中关于瓜菜的介绍中说，在当时北京种植的总共有 73 种蔬菜作物。通过各种途径新引入了洋葱（回回葱）、叶甜菜、根甜菜、胡萝卜、回回豆（鹰嘴豆）、甜瓜、菜瓜、苦瓜、高丽菜（甘蓝）、扁豆（羊眼豆）、蚕豆（板豆）、沙芥等 10 多种蔬菜。

2. 保护地栽培的发展

元代从创建大都城开始，就在城内修筑了许多保护地设施，称为“花房”，用来种花和一些高档细菜。元代词人欧阳玄在《渔家傲 · 十月》有“花户油窗通晓旭”的词句，指保护地设施，其中“花户油窗”指采用白纸等透光性好的材料糊窗户；“通晓旭”指采光的效果良好。在民间，菜农利用“干打垒”的方式建造土墙，在前面再修建半坡式的窗户，糊上白纸透过阳光，这样建成的地上或半地下的土温室，如再配上加温设施，可以在冬季种出韭菜、瓜类等细菜。元代另一位著名农学家鲁明善在《农桑衣食撮要》一书中的“正月种茄、瓠、冬瓜、葫芦、黄瓜、菜瓜”条里所说的“用低棚盖之，待长茂，带土移栽”，说明当时种植瓜类和茄果类蔬菜，已经采取先在风障保温和蒲席覆盖的阳畦等保护地设施中育苗，然后再带土坨移栽的种植方式。明代刘崧所写《北京十二咏》中有“都人卖蒜黄，腊月破春光。土室方根暖，冰盘嫩叶香。”的诗句，赞叹在北京冰天雪地的冬季可以买到温室保护地中栽培鲜嫩的蒜黄。

3. 繁育种子

元代不但重视适时繁育采集各种蔬菜种子，还实施对种子的分类登记和存放，《农桑衣食撮要》一书所述如下。四月：收蔓菁、芥菜、萝卜等子；五月：收豌豆、蜀芥、芫荽等子；七月：收瓜蒂（各种瓜类种子）；九月：收茄种；十月：收冬瓜子。鉴于种类繁多，在每年收诸色菜子，“砍倒，就地晒打、收之”，其后还要“用瓶罐盛储，标记名号，然后加以妥善保管”。

4. 施用有机肥料的习惯

据明代《农政全书》一书中介绍，当时菜农都很重视菜园的土壤肥力，如广安门外菜户营村的官菜园和草桥村的菜农自己种植的民间菜园，具有河流纵横水源充足、土壤沙性较大、酸碱度适宜等多种便利条件，所以那里的菜农除经常施用富含氮、磷、钾的粪干等优质有机肥料外，还注重施用经腐熟的富含磷元素的禽兽羽毛等有机肥料，致使当地的蔬菜长势、产量和品质要好于其他地区。

5. 种菜的人员构成

当时元大都郊区种植蔬菜有 3 种

人：第一种是以种菜为业，每天在田间操作，其收入和生活水平要高于一般农户的菜农。第二种是以种菜来补贴家用的读书人，在元代这些没有进入仕途的读书人被列为“七猎”“八民”之下，仅居第九位（后来我国有个时期把知识分子称为“臭老九”就是以此借鉴而来）。如元曲名家马致远早年就隐居在西郊的门头沟区王平镇韭园村，做有小令《四块玉》组曲，记述其当年的生活情景，“绿水边，清山侧，二顷良田一区宅，闲身跳出红尘外。紫蟹肥，黄菊开，归去来”，现在该村的西落坡还保留着其故居。第三种是喜欢过田园生活的达官贵人，他们除了自己偶尔下田操作外，还雇用圃人（菜农）在别墅园中种植果蔬和花木，如马文有的别墅“饮山亭”等，将欣赏并能吃到新鲜、美味的蔬菜作为一种乐趣和享受（相当于现在市民到郊区的“一分地”市民公园去种菜）。

二、中华人民共和国成立后迅速发展

中华人民共和国成立以来，政府重视蔬菜生产的发展，北京郊区蔬菜种植主要集中在二环路到三环路的四季青、玉渊潭、卢沟桥、十八里店等 11 个乡，许多老菜把式在多年的生产实践中总结出许多宝贵的经验，再加上重视麻渣、豆饼等优质有机肥的施用，从而形成了精耕细作的种植传统，再加上中国农业科学院、中国农业大学、北京市农林科学院等诸多科研院所云集北京，研究出多项栽培技术和选育出一大批优质的优良品种，得以在京郊推广应用，经过诸多科技工作者及广大菜农的不懈努力，种出了许多全国闻名的北京老口味蔬菜特有品种，如大兴区西红门和海淀区罗道庄的心里美萝卜是萝卜中的极品。20 世纪 50 年代初期毛泽东主席曾把它作为国礼送给当时的苏联领导人斯大林；还有大兴区瀛海村的五色韭菜在 80 年代还出口日本等国。

三、传统口味品种的流失

20 世纪 80 年代初期，北京人口迅速增加，蔬菜供应紧缺，供求矛盾突出，能让广大市民吃上蔬菜是第一需求。许多育种单位培育出高产、抗病、品质较差的杂交一代品种，得以迅速推广，再加上销售环节没有执行优质优价的政策，这些品质好、风味浓的老口味品种由于产量低，抗病性也不强，20 世纪 80 年代中期以后，在农业结构的调整过程中逐渐流失。

四、恢复的背景

近年来，物质逐渐丰富，蔬菜已满足供应，随着人们生活水平的提高，消费者对蔬菜的品质、口感要求越来越高。许多市民开始怀念小时候蔬菜的味道，为满足消费者的需求，提高市民幸福生活指数，2010 年开始，北京市农业技术推广站开展了北京传统蔬菜品种恢复挖掘工作，以品种搜集整理为基础，采取传统的精耕细作栽培技术配合目前安全、低碳环保的栽培新技术，在京郊部分条件适合的园区和基地，开展了传统老口味蔬菜品种的种植，满足了市场需求。如今，北京市政府提出的“221”行动计划要发展原生态、唯一性农产品，在实施中既要集成应用安全、优质的栽培技术，也需要恢复发展有优势的农业优良种质资源。

五、恢复的困难与成效

（一）种子难寻

要种出30多年前的传统口味蔬菜，并非易事。首先种子不好找，多年不种早已流失。北京市农业技术推广站经过3年多时间，多方搜集种子，从一些科研院所的品种资源库到绿金蓝种子公司的库房，拿到一部分种子，但数量少，需要繁殖几年才能够有一定的种植规模来满足消费需求。最后费尽周折找到从事蔬菜生产近70年，北京郊区经验非常丰富的老菜把式王振林老人，他现已88岁的高龄，仍在北京市丰台区卢沟桥种子站工作，从20世纪70年代起，他就开始注意收藏传统口味老品种。在这些传统“老口味”蔬菜品种将要淘汰时，放入冰箱精心保存下来，他贡献出了保存质量最好的核桃纹白菜、花叶心里美萝卜、北京刺瓜、北京春秋刺瓜、六叶茄、七叶茄、微型柿饼冬瓜等种子资源，提供给北京市农业技术推广站进行恢复种植，让“重出江湖”的传统口味品种有望不断增加，对恢复种植工作做出了很大贡献。

（二）习惯难改

近些年大多数菜农已经形成选用抗病、高产但品质一般的品种，以施用化学肥料为主要营养来源，用化学农药来防治病虫害，以简易化的栽培方式和粗放的田间管理，生产大路产品来供应普通市民的习惯。而这些品质优的传统口味品种抗病性差，产量低，用目前的方式要种出原来风味浓郁的产品并非易事。我们查阅了以前栽培技术书籍和气象资料，与现在应用的栽培方法和气象资料进行对比，初步制定了栽培技术规范，在栽培实践中不断进行修改，并应用了生物防治、物理防治、生物菌肥和连续换头等新技术，形成以施用生物有机肥、中耕松土、整枝打杈、病虫害防治等传统栽培技术与利用新的物化成果有机结合的10套栽培技术规范。这些规范具有很强的实用性，能够满足传统口味品种的生长发育需求。经过几年的示范与推广，最终生产出深受消费者欢迎，风味浓郁的传统口味产品。

（三）初步成效

目前，传统老口味蔬菜品种在北京郊区种植已经扩到10余个，花叶心里美萝卜、核桃纹大白菜、北京刺瓜、北京秋瓜、苹果青番茄、鞭杆红胡萝卜、五色韭菜、柿饼冬瓜、六叶茄等，其中以花叶心里美萝卜和核桃纹白菜的种植面积最大，分别都达到了200亩以上，在金福艺农农业园、蟹岛度假村、海淀区农科所基地、南宫世界地热博览园、金六环农业科技园、乡居楼农业庄园等60多个基地和合作社种植，每年种植面积达到了1 000亩左右。而且，上海、江苏、河北、天津、黑龙江等省（市）许多菜农也纷纷引种种植。与种植普通蔬菜相比，种植传统口味蔬菜的经济效益可比普通蔬菜提高2 ~ 10倍。

六、恢复种植必须遵循的原则

经过6年的生产实践我们总结出6条种植老口味蔬菜的原则。

（一）选用特定的品种

必须选择原北京郊区种植的传统品种，且应具备以下特征：口感好、风味浓，有特色，外形漂亮，消费者喜欢食用，并且适合在北京郊区的气候条件下种植。

（二）在最适宜的季节种植

生产出最佳品质的“时令菜”。例如，心里美萝卜在秋季露地种植，30年以前在8月上旬播种，近些年气候变暖温度升高，若还在8月上旬播种，虽然萝卜个大，但酥脆程度和甜度不够、口感差，我们经过不同播种期试验，得出结论在8月12—15日播种的口感品质最佳。

（三）选择适宜的种植地块

不同海拔高度、土壤质地、水质、温度、光照和空气湿度等条件可能种出不同品质的产品。例如，花叶心里美萝卜必须在表层土壤偏沙（有利于发苗、昼夜温差大有利于糖分积累）、下层土壤偏黏（有利于保肥保水）而且必须选择疏松肥沃（有机质含量在1.5%以上）的地块进行种植。如今曾种出好吃蔬菜的地块都已建成高楼大厦，但需寻找能满足传统口味品种生长条件的露地或温室种植，避免不考虑作物需求盲目引种来种植。

（四）科学精细的种植管理

需要树立生产精品或极品的意识，彻底改变生产普通蔬菜产品的粗放管理方法，恢复以前精耕细作的传统做法。在最适宜的时机进行中耕松土、轮作倒茬、适时追肥浇水、最佳时机采收等老祖宗留下的宝贵经验，并根据作物生长发育规律，结合现代科学技术，配合施用生物菌肥、二氧化碳施肥、水肥一体化方式、调节适宜作物生长的温度、光照等环境调节，推行遮阳网和防虫网覆盖技术，太阳能黑光灯和黄板蓝板诱虫技术以及熊蜂辅助授粉等安全生产的新技术措施。

（五）最佳采收期采收，在适宜条件下贮存

每种蔬菜都有最佳品质的采收期，但在最佳品质时采收有些作物会达不到最高产量，如“北京春秋刺瓜”黄瓜品种，在开花后7天左右花刚谢时采收品质最佳，但此时采收的单瓜重仅有150 ~ 160克，而市场上出售的同类型

黄瓜产品单瓜重在200～250克，产量高20%～40%。

目前许多蔬菜是装在塑料袋或泡沫箱中在冰箱和冷库中贮存，在密封不透气的环境下存放，而以前冬季大白菜和心里美萝卜是在地下土窖中存放，白菜每隔10～15天还要倒动一次，而萝卜虽说是埋在土里，但每隔一段距离埋一捆玉米秸秆，起到透气作用，在这种环境下贮存其口感和品质会比密封的冷库中存放好得多，老口味蔬菜采取以前传统的土窖贮存方法，虽然有些费工，保留了原有的风味。

（六）品牌化销售并配合独特的整修、包装

品牌是在市场竞争中的法宝，进行品牌定位营销是最好的途径。另外，产品整修要精细，包装要体现特色和自然、简朴，如核桃纹白菜整修好每棵捆一根红绳，让市民用有特色的环保袋带回去，比用托盘包保鲜膜装入纸箱带回去更有特色。产品包装出售时必须保持表里如一，杜绝“内差外好，以次充好”的陋习。

第二章　传统口味蔬菜品种介绍及高品质栽培技术

第一节　花叶心里美萝卜

心里美萝卜分为板叶和花叶两种类型。板叶品种个头大，叶片直立适合密植，产量高，但风味和口感不如花叶品种。花叶心里美萝卜为北京地方名优蔬菜品种，在北京郊区已有上百年的栽培历史，是著名的水果萝卜优良品种，不仅闻名全国，在国际上也享有一定声誉。历史上以大兴区西红门、高米店和海淀区罗道庄、丰台区陈留等地所产产品最为著名。清代时期曾成为皇宫的贡品，据说，清朝慈禧自从无意间尝到了北京郊区的花叶心里美萝卜后，就忘不了那股清甜的滋味，她下令每年秋冬季节要向皇宫进贡，为了方便“心里美萝卜”进城方便，规定当时北京城城南的永定门为运送萝卜的绿色通道。无论日夜，戒备森严的北京城，总给心里美萝卜留着那么一扇城门。就像现在蔬菜进京的绿色通道一样，只要城下一喊“是送萝卜来的”，永定门就给开了，所以就有了“西红门心里美萝卜叫城门”的典故。心里美萝卜深受各阶层消费人群的喜爱，有“萝卜赛梨”“心里美萝卜掉地碎八瓣”的美誉，在 20 世纪 30 年代已名扬京城。中华人民共和国成立以来，全国各地都有引种栽培，深受广大消费者的青睐。20 世纪 50 年代初期毛泽东主席曾把它作为国礼送给当时的苏联领导人斯大林。六七十年代曾出口日本。据有关部门测定：其维生素 C、核黄素、铁等营养物质的含量比梨还高。经常食用其保健功效不亚于人参，故有“十月萝卜赛人参”之说。该品种在 1984 年通过北京市品种审定委员会认定。

一、品种特性

叶簇较平展，叶色深绿色，呈裂叶型，有裂片 6 ~ 8 对。肉质根短圆筒形，头小尾部大，平均纵径 12 厘米，横径 8 ~ 10 厘米；有 1/2 以上露出地面，出土部分表皮上部淡绿色，入土部分呈嫩白色，尾部细长，粉红色，肉质根重 0.5 千克。其皮薄、肉脆、汁多，果肉为鲜艳的红色，切开后脆嫩欲滴，艳丽如花，极惹人喜爱，适宜在秋季露地种植和秋冬季保护地种植，秋季露地种植生育期 80 天左右，秋冬季日光温室种植生育期 100 天左右。最适宜在疏松、肥沃的沙壤土或壤土种植，亩产量 2 500 千克左右。

二、对环境条件的要求

（一）温度

萝卜生长的温度范围为 5 ~ 25℃，地上部分最适温度为 15 ~ 20℃，地下部分最适温度为 13 ~ 18℃，5℃以下生长缓慢，也容易抽薹开花，-1℃以下易遭受冻害。

（二）光照

萝卜属于长日照作物，长日照条件下容易引起抽薹，短日照条件下则营养生长期延长。萝卜要求中等光照，但在萝卜生长盛期，充足光照有利于光合作物增加产量。

（三）水分

心里美萝卜耐旱能力较弱，土壤含水量以最大持水量的 65% ~ 80% 为宜。如果水分不足容易造成肉质根糠心、辣味或苦味，水分过多时，土壤透气性差，影响肉质根膨大，并易烂根。水分供应不均又常导致根部开裂。萝卜适宜的空气相对湿度为 80% ~ 90%。

（四）土壤及矿质营养

花叶心里美萝卜因用于鲜食，以肥大的肉质根深入在土壤中生长，对土壤要求较为严格，适宜在土层深厚、土壤肥沃、疏松透气的沙质土壤或壤土地块种植，并且保水排水性能要好，不适宜在土质黏重的重壤土和肥力瘠薄的地块种植。以前贡品是在北京大兴区西红门、高米店等永定河冲积平原下黏上沙、疏松肥沃的地块种植，昼夜温差大。上茬种西瓜，施用有机肥数量多，特别是钾肥和铜锌等微量元素含量丰富。萝卜吸肥能力较强，施肥应以有机肥为主，注意氮、磷、钾的配合，每形成 1 000 千克产量需形成纯氮 6 千克，五氧化二磷 3.1 千克，氧化钾 5 千克。其氮、磷、钾吸收比例为 1 ∶ 0.51 ∶ 0.83。

三、地块选择

应选择土层深厚、疏松、肥沃，灌水和排水均通畅的有机质含量在 1% 以上的沙壤土或轻壤土的地块种植，并且上一年的前茬为非十字花科蔬菜的地块，最佳前茬作物为西瓜、菜豆、番茄等。

四、高品质栽培技术

（一）田园清洁

在前茬收获后及时将残株、烂叶和杂草（包括地块四周的杂草）清理干净，运出地外集中进行高温堆肥或臭氧消毒等无害化处理。将地块内石块、姜石、地膜等异物清除干净运出地外指定地点。

（二）施用基肥

1. 有机肥

每亩基肥施用充分腐熟、细碎的优质有机肥 4 000 千克以上或生物有机肥 3 000 千克，以内蒙古苏尼特右旗所产羊粪生物有机肥效果最好，因其含钾比例高，另外，当地有丰富的沙葱资源，羊吃后能提高免疫力，从而羊粪中含有抗病虫的成分。对于提高产品糖分和提高抗性作用显著。有机肥2/3在耕地前撒施，其余1/3在做畦时施入，使萝卜幼苗期能及时得到养分供应。

2. 生物基肥

每亩施用微生物固体菌肥20千克，在做畦前撒施在畦面，对于改善土壤理化性状，缓解重茬障碍，促进生长、提高品质具有一定的作用。

（三）做畦播种

1. 适期播种

适期播种尤为重要，若播种过早虽然个头大、产量高，但口感差，不仅肉质不脆，而且辣味重；若播种过晚则个头小、产量低。秋季供市民采摘的地块适当早播一些，北京郊区平原地区适宜在8月10日左右播种；窖藏后出售的地块适当晚播，京郊大兴、顺义、通州等平原地区在8月13—15日播种，延庆、密云、怀柔等高海拔山区应比平原地区提前5 ~ 7天播种。

2. 整地做畦

采用单垄小高畦栽培方式，必须将地块整平，多年来的经验，地若不平会给种植作物带来五方面的不平："温度不平、水分不平、肥料不平、作物高矮不平、产量不平"，由此可见土地平整的重要性。将土壤耕翻整平后，按50 ~ 55厘米的间距做畦，以东西方向做畦有利于排水，畦面宽30厘米左右，畦沟宽20厘米左右，畦面高出地面20厘米左右。恢复精耕细作的老传统，肥料撒施均匀，耕耘细致，地平梗直、没有明暗坷垃，没有地膜、石块和姜石等异物。畦长10 ~ 15米，根据灌、排水的方向有3‰左右的坡降。做好地块和四周的排水沟疏通，防止雨涝。

3. 播种

采用开穴或开沟点种的播种方式，在畦面上每畦播种1行，株距20厘米，每亩种植密度6 000株左右。每穴点2粒种子，覆土厚度1 ~ 1.5厘米，每亩用种量400 ~ 500克。

（四）田间管理

1. 中耕除草

心里美萝卜幼苗期正是高温多雨季节，需要多次进行中耕松土和除草。中耕要掌握先深后浅，离根系先近后远的原则，直至封垄后停止中耕。中耕时切忌伤及幼苗的主根，以减少萝卜分杈现象。除草不但要清除畦内杂草，周边也要全部除掉，并且将除掉的杂草运至远离萝卜地块，这样可减少蟋蟀、蚂蚱等害虫对幼苗的为害。

2. 间苗定苗

当幼苗具1 ~ 2片真叶时，要及时间苗去除多余的幼苗，防止相互拥挤造成徒长。当植株长至4 ~ 5片真叶时定苗，株距18 ~ 20厘米。间苗和定苗宜在晴天时进行。

3. 科学浇水

（1）播种后

播种后要防止土壤干燥和板结，创

造良好的发芽环境和促进幼苗出土，及时顺沟浇小水来降低地温促进生长，并预防病毒病的发生。待田间出苗 70% 后再浇一水，确保苗齐苗壮。

（2）蹲苗期

定苗后如天气干旱可浇一小水，土壤表层稍干时中耕松土，然后蹲苗 10 ~ 15 天，待幼苗"破肚"时（幼根有一条纵裂缝时称为"破肚"）即将进入肉质根生长期，开始均衡浇水。

（3）叶片生长盛期

进入叶片生长盛期，叶面积迅速扩大，同化产物增多，根系吸收水分也增加，但要对水量进行控制，不能过大，并在浇后结合除草进行中耕，防止植株地上部生长过旺。

（4）肉质根膨大期

这是肉质根生长最快时期，地上部分生长逐渐缓慢，地下部营养积累加速，因此这一时期耕层水分一定不能缺，要保持土壤含水量在 70% ~ 80%。若这个时期耕层水分不足，会严重影响萝卜的口感和品质，萝卜肉质发哏和口感辣主要由于耕层水分不足而造成。在采收前 7 天左右要停止浇水，以防根部产生纵裂。

4. 追肥

若基肥施用数量充足，一般不需追肥，若数量不足可在肉质根"破肚"时和膨大初期各追肥一次。每次随水追施有机冲施肥 5 ~ 8 千克，有条件的地块可在浇水前顺垄施草木灰 100 千克。

在生长中后期叶面喷施有机植物酸（禾命源改进品质型——中国农业科技下乡团推荐）300 倍液叶面喷雾，连续喷 2 ~ 3 次，每 5 ~ 7 天喷一次，或喷施 0.3% 浓度的磷酸二氢钾 2 ~ 3 次，也可选用其他海藻酸、腐殖酸类叶面肥。喷肥时应避开露水未干的清晨和阳光强的中午，尽量喷在叶背面有利于作物吸收。

在根茎膨大期随水施用或喷淋施用液体生物菌肥 3 次，随水每次用量 0.5 升；喷淋施用 500 倍液，以多喷淋在根部为宜。

（五）适期采收

花叶心里美萝卜在心叶停止生长时即可采收，应避免采收过早，虽然已长成根茎，但口感还未达到，过早采收会影响品质，一般在播种后 76 ~ 80 天采收最适宜。收获期应从 10 月 25 日以后开始，在外界气温低于 0℃前一定要收完，要及时采收，防止受冻害。采收后将缨拧下，用萝卜缨将根茎盖住，在气温适宜时再入窖贮存。

1. 挖窖

提前挖好窖，窖以东西方向为宜，宽度 1.2 ~ 1.5 米，深度 1 ~ 1.5 米，长度根据贮存量而定。

2. 入窖

11 月中下旬开始入窖，头朝下根朝上逐个来码放，每层萝卜上一层 5 厘米厚的潮土。入窖时每层之间的土壤水分必须适宜，含水量在 12% ~ 15%，如过干易发生糠心，过湿则通气性差，容易腐烂。

3. 覆土保温

最上层根据外界温度来逐层盖土，最后覆土厚度在 30 厘米左右，再在上面覆盖 3 ~ 4 层草帘或 20 厘米厚秸秆，使窖内土不形成冻层，以方便出窖时挖取。

4. 调节温度

及时通过覆土和加盖草帘或秸秆来调节窖内温度,贮存适宜温度为 1 ~ 3℃，过高容易糠心，过低萝卜易受冻。贮藏供应期从 11 月至翌年 3 月底。

（六）害虫防治

1. 青虫类害虫

主要为甘蓝夜蛾、斜纹夜蛾等鳞翅目害虫，俗称为“夜盗蛾”，以幼虫咬食叶片，形成叶片孔洞或缺损，严重时可将全田作物吃成光秆。大发生时有成群迁移的习性。白天躲在阴暗处或土缝中，傍晚后出来为害。

所以防治时机非常重要，在白天喷施农药往往没有效果，只有在夜间或清晨露水未干时用药才有效。可选用生物农药苏云金杆菌（护尔 3 号或 Bt）可湿性粉剂 500 倍液或苦参碱·除虫菊酯 1 000 倍液或 25% 灭幼脲悬浮剂 600 倍液喷雾防治。

2. 蚜虫

主要为萝卜蚜,分为无翅蚜（若虫）和有翅蚜（成虫）两种形态，均以刺吸式口器吸食萝卜植株的汁液，因其繁殖能力强，可成群密集在叶片上，造成植株严重失水和营养不良。当其群集在幼叶上，可使叶片变黄、卷曲，轻则植株不能正常生长，重则植株死亡。还可传播多种病毒病。以 9—10 月发生较重，特别是天气闷热和干旱时容易发生。

可以选用生物农药藜芦碱（护卫鸟）600 倍液喷雾防治；也可选用 1.5% 天然除虫菊素 800 倍液，或 1% 印楝素 1 000 倍液喷雾防治。每间隔 7 天防治一次。

五、上市时间及食用方法

每年 11 月至翌年 3 月供应市场。以切开鲜食为主，尤其是入土窖埋存 30 天左右更加酥脆。也可切好放盐、糖、陈醋、香油凉拌，还可雕花作为餐盘的装饰。

第二节　北京核桃纹大白菜

核桃纹大白菜是北京地区传统大白菜品种。在明清时期，北京的结球大白菜是北京的名菜，它在清代被誉为“都门之极品”。晚清时期著名的才子李慈铭（1829—1894）在品评“都中风物”之时，把大白菜和牛奶葡萄、糖炒栗子一起，列为“三可吃”的最佳食品。清代的宫廷和民间一样，对大白菜都十分宠爱，北京和台湾的故宫博物院现在都藏有“翠玉白菜”的精美玉雕工艺珍品。据说，这些玉雕珍品有的原是光绪皇帝大婚时期珍妃和瑾妃的陪嫁珍宝。能将大白菜做成珍贵的工艺品，充分说明大白菜在当时为高档蔬菜。

“核桃纹”大白菜是北京郊区名优蔬菜品种，经菜农多年在种植过程中选择，深受各阶层消费者的青睐，是 20 世纪中期品质最佳的大白菜品种。在20世纪30～70年代曾以北京郊区的二环路与四环路之间的海淀、朝阳和丰台区种植面积最大。突出优点是叶球柔嫩，纤维少，煮食易烂，有“开锅烂”的效果；用其烹饪白菜炖豆腐这道佳肴，不仅风味浓郁、食味清香，而且品一口汤口感微甜，令人回味无穷，核桃纹大白菜是品质极佳的老北京名优大白菜品种。

一、品种特性

植株高45～50厘米，开展度60～65厘米。外叶20余片，叶片深绿色，呈倒卵圆形，中肋浅绿色。叶面布满皱缩似核桃表皮，故名为核桃纹。叶球呈直筒形，约40厘米，微圆，上部稍粗。结球紧实，品质好、风味浓郁。抗病性差，生育期85天左右，适合在秋季露地种植，单株净菜重2.5～4千克，亩产量4 000千克左右。耐寒性、耐贮藏性都非常好，能在土窖中贮存到翌年3月。

二、对环境条件的要求

（一）温度

大白菜属于半耐寒性作物，适宜温和而凉爽的生长环境，不耐高温和严寒。生长适宜日均温度为12～22℃，在10℃以下生长缓慢，5℃以下的环境下停止生长。短期遇到0～2℃低温环境受冻后尚能恢复，-2～5℃以下则受冻害。能耐轻霜，不耐严霜。大白菜已经萌动的种子，在3℃条件下15～20天就可以通过春化阶段。

种子在8～10℃能缓慢发芽，但发芽势弱；最适宜发芽温度为20～25℃，发芽迅速且健壮，若土壤湿润播种后3天能出苗整齐；若温度高于25℃，虽然发芽更快，但幼苗细弱，且气候干旱容易发生病毒病。莲座期适宜温度为17～20℃，若温度过高，莲座叶徒长并易发生病害；温度过低，生长缓慢而延迟结球。结球适宜温度为12～18℃，若白天光照充足，有利于制造养分，昼夜温差大有利于养分贮存和积累。

贮存期最适温度为0～2℃，低于-2℃则受冻害，高于5℃则呼吸作用加强，贮藏养分大量消耗，易脱帮和腐烂。在营养生长时期温度适宜由高到低，而生殖生长时期则适宜由低到高。

（二）光照

属于长日照作物，在低温通过春化阶段后，需要在较长的日照条件下通过光照阶段进而抽薹、开花、结实，完成世代交替。一般在每日12～13小时的日照时数和18～20℃温度下，就能完成光周期而抽薹开花。

（三）水分

大白菜叶面积大，叶面角质层薄，因此蒸腾量很大。水分状况对光合作用、矿质元素、叶片水势、叶面积、植株重量有很大的影响。如果生长期供水不足就会大幅降低白菜的产量和品质。

（四）土壤

适宜在土层深厚，保水和排水良好，肥沃疏松有机质含量高的壤土或轻沙壤土地块生长。在沙壤土栽培虽然发根快，植株生长也快，但因保肥、保水能力差，到结球期往往生长不良，抱球不实；在黏重土壤中种植幼苗期和莲座期生长缓慢，但保肥保水能力强，包心期生长好，但要注意降雨后及时排水，否则土壤含水量高易发生软腐病。适宜在 pH 为中性或弱酸性土壤中生长，pH 值在 8 以上不适宜生长。

（五）营养

需肥量较多的蔬菜作物，每生产 1 000 千克产品，需吸收纯氮 1.5 千克，五氧化二磷 0.7 千克，氧化钾 2 千克，对三种大量元素吸收比例为 2 ∶ 1 ∶ 3。在不同时期对各种营养元素需求不同，结球期以前，以吸收氮素最多，其次是磷和钾；进入结球期，钾的吸取量急剧增加，氮次之，磷较少。在整个生长期中吸收磷元素虽然较少，但要使之保持平衡，磷元素供应均衡结球质量好，净菜率高。各个生长时期对氮、磷、钾吸收比例不同，而且吸收养分数量大体与干物质增长成正比，从发芽到莲座期只占总量的 10%，而结球期占 90%。所以只有底肥施用营养均衡，肥效长的优质有机肥，追施分解吸收快的有机液体肥料，才能满足高品质产品生长的需要。

三、地块选择

应选择土层深厚，疏松、肥沃，灌水和排水均通畅，有机质含量在 1% 以上的壤土地块，土质过沙的地块，虽有利于发苗，但后期养分供应不足，土质过于黏重的地块，不利于前期发苗，在这两种地块种植后产品的口感品质和产量都不能达到最佳效果。要选择上一年与前茬均非十字花科蔬菜的地块，前茬以西瓜、菜豆和豇豆最好。

四、高品质栽培技术

（一）清洁田园

在前茬收获后及时将残株、烂叶和杂草（包括地块四周的杂草）清理干净，运出地外集中进行高温堆肥或臭氧处理等无害化处理。

（二）施足有机肥

每亩基肥施用充分腐熟、细碎的优质有机肥 5 000 千克或生物有机肥 3 000 千克；播种时每亩施用生物菌肥 20 千克，在播种前开沟施在畦面上，对于改善土壤理化性状，缓解重茬障碍，促进生长、提高品质均具有很好的作用。有机肥 2/3 在耕地前撒施，其余 1/3 在做畦时施入，使植株幼苗期能及时得到养分供应。

（三）适期播种

1. 播种时间

北京乃至华北平原地区适宜在 8 月 5—8 日直接播种，北京郊区的延庆、密云、怀柔等高海拔山区地块要比平原地区提前 3 ~ 7 天播种。

2. 育苗移栽

若因天气和前茬腾地过晚等原因不能及时直接播种的地块，可在适期播种前 3 天选择地势高燥的地块育苗，使用 72 穴或 128 穴的穴盘有利于培育壮苗。待幼苗有 3 ~ 6 片真叶时移栽到大田。

3. 整地做畦

壤土地块宜采用小高畦栽培方式，沙壤土地块可采用平畦种植方式。多采取东西方向做垄，间隔 15 米左右挖一条排水沟。高垄直播的操作程序是将土壤耕翻整平后，按 55 ~ 60 厘米间距起垄做畦，要求垄直，垄的高度和宽度均匀；适度播前镇压，播种踩实后垄背高出沟底 10 厘米上下。起垄后用平耙等农具拍打垄背，使土壤落实，垄背要平并顺浇水方向有 3‰的坡降。

4. 播种

因株型比杂交一代品种要小些，所以种植密度应有所不同，每亩种植密度在 2 800 ~ 3 200 株，平均行距 55 ~ 60 厘米，株距 33 ~ 35 厘米，直接播种的种植方式每亩用种量为 100 ~ 150 克。

播种：采用开穴或开沟点种的播种方式，开穴方式按株距开穴，每穴点 2 粒种子；开沟方式是在垄背上顺垄向开一条浅沟，包括划沟时壅起的土在内有 1.5 ~ 2 厘米深，要求在垄背中间开沟，深度一致。用两个手指捏取种子，均匀地捻在浅沟内，播种后用平耙或脚底轻轻把沟外的土刮回，把已播入种子的浅沟填平，镇压后均匀覆土 0.5 ~ 1 厘米。

播后镇压：播后应立即镇压。播种覆土后在垄背土壤不黏湿的情况下，可用轻一些的镇压器镇压，也可人站在垄背上一脚挨一脚地踩一遍，使种子与土壤密切接触，有利于出苗健壮。如果土壤黏湿，可采取用铁锹轻拍垄背，也可人站在垄底用单脚轻踩垄背。

（四）田间管理

1. 保持土壤水分

发芽期和幼苗期，播种后要防止土壤干燥和板结，创造良好的发芽环境和促进幼苗出土，及时顺沟浇小水来降低地温促进生长，避免形成高温干旱的幼苗生长环境，预防病毒病的发生。

2. 中耕松土

苗期应中耕松土 2 ~ 3 次，以疏松地表，防止土壤板结，尤其是定苗后更要中耕一次，深度为 5 ~ 6 厘米，要掌握“深锄沟，浅锄背”的原则。结合控水蹲苗 10 天左右，以促进根系生长。在植株未封垄前仍要中耕除草，但适宜在晴天叶片较软时进行，以免损伤叶片。

3. 间苗、补苗

幼苗在拉十字及时间苗拔除弱小拥挤的幼苗,并及早补齐缺苗断垄,在6 ~ 8 片叶时定苗。间苗和定苗宜在晴天时进行，补苗宜在傍晚时进行，栽植后及时浇水以促进缓苗。

4. 结球期肥水管理

（1）适时追肥

结球期是重量增加最快的时期，吸水肥量最大，结合需肥特点，应氮、磷、钾肥料配合施用，可在结球初期和中期随水追施吸收快的有机液体肥料 2 ~ 3 次，但氮、磷、钾含量比例必须满足大白菜的生长需要，每亩随水追施氮、磷、钾含量为 15%（其中氮 6%：磷 3%：钾 6%）的“中农富源”有机液肥 8 ~ 10 升或雷力有机冲施肥 10 千克；还可追施其他品牌的有机冲施肥 8 ~ 10 千克；有条件的地块也可在莲座期前开穴或开沟追施有机肥料，每亩施用 100 千克左右腐熟的麻渣或豆饼效果更好，也可在蹲苗结束后每亩穴施（或沟施）充分腐熟的生物有机肥 500 千克。

（2）叶面喷肥

在全生育期叶面喷肥 3 ~ 4 次，可选用含氨基酸水溶肥料（禾命源抗病防虫型）500 倍液，还可选用 0.3% 浓度的磷酸二氢钾加 0.5% 浓度的尿素混合叶面喷施；还可选择海藻酸、腐殖酸等叶面肥料品种。喷施时间要避开中午光照强时和早晨有露水时进行，尽量喷施在叶片的背面有利于吸收，喷头距叶面 30 厘米左右。

（3）施用菌肥

在结球期随水施用液体生物菌肥 3 次，每次用量 0.5 升。

（4）均匀浇水

结球期是生长量最大的时期，也是需水量最多的时期，应经常保持土壤湿润状态。一般每隔 5 ~ 7 天浇水一次，要求浇水量均匀，防止大水漫灌，否则容易诱发软腐病等病害的发生。在收获前 7 ~ 10 天停止灌水。

（五）病虫害防治

根据多年的生产经验总结，病毒病、霜霉病和软腐病这三大病害的发生是相互关联的，首先由于病毒病的感染和流行，降低了抗病性，造成霜霉病的流行；霜霉病造成许多伤口，为软腐病的发生提供了方便。所以，首先预防病毒病、霜霉病的发生对抑制软腐病的发生也有很大作用。但是，单凭抑制作用，还不能有效控制软腐病的发生，因为，软腐病的发生和栽培的各个环节关系密切，策略上以农业防治和栽培措施为主，辅以化学防治的综合措施。科学田间管理能避免病害的发生，下面介绍如何利用科学的栽培方法来控制病害的发生。

1. 苗期害虫防治

此时的蚜虫可以传播病毒病，菜青虫、黄条跳甲可以传播软腐病，治虫可以起到防病的作用。防治时，菜田周围的害虫应一起防治，以免迁移到田间为害。

2. 早间苗，适时定苗

出苗后 2 次间苗，在 8 片真叶时定苗。间苗和定苗应在晴天下午进行，第 2 天浇水。若在上午进行来不及浇水降温，会使幼苗在高温条件下伤根，容易感染病害。

3. 留打药空间

封垄后田间不便于操作人员进入，例如，有些地块发生软腐病，菜农提着桶在封垄的田间撒生石灰或喷施农药，踩踏给植株造成伤口，导致病害进一步蔓延。所以应在种植时留打药空间，每隔 6 行或 4 行留 1 行用于打药和操作。

为提高土地利用率可以前期种上小白菜或油菜等叶菜，到封垄时采收完毕。

4. 适当蹲苗

进入莲座期需要控制一下地上部分生长，进行“蹲苗”，蹲苗时间应根据气候、土质和施肥量等情况灵活掌握，如天气干旱、土壤保水能力差、定苗后施肥量较大的情况下应缩短蹲苗期，幼苗在中午萎蔫，16：00时恢复，说明还可以继续蹲苗，若不能恢复应结束蹲苗，开始浇水，以免引起干烧心现象的发生。过分蹲苗会使叶柄老化，浇水后土壤水分突然增加，会促使叶柄自然裂口增加，容易加重软腐病的发生。还应注意的是开始浇水后，应第一水和第二水紧跟，以免浇第一水后土壤干裂而将根扯断，为腐烂病的发生创造条件。

5. 喷药防治

（1）霜霉病

主要发生在大白菜的“莲座期”，最适合的发病条件是昼夜温差小，连续阴雨寡照、土壤渍水。不但发病面广，而且为害严重，大流行年可减产30%以上。

为害症状：主要为害叶片。苗期发病叶正面形成淡绿色斑点，扩大后变黄。潮湿时叶背面长出白色霉状物，遇高温时病部形成近圆形枯斑。成株期病斑褪绿或变黄，在发展过程中，因受叶脉限制成多角形。条件适宜时病情急剧发展，叶片由里向外层层枯死。种株受害，花梗畸形或肿胀，花及荚上形成坏死斑，空气潮湿时病部产生霉状物。该病在温暖多雨，或排水不良的情况下，极易发生和蔓延。许多地区的苗期就感染了，病菌随菜苗移栽带入大田，10月中下旬是病害流行的高峰期。

防治方法：一是精选和处理种子。二是实行轮作和适期播种。避免与十字花科蔬菜连作或邻作，能与大田作物轮作2～3年最好。合理密植，降低田间湿度，减轻各种叶斑病和软腐病的发生。三是实行合理施肥和灌水。深耕晒土，施足基肥，分期增施磷钾肥；进行叶面施肥，合理灌水，9月是霜霉病感染发生的高峰期，要适量浇水，不要一次浇水过多；及时中耕，注意及时排涝，促进植株根系生长，增强抗病性。

发生初期喷洒生物农药3%氨基寡糖素（金消康2号）1 000倍液配合含氨基酸水溶肥料（禾命源抗病防虫型）450倍液防治。也可选用2%武夷菌素500倍液喷雾防治，绿色食品生产可选用72%霜脲锰锌（克露）可湿性粉剂600倍液或72.2%霜霉威（普力克）水剂600倍液喷雾防治。

（2）病毒病

病毒病在高温干旱条件下最易发生；蚜虫为害易使病毒的蔓延加重；杂草也是病毒的初始传播源。引起白菜类病毒病的病毒有多种，其主要有芜菁花叶病毒、黄瓜花叶病毒、烟草花叶病毒、萝卜花叶病毒。因白菜的种类和品种不同症状略有变化。苗期发病心叶呈明脉或叶脉失绿，后产生浓淡不均的绿色斑驳或花叶，严重时叶片皱缩不平。成株期发病叶片严重皱缩，质硬而脆，常生许多褐色小斑点，叶背主脉上生褐色稍凹陷坏死条状斑，植株明显矮化畸形。大白菜发病后不结球或结球松散。

防治方法：一是做好种子处理。种子带毒是病毒病主要来源之一。如种子带毒，作物苗期即会感染病害，对产量影响极大。二是苗期治虫防病毒。病毒侵染力较弱，只能通过微伤口侵入寄主，常通过蚜虫、飞虱、叶蝉等昆虫传播病毒，所以要及时防治上述昆虫。三是加强田间栽培管理。适时播种，培育壮苗，促使植株生长健壮，提高植物抗病毒病的能力。四是药剂防治。可用金消康 4 号（病毒专用）2 000 倍液喷雾。连续喷 4 次，每 5 ～ 7 天用药一次。

（3）软腐病

软腐病又叫腐烂病、烂疙瘩、酱桶、脱帮等，全国各地都有发生。一般多发生于包心结球中后期，为细菌性病害。土壤积水、开始包心时雨水过多，虫害为害严重时易发病，扩展快，一旦感染后损失惨重，轻的损失 30% ～ 40%，重的损失 60% ～ 70%，甚至绝收，是菜农比较棘手的病害之一。

为害症状：开始表现在叶片近根处开始有水渍状斑块，很快变成糊状，并变褐色带有腥臭味；有时从心叶向外叶扩展，叶边缘向叶脉枯焦腐烂，一般从见到病斑到腐烂只需 5 天左右，发展迅速。

常见的有 3 种类型：外叶呈萎蔫状，莲座期菜株晴天中午萎蔫，早晚恢复，叶柄或根茎处组织溃烂，流出灰褐色的黏稠物，病菌从菜帮基部伤口侵入，形成水湿润状，后为淡灰褐色，病部组织呈黏滑软腐；病菌由叶柄或外叶边缘，或叶球顶端伤口侵入，引起腐烂，病烂处均有恶臭味，是软腐病的重要特征，可区别于大白菜黑腐病。该病在连作地块、低洼处排水不良、漫灌或串灌，施用未腐熟有机肥时，发病快而严重。

防治方法：可用氯溴异氰尿酸（金消康 1 号）1 000 倍液 + 含氨基酸水溶肥料（禾命源抗病防虫型）450 倍液治疗。也可用 47% 春雷・王铜可湿性粉剂 400 倍液或 77% 氢氧化铜可湿性粉剂 600 倍液喷雾防治。

（4）甘蓝夜蛾等鳞翅目害虫

这类青虫被称为夜蛾，为害习性是白天躲在阴暗处或土缝中，傍晚后出来为害。所以防治时机非常重要，在白天喷施农药往往没有效果，只有在夜间或清晨露水未干时用药才有效。可选用生物农药苏云金杆菌（Bt）可湿性粉剂 500 倍液或苦参碱・除虫菊酯 1 000 倍液或 25% 灭幼脲悬浮剂 600 倍液喷雾防治。

（六）采收与贮藏

在 11 月上旬立冬节前适期砍菜，头朝南晾晒 2 ～ 3 天在地里堆存。11 月下旬放入窖中贮存，贮存期间及时倒菜，适宜温度 1 ～ 2℃。条件适宜情况下可保存至春节以后。

五、上市时间及食用方法

每年 11 月至翌年 3 月供应市场。核桃纹白菜突出优点是叶球柔嫩，纤维少，煮食易烂，有“开锅烂”的效果；可炖、可炒，也可凉拌，如白菜炖豆腐是一道各阶层消费者都喜食的佳肴，不仅风味浓郁、食味清香，而且品一口汤口感微甜，回味无穷。

第三节 北京刺瓜

北京刺瓜是北京郊区多年种植的传统口味名优黄瓜品种，栽培历史悠久，曾以海淀区四季青乡、东升乡以及朝阳、丰台等二环路与四环路之间近郊区菜田种植较多。在明、清时期直至中华人民共和国成立前的北京郊区，在冰天雪地的冬季只有为数不多的暖洞子里，才能种出顶花带刺的嫩黄瓜，而没有十几年种菜经验的菜把式，就是有暖洞子也种不出像样的黄瓜来。在过春节做汤时放上几片食味清香、口感鲜嫩的北京刺瓜是一种非常奢侈的享受，其曾经成为皇宫的贡品，颇受老北京市民的青睐。瓜肉淡绿色（所谓最受欢迎的绿心黄瓜），瓜瓤小，种子少（市场上黄瓜瓜肉大部分为白色），而且风味非常浓，生食和熟食口感均较佳。不要说吃到嘴里酥脆清香，就是掰开一条也能闻到一股浓郁的黄瓜清香味，可以说满屋飘香。20 世纪 80 年代中后期，在春节、元旦假日期间每千克鲜瓜价格售价达到并维持在 50 ~ 60 元。

一、品种特性

植株蔓生，生长势较强，早熟，主蔓结瓜，在多年的种植和品种选育提纯过程中，分成大刺瓜和小刺瓜两种类型。大刺瓜，第 4 ~ 5 叶见根瓜，以后每间隔 2 ~ 3 叶结一条瓜，定植后 30 天左右能初次采收。瓜长 33 ~ 40 厘米，瓜皮深绿色，表面有明显的纵棱 6 ~ 7 条，果瘤大而稀疏，上着生白色大刺；瓜把大，单瓜重 200 ~ 300 克。小刺瓜比大刺瓜早熟 3 ~ 5 天，第 3 ~ 4 叶见根瓜。瓜码稍密一些，瓜条要短一点，而且瓜条偏细。瓜条小，瓜长 25 ~ 33 厘米，瓜把短，表面纵棱不明显，刺瘤较小，比大刺瓜要密。单瓜重 150 ~ 200 克。两种类型均有瓜皮薄、果肉厚、瓤小、籽少，肉质脆、味清香、品质极佳的优点。抗枯萎病，不抗霜霉病。耐低温耐弱光，不耐热，适宜在秋冬茬和早春茬以及越冬茬温室栽培，不适宜在露地种植，在中等肥力条件下亩产量 3 000 ~ 4 000 千克。

二、对环境条件的要求

（一）温度

黄瓜在整个生育期间生长适宜温度 15 ~ 30 ℃，白天 20 ~ 32 ℃，夜间 15 ~ 18 ℃。根系生长适宜温度为 20 ~ 25℃，地温低于 20℃时根系生理活动减弱，12℃时根系停止生长。黄瓜一般可忍耐一定的高温，但超过 40℃生长停滞。

（二）光照

黄瓜是喜光作物，较耐弱光。在弱光条件下，会引起化瓜，生长弱，产量降低。黄瓜的光合作用具有明显的时间性，一般上午的光合量占全天光合量的60% ~ 70%，而下午只占30% ~ 40%，所以在生产中要注意调节上午光照的充足。

（三）水分

黄瓜根系入土浅，吸水能力弱，只能利用表层土壤内的水分。黄瓜喜湿不耐干旱。适宜的土壤湿度为田间最大持水量的80% ~ 90%，苗期在60% ~ 70%为宜。适宜的空气相对湿度为80% ~ 90%。

（四）土壤

黄瓜需要肥沃、结构良好的土壤，以克服喜湿怕涝、喜肥不耐肥的特点。土壤pH值范围5.5 ~ 7.6，以pH值在6.5左右最佳。

（五）矿质营养

黄瓜根系脆嫩分布浅，黄瓜喜肥但不耐肥。土壤溶液浓度过高，或者肥料没有完全腐熟，容易发生烧根现象，所以黄瓜施肥原则是要“少量多餐”。黄瓜生长需要多种矿质元素，大量元素和中量元素主要包括氮、磷、钾、钙、镁、硫等，根据试验结果，每生产1 000千克果实需吸收纯氮2 ~ 3千克，五氧化二磷1千克，氧化钾4千克左右，其氮、磷、钾施肥比例为（2 ~ 3）：1 ：4。

三、地块选择

应选择在生态条件良好，远离污染源，空气质量、灌溉水质量和土壤环境质量好的地方，并且土质疏松、肥沃、有机质含量在1.5%以上的壤土；灌水、排水条件良好，前2 ~ 3年未种过瓜类作物的棚室种植。秋冬茬栽培温室保温性能在20℃以上（最寒冷季节温室内外的温度差别即为温室保温性能），越冬茬栽培的温室保温性能必须在25℃以上。

四、高品质栽培技术

（一）茬口安排

以北京地区为例，有以下几个茬口（表2-1）。

表2-1　北京刺瓜保护地生产茬口安排

茬次	播种育苗	日苗龄	定植期	采收期
温室秋冬茬	9月初	30 ~ 35天	9月底至10月初	11月中旬至翌年1月初
温室越冬茬	9月底	35天	10月底至11月初	12月中旬至翌年3月
温室冬春茬	12月下旬至翌年1月初	40 ~ 45天	2月初至3月初	4月上旬至6月初
大棚春茬	2月上旬	40 ~ 45天	3月下旬	5月初至6月底

（二）育苗

1. 种子处理

取一清洁的陶瓷盆或泥瓦盆，注入种子体积 4 ～ 5 倍的 55℃温水（2 份开水 1 份凉水，具体以温度计测量为准），把种子投入，同时用木棍或竹竿向同一方向匀速搅拌，保持 55℃恒温 20 分钟（为了保持 55℃恒温，在旁边再准备一个容器，将水调好温度后再注入陶瓷盆，不要直接在盛种子的容器内倒开水，以防烫伤种子），不停搅拌待水温降至 30℃左右，继续浸泡 4 ～ 6 小时，即可捞出，捞出前要用手搓几次，以搓掉种皮上黏液，并多次用温清水洗净。温汤浸种可有效杀灭种子携带的病菌。

2. 催芽

浸种后，将种子用湿纱布或棉布包起来，置于 28 ～ 30℃条件下催芽，当个别种子开始露白时，白天温度仍保持 28 ～ 30℃，夜温可降低至 15℃。由种子露白开始，每隔 5 小时拣芽一次，将芽存于 5℃条件下贮存，够一定量时一起播种。

3. 基质准备

（1）穴盘基质育苗

采用 50 穴或 32 穴的塑料穴盘，基质采用 2 份草炭、1 份蛭石配成，每立方米基质加入 45% 氮、磷、钾复混肥 2.5 千克、优质有机肥 10 千克，也可选用市场上配制好的育苗基质。混合均匀后装盘播种。

（2）营养钵育苗

可以采用以上穴盘育苗基质，也可自行配制，取自前茬种植葱蒜类蔬菜疏松、肥沃的园田土 50%、草炭 40%，充分腐熟、细碎的有机肥 10%，混合均匀后，用 50% 多菌灵可湿性粉剂 500 倍液喷营养土，每立方米营养土用药量 25 ～ 30 克，充分拌匀再堆积起来，覆盖塑料薄膜封闭 3 ～ 5 天，然后打开薄膜把营养土摊开，晾晒 5 ～ 7 天即可装钵播种。

（3）育苗块育苗

选用 40 克或 50 克育苗营养块，苗床整平踏实，用普通地膜覆盖床面，按 1 ～ 2 厘米间距摆放育苗块，播种前 1 天浇透水，用牙签或铁丝等尖细材料扎刺育苗块，看是否有硬芯，如果仍有硬芯，要继续补水，直到吸水完全，即可播种。播种后用蛭石覆盖，覆盖基质要盖满育苗块表面，最好填满育苗块间隙。

4. 播种

播种前将穴盘、营养钵或营养块浇透水，过 6 ～ 7 个小时后播种，用营养钵或穴盘育苗的，用手指在播种穴中央轻按 1 厘米左右，形成播种坑，然后将种芽向下平放，采用抓土堆的方式覆盖蛭石，营养钵育苗可覆盖过筛的细潮土，1 ～ 1.5 厘米厚。待 60% 幼芽拱土时再覆土一次，厚度 0.2 厘米，防止幼苗“戴帽”（种壳）出土。

5. 苗期管理

（1）出苗前管理

播种后地温要保持在 20 ～ 24℃、气温 25 ～ 30℃。一般 2 天左右即可出苗，此期主要是保温保湿，冬春季节可覆盖地膜，待 70% 幼苗拱土时及时撤去。

（2）幼苗期管理

首先是温度，幼苗出土后，要降低温度，尤其是夜间温度，防止幼苗徒长，白天 23 ~ 26℃、夜间 15 ~ 18℃、地温 20℃左右。由于室内气温存在温差，可能出现生长差异，要按长势倒苗，可将苗床南头和北头的苗子对调以协调幼苗生长一致。其次是光照，光照强度和光照时数是黄瓜幼苗雌花形成的重要条件，低温短日照是促进雌花分化的有利条件之一，调节每天日照时间 8 ~ 10 小时，有利于多开雌花、瓜码密。阴雨天，也要揭开草帘，接受散射光照射避免幼苗徒长，7—8 月温度过高，日照过强时，要用遮阳网遮盖一下，避免幼苗晒伤。再次是通风，通风原则是晴好天气时早放风、大放风、放风时间长，阴天则相反。最后是病害防治，苗期主要病害是猝倒病和立枯病，在防治上，首先是防止高温高湿，出苗后应选择温暖晴天揭膜炼苗、通风换气，严格控制苗床温湿度，浇水不宜过多，及时拔除病弱苗并销毁或深埋，撒石灰对染病区域进行消毒，若有零星发病应及时喷药防治，用 95% 敌克松可湿性粉剂 1 000 倍液或用 50% 多菌灵可湿性粉剂 800 倍液，每隔 7 ~ 10 天喷洒一次，连喷 2 ~ 3 次，即可取得理想的防治效果。

6. 壮苗标准

日历苗龄 30 ~ 45 天，株高 15 ~ 18 厘米、茎粗 0.6 厘米、下胚轴长 3 ~ 4 厘米、生理苗龄 3 叶 1 心，叶色深绿、子叶完整、根系发达、无病虫害。

（三）整地施肥

1. 平整土地

土地平整是作物生长一致的先决条件，对高低不平的地块，定植前必须整平，做到地平、畦平。

2. 施入底肥

应施用充分腐熟、细碎的优质有机肥，每亩施用量 5 000 千克。若使用未腐熟的有机肥不仅不能及时供给作物养分，而且还会造成沤根影响作物生长，还会发生蛴螬等地下害虫为害，所以有机肥必须充分腐熟后再施用。若有机肥源不足可施用生物有机肥，每亩用量 3 000 千克，以内蒙古苏尼特旗所产羊粪生物肥效果最好。总量 2/3 在耕地前铺施，其余 1/3 于做畦时沟施。

3. 深翻耕耘

底肥铺施均匀后，用深耕机械进行翻耕，要耕深 30 厘米以上，棚室四边和水管旁机械耕不到的地方应人工翻耕，保证不留死角和硬坎。耕耘是翻地后进行的，将翻地形成的坷垃耘碎，达到疏松、细碎、平整的标准。黄瓜对土壤耕耘质量要求较高，土壤要有一定的通气性，用竹竿轻松插入土中 30 厘米左右为宜。

4. 起垄做畦

推荐应用两种畦式，均需要覆盖银灰色地膜。一是台式高畦，具有滴灌条件的棚室应用，二是瓦垄高畦，采用膜下沟灌或定量滴灌带的棚室应用。畦宽 140 ~ 150 厘米，高 15 厘米。做畦时沟施 1/3 底肥。

5. 棚室消毒

每亩地用硫黄粉 2 ~ 3 千克及敌敌畏 0.25 千克，拌上适量锯末后分堆暗火点燃，棚室密闭熏蒸一昼夜，可将应用的农具同时放入棚内熏蒸消毒。

（四）定植与密度

1. 苗子准备

早春季节定植需低温“炼苗”，在定植前 5 ~ 7 天夜温逐渐降到 8℃，但地温仍应保持 13℃以上。定植前 3 天将幼苗分级，按照大中小分级，定植前 2 天，喷 64% 噁霜·锰锌（杀毒矾）可湿性粉剂 500 倍液或 70% 敌克松 1 000 倍液防治苗期病害。

2. 施用生物菌肥

每亩施用微生物菌肥 20 千克，定植时在挖穴施入然后栽苗。对于改善土壤理化性状，缓解重茬障碍，促进生长、提高品质具有一定的作用。

3. 定植方法

当 10 厘米地温稳定通过 12℃后黄瓜即可定植。定植要选择晴天上午进行，采用“水稳苗”定植，采用大小行方式栽培。先按照规定株行距开定植穴（十字形划破地膜），定植穴浇水，待水渗至一半时摆苗，水渗后封穴，覆土深度不要超过苗坨高度，压好地膜破口处。株距 30 ~ 40 厘米，大行距 100 厘米，小行距 40 ~ 50 厘米，每亩 2 500 ~ 3 000 株。栽植不要过深，以土坨与畦面相平为宜。早春地温低时采取浇暗水的方式，其余季节要浇透定植水。

（五）田间管理

1. 栽培环境调控

重点要做好温度、光照、室内相对湿度的调控管理。使作物在大多数时间处于适宜的环境条件下生长。

（1）温度

冬季要做好防寒、保温；夏秋季做好降温工作。

缓苗期白天 28 ~ 30℃，晚上不低于 18℃。缓苗后采用四段温度管理：8：00—14：00 时，25 ~ 30℃；14：00 时至日落，26 ~ 20℃；日落后至 24：00 时，18 ~ 20℃；24：00 时至日出，15 ~ 16℃。地温保持 16 ~ 25℃。温度的调控主要通过揭盖保温被和关放风口来实现。

（2）光照

采用透光性好的流滴消雾功能膜，有条件选用 PO 膜，冬季经常清扫、刷洗棚膜，在后墙和两侧墙悬挂反光膜，可以增加光照强度；夏季在 11：00—15：00 时棚顶要覆盖遮阳网，以降温和降低光照强度。

（3）水分管理

①蹲苗期

缓苗后进行蹲苗，控制浇水，促进根系生长，一般 10 ~ 12 天，待“龙头”（生长点）变成深绿色，幼瓜坐住长至 6 厘米左右，应该结束开始浇水和追肥。

②结瓜期

要保证水分均衡供应，采用小水勤浇的方式，忌大水漫灌而降低地温。尽量采取滴灌节水灌溉方式，每亩每次浇水量 5 ~ 10 米^3 为宜，间隔 2 ~ 3 天浇一水，以满足植株生长和结瓜的水分需求。普通灌溉方式应根据天气和土壤情况以及植株长势来确定每次浇水量和间隔时间，一般春秋季节 5 ～ 7 天浇一水，夏季 2 ～ 3 天浇一水。冬季应采取膜下暗灌的方式 10 天左右浇一水，浇水后注意放风排湿。

室内相对湿度调节一般以 60% ～ 90% 为宜，但结瓜期要偏高；白天也要高，而夜间和苗期湿度相对要低一些，通过放风和调节温度来控制室内湿度。

2. 科学追肥

（1）常规浇水方式

本着“少吃多餐”的原则。在幼瓜开始膨大时采取开沟或开穴方式每亩追施腐熟的麻渣或花生饼 60 ～ 80 千克，施肥后及时浇水；以后在采瓜期每隔 7 ～ 10 天随水追施一次 15% 含量的“中农富源”有机液肥（氮、磷、钾含量为 7 ：3 ：5），每亩用量 10 千克，或其他有机液肥 8 ～ 10 千克。

（2）滴灌浇水方式

有滴灌设施应采取水肥一体化方式，3 ～ 5 天追施一次“中农富源”等有机液体肥料每亩每次 5 千克左右。

（3）施用生物菌肥

在结瓜期随水施用或喷淋施用液体生物菌肥 3 次，随滴灌浇水每次用量 0.5 升；喷淋施用 500 倍液，多喷在根部为宜。

叶面喷肥是一种非常好的施肥方式，能快速补充营养，促进生长和发育，起到增进品质提高产量的作用。一般 7 ～ 10 天喷施一次，前期可选用含氨基酸水溶肥（禾命源营养型）500 倍液；采瓜期选用含氨基酸水溶肥（禾命源改进品质型）500 倍液喷施。也可选用 0.3% 磷酸二氢钾加 0.5% 尿素溶液混合喷施，但磷酸二氢钾要用 60℃左右的温水化开，充分与水搅拌均后再倒入喷雾器，尽量喷在叶片背面有利于吸收。还可选用雷力 2 000 以及其他腐殖酸、氨基酸类液体肥料。

3. 植株调整

植株调整是获得优质高产的重要措施，具体操作是用银灰色塑料绳来吊蔓，银灰色有驱避蚜虫及其他害虫的作用，用绳吊蔓可便于落秧来延长采收期，植株可以长至 5 米以上，单株结瓜超过 25 条。在生长过程中要将下部老叶摘除并往下坐秧或使其斜向生长。引蔓、去老叶和落秧等操作一般 7 天左右进行 1 次。

4. 二氧化碳施肥

保护地秋冬茬和冬春茬黄瓜生产中，二氧化碳浓度严重不足。增施二氧化碳能增强光合作用效果，促使植株健壮，减轻病害，延长采收期，提高黄瓜品质，增产增收效果明显。生产中多采用吊袋方式，在幼瓜开始膨大时每亩悬挂 20 袋二氧化碳气肥。

（六）适期采收

采收要及时，防止坠秧；黄瓜雌花开花后 6 ～ 10 天，花叶枯黄时即可采收，以晴天的清晨为最佳采收时机。前期连阴（雨、雪）天或连续低温时，要适当早采收，以防植株衰弱或感病。采收时用剪刀剪断瓜柄，禁止用手掐断瓜柄，采收工作要细致，防止漏采，并且要轻拿轻放，以免影响植株生长和瓜条的鲜嫩程度及商品性。避免人为、机械或其他因素来伤害植株。

黄瓜采收后要进行修整，用软布拭去瓜皮上污物。分级和包装后出售，不能及时出售的要预冷后贮存，温度调控在10℃左右。短期贮藏的，温度控制在12℃，湿度95% ~ 100%。运输温度以12℃为宜，要文明装卸，防止机械损伤果实。

（七）病虫害防治

经常发生的病害有霜霉病、细菌性角斑病、白粉病；虫害有蚜虫、白粉虱、斑潜蝇等。

1. 防治原则

贯彻“预防为主，综合防治”的方针，综合利用农业防治（高畦栽培、清洁田园、合理轮作、平衡施肥等）、物理防治（防虫网、黄板、蓝板等）、生态防治（温湿调控、高温闷棚等）消除病虫害发生的根源，防止病虫害蔓延。种植过程中要注意经常调查病虫害发生情况，待病虫点片发生后，及时进行防治，在药剂防治时，优先使用生物农药，绿色食品生产可以施用高效、低度、低残留的农药，并严格按照安全用量及安全间隔期使用。严禁使用剧毒农药。

2. 病害防治

（1）霜霉病

有机食品在发生初期喷洒生物农药氨基寡糖素、蛇床子素、铜大师或武夷菌素等生物农药防治。

绿色食品生产在发病初期使用寡雄腐霉20克/亩进行防治。用72%霜脲锰锌可湿性粉剂600 ~ 800倍液，或72.2%霜霉威（普力克）水剂600 ~ 800倍液喷雾，一般7 ~ 10天1次，连喷3次。

（2）细菌性角斑病

有机食品在发生初期采用生物农药农用链霉素或铜大师喷雾防治。

绿色食品可选用47%春雷·王铜（加瑞农）可湿性粉剂600倍液或77%氢氧化铜（可杀得）可湿性粉剂500 ~ 600倍液或20%龙克菌悬浮剂500 ~ 600倍液喷雾防治。

（3）白粉病

有机食品生产选用生物农药1.5%大黄素甲醚500倍液喷雾防治，7天1次，连喷3次。

绿色食品生产在发病初期选用3%氨基寡糖素（金消康2号）+禾命源抗病防虫型450倍液喷雾，也可选用10%苯醚甲环唑（世高）水分散颗粒剂2 000 ~ 3 000倍液或15%粉锈宁（三唑铜）可湿性粉剂1 500倍液喷雾防治。

3. 虫害防治

（1）蚜虫

在风口和门口安装防虫网以阻隔进入，保护地设施内悬挂40厘米 ×25厘米规格的黄板20 ~ 30块来诱杀成虫。

有机食品生产可用1%印楝素1 000倍液或藜芦碱（护卫鸟）等生物农药800 ~ 1 000倍液进行喷雾防治。

绿色食品生产用5%灭蚜粉尘剂，在傍晚时喷粉防治，每亩用量1千克。或10%瓜蚜烟剂，每亩用量500克；也可用10%吡虫啉可湿性粉剂1 500倍液喷雾防治。

（2）白粉虱和烟粉虱

在风口和门口安装防虫网以阻隔进入，保护地设施内悬挂40厘米×25厘米规格的黄板20～30块来诱杀成虫。还可释放天敌来降低虫口密度。

有机食品采用生物农药生物肥皂和矿物油喷雾防治；发生较多时采用生物农药生物肥皂50倍液或95%矿物油喷雾防治，应在清晨露水未干时喷药，并且采用2～3台喷雾器同时防治效果更好。

绿色食品采用25%扑虱灵可湿性粉剂1 500倍液加联苯菊酯（天王星）3 000倍液混合喷雾，也可用25%阿克泰水分散剂3 000倍液防治。

（3）斑潜蝇

有机食品生产选用生物农药1%印楝素600倍液或投放西伯利亚离颚茧蜂或豌豆潜叶蝇姬小蜂进行天敌防治。喷药宜在早晨或傍晚进行，注意交替用药。

绿色食品生产选用6%乙基多杀菌素20毫升/亩或1.8%虫螨克乳油2 000～2 500倍液。

五、上市时间及食用方法

每年春季的3—6月和秋季的11月至翌年2月供应市场。可以炒食、做汤和凉拌，也可切成条蘸酱鲜食，十分清口，尤其是天寒地冻的冬季，能喝上一碗风味浓郁的黄瓜汤或品尝到由翠绿飘香的黄瓜片搭配而成的滑溜里脊，是一种奢侈的享受。

第四节　北京春秋刺瓜

北京春秋刺瓜，又称为北京秋瓜，是比北京刺瓜适应性更广，抗病性更强的高品质黄瓜品种，既适合在保护地种植，也适合在露地种植，是一年四季能上市的传统风味黄瓜品种，具有风味浓郁、瓜味清香的特点，深受老北京市民的喜食，栽培历史悠久，20世纪30～80年代，曾以丰台区卢沟桥、花乡、南苑等乡以及海淀区四季青乡、东升乡，朝阳区小红门乡、十八里店乡等二环路与四环路之间近郊区菜田种植较多。20世纪80年代，由于北京常住居民逐渐增多，满足市民吃菜供应是首要任务，所以其逐渐被一些高产、抗病的杂交种所替代。

一、品种特性

植株蔓生，生长势强。叶片较小，浅绿色。主蔓结瓜，第1朵雌花着生于第7～8节。瓜条长棒形，瓜长25～30厘米，直径2.5～3厘米，表皮光滑，外皮浅绿色，有稀疏的瓜刺，果肉淡绿色，是目前最受消费者欢迎的绿心黄瓜品种，口感好，有较浓郁的黄瓜香味，单瓜重160～180克，品质佳。抗病性较强，采收期长，中晚熟，耐热较好，抗寒性较差，适于春、秋保护地以及夏秋季节露地种植。每亩产量3 000 ～ 4 000千克。

二、对环境条件的要求

北京春秋刺瓜抗寒性差，耐热性较好，最适宜生长温度为15 ～ 30℃，根系生长适宜温度为20 ～ 25℃，可忍耐一定时间的32℃高温，但超过35℃以上高温，生长受阻停滞。

三、地块选择

选择土层深厚，疏松、肥沃，灌水和排水均通畅，有机质含量在1%以上的壤土保护地棚室种植，并且上一年与前茬均不是种植瓜类和葫芦科蔬菜的棚室。覆盖透光率高的EVA流滴消雾膜，温室留上下两道风口；大棚必须留顶风口，采取四幅棚膜覆盖方法，便于夏秋季节降温。风口和门口安装防虫网阻隔害虫进入。

四、高品质栽培技术

（一）茬口安排（表2-2）

（二）育苗

1. 种子温汤消毒和浸种

温汤浸种可有效杀灭种子携带的病菌。具体操作方法，用洁净的陶瓷盆或泥瓦盆（不能用铁盆、塑料盆，它们降温快），注入种子体积4 ～ 5倍的55 ～ 56℃温水（2份开水1份凉水，具体以温度计测量为准），把种子投入，同时用木棍或竹竿向同一方向匀速搅拌，保持50℃以上的恒温20分钟，为了保持恒温，在旁边再准备一个容器，将水调好温度后再注入盆内，不要直接往容器内倒开水，以防烫伤种子，不停搅拌待水温降至30℃左右，继续浸泡4 ～ 6小时，即可捞出，捞出前要用手搓几次，以搓掉种皮上的黏液，并多次用温清水洗净。

2. 催芽

浸种后，将种子用湿纱布或棉布包起来，置于28 ～ 30℃条件下催芽，最好放入恒温恒湿种子催芽箱中进行催芽，有利于提高发芽率和出芽整齐，当个别种子开始露白时，白天温度仍保持28 ～ 30℃，夜温可降低至15℃左右。由种子露白开始，每隔5小时拣芽一次，

表2-2 北京秋瓜保护地生产茬口

茬次	播种育苗	苗龄	定植期	采收期
日光温室早春茬	1月上旬	35天	2月中旬	3月中至6月底
塑料大棚春茬	2月下旬	35天	3月下旬至4月上旬	5月初至7月中旬
塑料大棚秋茬	7月中旬，也可7月下旬直接播种	25天	8月上旬	9月初至11月初
露地夏秋茬种植	6月中旬至7月上旬直接播种	—	—	7月下旬至10月中旬

将芽存于5℃条件下贮存，够一定数量时一起播种。

3. 基质准备

（1）穴盘基质育苗

采用50穴的塑料穴盘，基质采用2份草炭、1份蛭石配成，每立方米基质加入45%氮、磷、钾复混肥2.5千克、优质有机肥10千克，也可选用市场上配制好的育苗基质。混合均匀后装盘播种。

（2）营养钵育苗

早春茬可选用6厘米×8厘米或8厘米×10厘米规格的营养钵，可购买质量有保证配制好的育苗基质，也可自行配制基质，取自前茬种植葱蒜类蔬菜疏松、肥沃的园田土50%、草炭40%，充分腐熟、细碎的有机肥10%，混合均匀后，用50%多菌灵可湿性粉剂500倍液喷营养土，每立方米营养土用药量25～30克，充分拌匀再堆积起来，覆盖塑料薄膜封闭3～5天，然后打开薄膜把营养土摊开，晾晒5～7天即可装钵播种。

4. 播种

播种前将穴盘、营养钵或营养块浇透水，必须过6～7个小时再播种，营养钵或穴盘育苗的，用手指在播种穴中央轻按1厘米左右，形成播种坑，然后将种芽向下平放，采用抓土堆的方式覆盖蛭石，营养钵育苗可覆盖过筛的细潮土，1～1.5厘米厚。待60%幼芽拱土时再覆土一次，厚度0.2厘米，防止幼苗"戴帽"（种壳）出土。

5. 苗期管理

（1）出苗前管理

播种后地温要保持在18～24℃、气温25～30℃。一般2天左右即可出苗，冬春季节育苗要做好保温保湿，可覆盖地膜，待70%幼苗拱土时及时撤去。

（2）幼苗期管理

要像看护小孩一样呵护幼苗，首先是温度，幼苗出土后，要降低温度，尤其是夜间温度，防止幼苗徒长，白天23～30℃、夜间15～18℃、地温20℃左右。由于室内气温存在温差，可能出现生长差异，要按幼苗长势倒苗2～3次，可将苗床南头和北头的苗子对调以协调幼苗生长一致；其次是光照，光照强度和光照时数是黄瓜幼苗雌花形成的重要条件，低温短日照是促进雌花分化的有利条件之一，夏秋季节育苗因日照时间过长，要用双层遮光率70%的遮阳网在晴天中午覆盖遮光4～5小时，使每天日照时间在8～10小时，有利于多开雌花、瓜码密。春秋季育苗，阴雨天，也要揭开草帘，接受散射光照射避免幼苗徒长，7—8月温度过高，日照过强时，要用遮阳网遮盖一下，避免幼苗晒伤；再次是通风，通风原则是晴好天气时早放风、大放风、放风时间长，阴天也要短时放风排出湿气；最后是病害防治，苗期主要病害是猝倒病和立枯病，在防治上，首先是防止高温高湿，出苗后应选择温暖晴天揭膜炼苗、通风换气，严格控制苗床温湿度，浇水不宜过多，及时拔除病弱苗并销毁或深埋，撒石灰对染病区域进行消毒，若有零星发病应及时喷药防治，用95%敌克松可湿性粉剂1 000倍液或用50%多菌灵可湿性粉剂800倍液，每隔7～10天喷洒1次，连喷2～3次，即可取得理想的防治效果。

6. 壮苗标准

日历苗龄30～40天，株高15～18厘米、茎粗0.6厘米、下胚轴长4～5厘米、春季幼苗3叶1心，秋季幼苗2叶1心；叶色深绿、子叶完整、根系发达、无病虫害。

（三）棚室清洁与消毒

1. 棚室清洁

前茬拉秧后及时将残株、烂叶和杂草清理干净，运到远离棚室地点进行高温消毒或臭氧处理等无害化处理，同时也要将棚外杂草清理干净。减少病虫害传染源。

2. 棚室消毒

每亩地用硫黄粉2～3千克及敌敌畏0.25千克，拌上适量锯末后分堆暗火点燃，棚室密闭熏蒸一昼夜，可将应用的农具同时放入棚内熏蒸消毒。

（四）整地施肥

1. 施入底肥

应施用充分腐熟、细碎的优质有机肥，每亩施用5 000千克。若使用未腐熟的有机肥不仅不能及时供给作物养分，而且还会造成沤根影响作物生长，还会发生蛴螬等地下害虫为害，所以有机肥必须充分腐熟后再施用。若有机肥源不足可施用生物有机肥，每亩用量3 000千克，以内蒙古苏尼特旗所产羊粪生物有机肥肥效最好。总量2/3在耕地前铺施，其余1/3于做畦时沟施。

2. 深耕细整土地

整地质量是作物生长好坏的先决条件，底肥铺施均匀后，用深耕机械进行翻耕，要耕深30厘米以上，棚室四边和水管旁机械耕不到的地方应人工翻耕，保证不留死角和硬坎。耕耘是翻地后进行的，将翻地形成的坷垃耘碎，对高低不平的地块，做畦前必须整平，达到疏松、细碎、平整的标准。黄瓜是对土壤耕耘质量要求最高的作物，用竹竿插任何一个部位都能轻松插入，有经验菜农说“把地整成像面笸箩一样疏松才能种出好黄瓜来”。

3. 起垄做畦

根据灌溉方式不同可以采用两种畦式，一是具有滴灌条件的棚室做成台式高畦；二是采用膜下沟灌或沟灌的棚室做成瓦垄高畦。按140～150厘米的间距做畦，畦面宽70～80厘米，畦沟宽70厘米，畦面高出20厘米，早春季节畦面覆盖银灰色地膜。

（五）定植

1. 幼苗准备

早春季节在定植前5～7天需低温“炼苗”，白天20℃左右，夜间气温逐渐降到8℃，但地温仍应保持在15℃以上。营养钵育苗方式的在定植前 3 天应将幼苗按照大、小苗来分级，分开运苗和定植。定植前 2 天，使用寡雄腐霉 20 克 / 亩或 70% 敌克松 1 000 倍液防治苗期病害。

2. 施用生物菌肥

每亩施用微生物固体菌肥 20 千克，定植时挖穴施入然后栽苗。这对于改善土壤理化性状，缓解重茬障碍，促进生长、提高品质具有一定的作用。

3. 定植时机

早春季节当 10 厘米地温稳定通过 15℃，棚内气温连续 5 天稳定通过 12℃以上即可定植。宜选择“冷尾暖头”的时机在晴天上午定植；秋季定植要选择晴天的下午进行。

4. 定植方法

采用大小行方式栽培，平均行距 70 ~ 75 厘米，其中大行距 90 ~ 100 厘米，小行距 40 ~ 50 厘米，株距 30 ~ 35 厘米，每亩种植 2 800 ~ 3 000 株。先按照规定株行距开定植穴（早春覆盖地膜要“十”字形划破地膜），栽苗后封穴，覆土深度不要超过苗坨高度，压好地膜破口处。栽植不要过深，以土坨与畦面相平为宜。早春季节地温低时采取先少量浇水的方式，应在温室内放置水缸、塑料桶等容器，提前 3 ~ 5 天存水，待水温升高后再浇，用水壶或水瓢每株点 300 毫升左右的水缓苗，过 5 ~ 7 天再浇透水；其余季节定植要浇透定植水。

（六）田间管理

1. 栽培环境调控

重点要做好温度、光照、室内相对湿度的调控管理，使作物在大多数时间处于适宜的环境条件下生长。

（1）温度

早春季节要做好防寒措施，夏秋季要做好降温工作。

定植后的缓苗期：白天 28 ~ 30℃，晚上不低于 18℃。

缓苗后采用 4 段温度管理：8：00—14：00 时，25 ~ 30 ℃；14：00 时至日落，26 ~ 20 ℃；日落后至 24：00 时，18 ~ 20 ℃；24：00 时至日出，15 ~ 16℃。地温保持 15 ~ 25℃。温度的调控主要通过揭盖保温被和关放风口来实现。

（2）光照

采用透光性好的流滴消雾功能膜，有条件选用 PO 膜或 PEP 膜，冬季经常清扫、刷洗棚膜，在后墙和两侧墙悬挂反光膜，可以增加光照强度；夏季在 11：00—15：00 时棚顶要覆盖遮阳网，以降温和降低光照强度。

2. 水分管理

蹲苗期缓苗后进行蹲苗，控制浇水，促进根系生长，一般 10 ~ 12 天，待“龙头”（生长点）变成黑色，幼瓜坐住长至 6 厘米左右，应该结束蹲苗开始浇水和追肥。

（1）结瓜期

要保证水分均衡供应，采用小水勤浇的方式，忌大水漫灌而降低地温。尽量采取滴灌节水灌溉方式，每亩每次浇水量5～10米^{3}为宜，间隔2～3天浇一水，以满足植株生长和结瓜的水分需求。普通灌溉方式应根据天气和土壤情况以及植株长势来确定每次浇水量和间隔时间，一般春秋季节5～7天浇一水，夏季2～3天浇一水。冬季应采取膜下暗灌的方式10天左右浇一水，浇水后注意放风排湿。

（2）室内相对湿度调节

一般以60%～90%为宜，但结瓜期要偏高；白天也要高，而夜间和苗期湿度相对要低一些，通过放风和调节温度来控制室内湿度。

3. 科学追肥

（1）常规浇水方式

本着“少吃多餐”的原则。可在蹲苗期结束幼瓜开始膨大时采取开沟或开穴方式每亩追施腐熟的麻渣或花生饼60～80千克，施肥后及时浇水；以后在采瓜期每隔10～12天随水追施一次氮、磷、钾含量15%的有机液肥（其中氮7%、磷3%、钾5%），每亩用量10～12千克，或其他品牌的有机液肥10～12千克。

（2）滴灌浇水方式

应采取水肥一体化方式，5～7天追施一次氮、磷、钾含量在15%的有机液体或水溶性有机肥料，每亩每次6～8千克。

（3）施用生物菌肥

在结瓜期随水施用或喷淋施用液体生物菌肥3次，随滴灌浇水每次用量0.5升；喷淋施用500倍液，多喷在根部为宜。

（4）叶面喷肥

是一种非常好的施肥方式，能快速补充营养，一般7～10天一次，可选用含氨基酸水溶肥（禾命源改进品质型）500倍液喷施；也可选用0.3%浓度的磷酸二氢钾加0.5%浓度的尿素溶液混合喷施，但磷酸二氢钾要用60℃左右的温水化开，充分与水搅拌均匀后再倒入喷雾器，尽量喷在叶片背面有利于吸收。还可选用雷力2 000以及其他腐殖酸、氨基酸类液体肥料。

4. 植株调整

植株调整是获得优质高产的重要措施，具体操作是用银灰色塑料绳来吊蔓，银灰色有驱避蚜虫及其他害虫的作用，用绳吊蔓可便于落秧来延长采收期。在生长过程中要将下部老叶摘除并往下坐秧或使其斜向生长。引蔓、去老叶和落秧等操作一般7天左右进行一次。

5. 二氧化碳施肥

保护地秋冬茬和早春茬黄瓜生产中，二氧化碳浓度严重不足。增施二氧化碳能增强光合作用效果，促使植株健壮，减轻病害，延长采收期，提高黄瓜品质，增产增收效果明显。生产中多采用吊袋方式，在幼瓜开始膨大时每亩悬挂20袋二氧化碳气肥。

（七）适时采收

采收要及时，以免形成坠秧；黄瓜雌花开花后6～10天，花已枯黄色，瓜条长25～30厘米时，即可采收。冬季遇连阴天或连续低温时，要适当早采收，以防植株衰弱或感病。采收应在早晨进行，用剪刀剪断瓜柄，采收工作要细致，防止漏采，影响植株生长。应轻拿轻放避免人为或机械损伤而降低商品价值。

黄瓜采收后要进行修整，用软布拭去瓜皮上污物。分级和包装后出售，不能及时出售的要预冷后贮存，温度调控在10℃左右。短期贮藏的，温度控制在12℃，湿度95% ~ 100%。运输温度以12℃为宜，文明装卸，防止损伤果实。

（八）病虫害防治

经常发生的病害有霜霉病、细菌性角斑病、白粉病；虫害有蚜虫、白粉虱、斑潜蝇等。

1. 防治原则

贯彻“预防为主，综合防治”的方针，综合利用农业防治（高畦栽培、清洁田园、合理轮作、平衡施肥等）、物理防治（防虫网、黄板、蓝板等）、生态防治（温湿调控、高温闷棚等）消除病虫害发生的根源，防止病虫害蔓延。种植过程中，要注意经常调查病虫害发生情况，待病虫点片发生后，及时进行防治，在药剂防治时，优先使用生物农药，绿色食品生产可以施用高效、低毒、低残留的农药，并严格按照安全用量及安全间隔期使用。严禁使用剧毒农药。

2. 病害防治

（1）霜霉病

栽培过程中应避免低温高湿的生长环境，遇连阴天时应在行距撒干锯末或碎秸秆来吸走棚内过多的水分，并加强通风换气。

有机食品在发生初期喷洒生物农药氨基寡糖素、蛇床子素、铜大师或武夷菌素等生物农药防治。

绿色食品在发病初期用氯溴异氰酸（金消康1号）1 000倍液 +3% 氨基寡糖素（金消康2号）喷雾防治；也可用寡雄腐霉20克/亩进行防治。还可用72% 霜脲·锰锌可湿性粉剂600 ~ 800倍液，或72.2% 霜霉威（普力克）水剂600 ~ 800倍液喷雾,7 ~ 10天喷施1次，连喷3次。

（2）细菌性角斑病

有机食品在发生初期采用生物农药农用链霉素或铜大师喷雾防治。

绿色食品可选用47% 加瑞农可湿性粉剂600倍液或77% 氢氧化铜（可杀得）可湿性粉剂500 ~ 600倍液或20% 龙克菌悬浮剂500 ~ 600倍液喷雾防治。

（3）白粉病

有机食品生产选用生物农药1.5% 大黄素甲醚500倍液喷雾防治，7天1次，连喷3次。绿色食品生产选用10% 世高水分散颗粒剂2 000 ~ 3 000倍液或15% 粉锈宁可湿性粉剂1 500倍液喷雾防治。

3. 虫害防治

（1）蚜虫

在风口和门口安装防虫网以阻隔进入，保护地设施内悬挂40厘米 × 25厘米规格的黄板20 ~ 30块来诱杀成虫。

有机食品生产可用印楝素1 000倍液或藜芦碱（护卫鸟）等生物农药1 000倍液进行喷雾防治。绿色食品生产用5%灭蚜粉尘，每亩1千克。或10%瓜蚜烟剂，每亩500克，或10%吡虫啉可湿性粉剂1 500倍液喷雾防治。

（2）白粉虱和烟粉虱

在风口和门口安装防虫网以阻隔进入，保护地设施内悬挂40厘米 ×25厘米规格的黄板20 ~ 30块来诱杀成虫。还可释放天敌来降低虫口密度。

有机食品采用生物农药生物肥皂和矿物油喷雾防治；发生较多时采用生物农药矿物油或生物肥皂50倍液喷雾防治，应在清晨露水未干时喷药，并且采用2 ~ 3台喷雾器同时防治效果好。

绿色食品采用25%扑虱灵可湿性粉剂1 500倍液加联苯菊酯（天王星）3 000倍液混合喷雾，也可用25%阿克泰水分散剂3 000倍液防治。

（3）斑潜蝇

有机食品生产选用生物农药1%印楝素600倍液或投放西伯利亚离颚茧蜂或豌豆潜叶蝇姬小蜂进行天敌防治。喷药宜在早晨或傍晚进行，注意交替用药。

绿色食品生产选用6%乙基多杀菌素20毫升/亩，或1.8%虫螨克乳油2 000 ~ 2 500倍液。

五、上市时间及食用方法

每年春季3月中旬至7月中旬，秋季8月下旬至11月初上市供应，可炒食、凉拌，也可做汤，蘸酱鲜食。据有关资料介绍，因含有葫芦巴素经常凉拌或做水果食用有一定的减肥功效。

第五节 北京苹果青番茄

北京传统口味名优蔬菜品种，20世纪50 ~ 80年代在北京海淀区、朝阳区和丰台区等二环至四环路之间的近郊区菜田种植。成熟时高圆的果实从顶部开始变粉红色，果肩为似苹果一样翠绿色，故名“苹果青”。果肉为沙瓤、松软，汁多、风味浓郁，许多老北京市民回忆说以前吃番茄要用手或纸接着汁，要不然会脏了衣服不好洗。苹果青番茄既适宜鲜食又适宜做成菜肴，是许多消费者“儿时味道的番茄品种”。目前产品主要采取配送或超市销售的形式销售给讲究生活质量的人群和中、高收入人群，也可供游人采摘，种植者经济效益较高。

一、品种特性

植株无限生长类型，中熟，从定植到初次采收70 ~ 75天，植株生长健壮，结果性较强，每穗结果4个左右，果实为高圆形，果实刚成熟时顶部粉红色，果肩翠绿色，成熟后果面布满隐约可见的小白点；单果重180 ~ 200克，口感酸甜适度、具有浓郁的番茄味，特别适合鲜食。抗寒性较好，耐热性中等，皮薄易裂果，不耐贮藏和运输。抗病性较差，尤其不抗黄化曲叶病毒病。适合在春茬保护地或高海拔山区露地种植。在中等肥力棚室单株产量 3 ~ 4 千克，亩产量 4 000 千克左右。

二、对环境条件的要求

（一）温度

番茄是喜温性蔬菜，在正常条件下，发芽最低温度为 11℃，最适宜温度为 25 ~ 30℃，在 28℃下发芽最快，可在 48 小时发芽，高于 30℃虽然出芽快，但幼苗细弱，32℃以上停止发芽；最适宜的生长温度为 23 ~ 30℃，温度低于 15℃，不能开花或授粉受精不良，导致落花。温度降至 10℃时，植株停止生长，长时间 5℃以下的低温能引起低温危害。番茄根系生长最适温度为 20 ~ 22℃。

（二）光照

番茄是喜光性作物，光饱和点为 70 000 勒克斯，栽培中应保证 30 000 ~ 35 000 勒克斯的光强度，才能维持其正常的生长发育。光补偿点为 2 000 勒克斯，苗期光照充足，有利花芽早分化及早显花，若开花期光照不足，容易落花落果，弱光条件容易造成受精不良，影响产量。

（三）水分

番茄属于半耐旱作物，空气相对湿度要求在 45% ~ 50% 为宜，土壤相对湿度可保持土壤最大持水量的 60% ~ 70%。

（四）土壤

虽然番茄对土壤适应性强，但高品质栽培对土壤条件要求严格，以土层深厚、排水良好、富含有机质、疏松、肥沃，微量元素含量丰富的壤土或轻壤土的棚室最为适宜。番茄对土壤的通透性要求较高，栽培的根际土壤不可积水。适宜在微酸性或中性土壤种植，pH 值以 6 ~ 7.5 为宜。

（五）营养

番茄是喜肥而且耐肥的蔬菜作物，每生产 5 000 千克番茄产量需要吸收纯氮 17 千克、五氧化二磷 5 千克、氧化钾 26 千克；结果期对各元素的吸收比例如下。

氮：磷：钾：钙：镁为 1 : 0.3 : 1.8 : 0.7 : 0.2。若氮肥施用过多，植株生长旺盛，口感品质差，容易感染病虫害和发生筋腐病等生理病害。以施用化学肥料为主要营养供应来源，虽然产品甜度高，但是风味不足。所以要种出高品质番茄产品，需要施用氮、磷、钾配比合理，中微量元素含量丰富的优质有机肥料。鸡粪、猪粪和人粪尿等原料制成的有机肥，含氮素高，含钾素少，做基肥施用后能促进植株生长，使番茄个头大，但口感和风味要差得多，羊粪为原料制成有机肥氮、磷、钾比例正好符合番茄的需肥规律，才能生产出品质佳、风味浓郁的番茄产品。

三、地块选择

选择土层深厚，疏松、肥沃，灌

水和排水均通畅，有机质含量在1%以上的壤土棚室或地块，并且前茬不是种植茄科蔬菜的地块。棚室有上下两道风口，保温性能好，风口和门口安装防虫网。

四、高品质栽培技术

（一）栽培茬口

1. 春季温室

12月中旬至翌年1月中旬在温室育苗，2月上旬至2月下旬定植，5月上旬至7月中旬陆续采收。

2. 春季大棚

1月下旬至2月上旬在温室育苗，3月中旬（需扣小拱棚）至3月下旬定植，6月上旬至7月下旬陆续采收。

3. 高海拔山区大棚越夏长季节栽培

2月中旬至4月上旬播种育苗，4月上旬至5月下旬定植，7月中旬至9月下旬采收，夏季需采取遮阳降温措施。

4. 秋冬日光温室

7月下旬至8月上旬育苗（重点预防黄化曲叶病毒病），8月下旬至9月上旬定植，11月至翌年2月采收。

（二）培育壮苗

1. 育苗设施

利用温室或大棚环境，采用50穴的塑料穴盘或6～8厘米的营养钵育苗，也可采用草炭营养块育苗。

2. 营养土

塑料穴盘采用60%草炭加30%蛭石加10%腐熟细碎有机肥作为基质，营养钵选用50%～60%草炭营养土加30%～40%无病虫源的园田土加10%腐熟细碎有机肥或生物菌肥，要求孔隙度60%左右，pH值为7。

3. 种子处理

（1）温汤浸种

把种子放入55～56℃的温水中浸泡，同时要用木棍不停地搅动至30℃水温时，再浸种4～6小时。

（2）磷酸三钠浸种

将清水浸泡后的种子，放入10%浓度的磷酸三钠溶液中浸泡20分钟，捞出用清水冲净。

（3）催芽

种子浸泡后用软棉布包好，置于25～30℃的条件下催芽，每天用温水投洗一遍。待48小时左右种子露白时即可播种。

（4）播种

穴盘或营养钵浇足水，水渗后4～6小时点种，每穴播一粒种子，覆盖蛭石或细沙土厚度0.8～1厘米，早春季节育苗需覆盖地膜，70%幼苗出土时及时撤除。

4. 苗期管理

（1）温度管理

采用分段温度管理方法。

播种至齐苗要求日温25～30℃，夜温18～20℃；齐苗至定植前5～7天要求日温22～28℃，夜温15℃；早春季节定植前5～7天要低温“炼苗”，日温20～25℃，夜温10℃。

（2）光照管理

尽可能保证光照充足，经常清扫农膜。

（3）肥水管理

前期基本不浇水、追肥，在 2 ～ 3 片叶时开始浇水，以后保证水分供应；随水追施 2 ～ 3 次氮、磷、钾液体肥。育苗期间叶面喷肥 2 ～ 3 次，可采用“农保赞”有机液肥（6 号）500 倍液，或 0.3% 浓度的磷酸二氢钾喷施，但磷酸二氢钾要用 60℃左右温水溶解后再稀释倒入喷雾器中，否则不易溶解而影响效果。

（三）施肥与定植

1. 清洁田园

在前茬收获后及时将残株、烂叶和杂草（包括地块四周的杂草）清理干净，运出地外集中进行高温堆肥或臭氧消毒等无害化处理。

2. 施足有机肥

每亩基肥施用生物有机肥（最好选用以羊粪为原料的产品）3 000 千克或充分腐熟、细碎的优质有机肥 5 000 千克及其他商品有机肥 3 000 千克以上；固体生物菌肥 20 千克，定植前开沟施入或与有机肥掺匀后施用。有机肥 2/3 在耕地前撒施，其余 1/3 在做畦时施入。

3. 覆盖农膜

选用透光性能好的流滴消雾 EV 膜或 PO 膜，春季大棚在定植前 30 天扣好棚膜。温室采取留上下两道风口的方式；大棚在棚顶最高处留一道放风口，两侧也要留放风口，即采用 4 块棚膜的覆膜方式。温室和大棚在所有风口和门口安装 50 目防虫网，阻隔蚜虫、粉虱等害虫进入室内。

4. 整地做畦

精细整地，深翻 30 厘米以上整平整细后做畦，按照 1.5 米的间距做成高出地面 20 厘米的高畦或瓦垄高畦，畦面宽 80 厘米，畦沟宽 70 厘米。采用大小行的种植方式，大行间距 100 ～ 110 厘米，小行（为沟背）间距 40 ～ 50 厘米；采取银灰色的地膜覆盖，没有滴灌设施的在小行之间挖一“V”形浇水沟，便于膜下暗灌。

5. 定植

早春季节棚内最低气温稳定在 10℃以上，10 厘米地温稳定在 12℃以上可以定植，选择“冷尾暖头”的时机在晴天定植。种植密度为每亩 3 000 株左右，平均行距 75 厘米，株距 30 ～ 33 厘米。定植时要选择大小一致的壮苗，要尽量少伤根，并适当深栽。定植以后及时浇水，同时随水施用液体生物菌肥 0.5 升。如温度过低，可采取点水的方法，过 4 ～ 5 天再浇透水。另外，定植时最好每畦多栽 2 ～ 3 棵，以备补苗用。

番茄行间间种薄荷能促进番茄的生长，并且能抑制害虫为害。可以每隔一行间种一行，薄荷穴距 50 厘米左右，每穴 2 ～ 4 棵。

（四）田间管理

1. 栽培环境控制

通过栽培技术措施的实施创造最适

合生长发育的环境条件。

（1）温度

在不同生长阶段采用不同的温度管理。

缓苗期白天 28 ~ 32 ℃，夜间 18 ~ 20℃；开花坐果期白天 23 ~ 28℃，夜间 15 ~ 18 ℃；结果采收期白天 23 ~ 30℃，夜间 15℃左右。

通过开闭风口和中午覆盖遮阳网来调节温度。

①光照

在全生育期必须经常保持良好的光照条件，才能使植株健壮生长，从而达到优质、高产的目的。经常保持膜面清洁，尽量增加光照强度和时间，6—8 月晴天的 11：00—15：00 时在棚顶覆盖遮光率 70% 的遮阳网来遮光降温。

②水分

根据不同生育期对湿度的要求和控制病害的需要，最佳空气相对湿度的调控指标是缓苗期 80% ~ 90%；开花坐果期 60%；结果采收期 45% ~ 60%。要通过地膜覆盖，滴灌或膜下暗灌、通风排湿、温度调节等措施尽可能把棚室内的空气控制在最佳指标范围。

③二氧化碳

在晴天上午 7：00 时至 12：00 时使棚室内二氧化碳浓度达到 1 000 毫克 / 千克，应在果实膨大期采取人工二氧化碳施肥的方法，每亩悬挂吊袋式二氧化碳施肥袋 20 ~ 30 袋，悬挂高度 1.5 米左右。

2. 吊蔓整枝

用银灰色塑料绳吊蔓来固定植株，采用单干整枝方式，育苗量少时也可采用双干整枝方式，能节约种子投入。每隔 3 ~ 5 天顺时针方向绕蔓一次，植株生长期间及时去除侧枝和植株下部的老叶、黄叶，每株留 4 ~ 6 穗果，长至预定果穗时摘去顶尖，最上部果穗的上面留 2 ~ 3 片叶。

3. 辅助授粉

采用自然授粉方式，能形成有籽多汁的果实，比无籽果实品质和风味要显著提高。在开花期棚室内释放熊蜂或蜜蜂来辅助授粉，也可采用振荡授粉器振荡的方式来辅助授粉。不能采用生长调节剂喷花或蘸花的方法来辅助坐果；辅助授粉适宜的操作时机非常重要，番茄应在每穗花开放 3 ~ 4 朵花时再采用振荡授粉器或调节剂喷花，因在刚开放 1 ~ 2朵花时喷花,会使这穗果仅结1 ~ 2个果实而影响产量。

坐住果实后及早疏去多余的花和果实。在幼果坐住后及早去掉畸形和过大、偏小的果实，一般每穗留果 3 ~ 4 个。因番茄果实朝下生长所以畸形果不宜被发现，我们在多年的实践中找到一个行之有效的窍门，去除畸形果时拿一个小镜子从果实下面照看果实是否发育正常，这样就会早期发现畸形果实及时去除，能有效提高果实的商品性。

4. 合理浇水

采用膜下滴灌或暗灌的方式，定植时浇足水，然后控制浇水，待第一穗果长至3厘米大小，第二穗果坐住时才开始浇水。以后以小水勤浇的方式浇水，滴灌或微喷等节水灌溉方式每次每亩水量10米^{3}左右，膜下暗灌浇水方式每次每亩水量20～25米^3；不要过分干旱和大水漫灌，浇水均匀能有效避免裂果的发生。结果期维持土壤最大持水量以60%～80%为宜，当果实达到绿熟期以后应控制浇水数量，以提高品质和口感。

5. 科学追肥

追肥原则：本着“少吃多餐”的原则和“平衡施肥”的方法，尤其要保证钾肥的充足供应。

追肥时机：在第一穗果长至3厘米大小即开始膨大时应及时追肥，若追肥过早，会促使植株营养生长过旺，若追肥过晚会影响果实膨大而降低产量。

追肥种类和数量：可以随水冲施氮、磷、钾总含量为15%的中农富源高钾型有机液肥（其氮、磷、钾含量分别为5∶2∶8），每亩每次用量10升，以后每穗果长至3厘米大小时都要及时追肥一次，每次间隔8～10天。也可采取开沟或开穴方式每亩追施充分腐熟的麻渣、花生饼等饼肥60～100千克，但要提前7～10天施用。还可随水追施其他有机液体肥料，但要保证氮、磷、钾肥的比例必须配比合理。在植株拉秧前30天停止追肥。绿色食品生产若钾肥配比不足，可在第一穗和第二穗果实膨大期每亩另加硝酸钾肥5～7千克。

施用菌肥：在果实膨大期随水施用液体生物菌肥3次，每次用量0.5升，对于改善土壤理化性状，缓解重茬障碍，促进生长、提高品质具有一定的作用。

叶面喷肥：生长中后期叶面喷肥4～5次，每次每亩喷施农保赞有机液肥（6号）500倍液60～90千克，或0.3%浓度的磷酸二氢钾加0.5%浓度的尿素混合喷施，以快速补充营养，要尽量喷洒在叶背面以利于吸收。

（五）适时采收

适时采收既能提高商品率，又能防治果实坠秧而影响植株继续结果。在果实转色90%时采收最为适宜，若采收过晚容易形成裂果，果实的存放期也短；若采收过早产品的口感和风味上不去。最佳采收时机以晴天的清晨为宜，能提高果实的营养物质含量和口感、风味；采摘时带果柄就不容易裂果，并且要轻拿轻放，避免形成果实的损伤而降低商品质量。若用竹筐、荆条筐盛放时要用软纸或农膜垫上，防止扎伤果实；还要根据果实大小分类出售。

（六）病虫害防治

按照“预防为主，综合防治”的植保方针，坚持以“农业防治、物理防治、生物防治为主，化学防治为辅”的原则，保证产品的安全。

1. 黄化曲叶病毒病

及时防治烟粉虱，进入秋天后，白天降低棚内湿度，保持通风，摘除病残体，及时清理出棚外运到指定地点进行臭氧处理或高温堆肥等无害化处理。在苗期和定植初期，喷施3%氨基寡糖素（金消康2号）800倍液加国优101高效杀菌剂800倍液，以增强植株的抗病性。

在发病前或发病初期，用3%氨基寡糖素（金消康2号）800～1 000倍液喷雾（50毫升加1桶水）+禾命源（抗病防虫型）450倍液连续喷洒3～5次。若添加“病毒一喷绝”300倍液喷施防治效果会更好。还可添加国优101高效杀菌剂800倍液也能提高防治效果。

2. 晚疫病

主要为害叶片和果实，也可为害茎部。结果期间应避免低温高湿的生长环境。

防治方法：由于该病蔓延十分迅速，因此要做好病害预报工作。一旦发现中心病株，应立即防治，可用3%氨基寡糖素（金消康2号）+含氨基酸水溶肥料（禾命源营养型）300倍液，每5～7天喷1次，连喷3～4次。发生初期还可采用生物农药蛇床子素或寡雄腐霉防治，绿色食品可采用72.2%霜霉威（普力克）水剂600倍液喷雾防治。

3. 灰霉病

采用覆盖地膜降低棚内湿度，合理密植，及时清除病果、病叶等农业措施来预防。在发生初期用木霉菌或大黄素甲醚防治，绿色食品可采用48%嘧霉胺悬浮剂800倍液喷雾防治。

4. 白粉虱和烟粉虱

在风口和门口安装防虫网以阻隔进入，保护地设施内悬挂40厘米×25厘米规格的黄板20～30块来诱杀成虫。还可释放丽蚜小蜂等天敌来降低虫口密度。发生较多时采用生物农药复合精油生物除虫剂200～400倍液（中国农业科技下乡团推荐产品）喷雾防治，并且不伤棚内授粉的熊蜂和蜜蜂；也可选用矿物油100倍液喷雾防治，还可采用25%噻虫嗪（阿克泰）水分散粒剂3 000倍液或25%（扑虱灵）可湿性粉剂1 500倍液加联苯菊酯（天王星）3 000倍液混合喷雾；因其有迁飞能力，若在白天喷药，粉虱会迁飞躲藏，应在清晨露水未干时喷药，这时翅膀沾露水不能飞走，并且采用2～3台喷雾器同时防治效果好。

5. 蚜虫

棚室内悬挂粘虫黄板诱杀成虫，每亩悬挂40厘米×25厘米黄板20～30块，悬挂在生长点以上10～15厘米处，南北向悬挂效果好。可自己制作橘皮辣椒水喷洒也有一定效果，比例为1∶1.5∶10，选用干橘皮1千克，辣味浓的干辣椒1.5千克，加水10千克，在不锈钢容器中煮开，然后浸泡24小时后过滤出清液喷洒在蚜虫为害处，喷雾要周到细致，喷到蚜虫身上有效。橘皮辣椒水对幼虫效果好，对成虫效果差，所以防治宜早不宜晚。还可选用生物农药0.5%藜芦碱（护卫鸟）1 000倍液喷雾防治。

五、上市时间及食用方法

通过合理安排种植茬口，可在春季

4—7 月，秋季 9—12 月上市供应。食用方法，主要为鲜食，也可炒食、凉拌，做汤等。推荐菜：番茄炒鸡蛋、番茄炒西蓝花、番茄炖牛腩、番茄鸡蛋汤、糖拌番茄。若鲜食应随吃随买，最好在 11℃左右条件下避光存放，最好不放入冰箱中存放，因放入冰箱后会降低其含糖量、风味和口感。

第六节　北京鞭杆红胡萝卜

鞭杆红胡萝卜是北京地区名优蔬菜品种，经菜农多年选育而成的优质地方品种。在 20 世纪 40 ~ 80 年代深受市民欢迎的老北京传统口味蔬菜品种之一；风味浓，味甜，肉质脆硬，品质好，其胡萝卜素含量比普通品种高 26.9%。花青素含量也明显提高，是有益于身体健康的保健型蔬菜（表 2–3）。

生熟食均可，最适宜炒食、炖食、蒸食和腌制以及凉拌，烹饪方法得当能体现其营养价值和风味，丰产性好。适宜秋季露地栽培，耐贮藏，在窖中能贮存到翌年 3 月。每年 11 月至翌年 3 月供应市场，深受各阶层消费者的喜食。

一、品种特性

中早熟，从播种至采收 90 ~ 95 天。植株高 50 厘米左右，叶簇较直立。有 12 ~ 14 片叶，叶片深绿色，叶柄基部和叶脉紫红色，叶缘波状，微皱；肉质根长 25 ~ 30 厘米，呈长圆锥形，末端尖。单根重 85 ~ 120 克，表皮紫红色，根肉韧皮部橙红色，木质部橙黄色。纤维少、嫩脆。据有关部门测定，每 100 克可食部分糖分含量 8.7 克，花青素 15.88 毫克，类黄酮 0.277 毫克，胡萝卜素 10.28 毫克。耐热性和耐寒性均较好，抗病性强。适宜在我国北方地区秋季露地种植，一般亩产量 2 000 ~ 3 000 千克。

表 2–3　鞭杆红胡萝卜品质测定结果（北京市海淀区农科所）

指标	市场对照品种	鞭杆红
单果重（克）	127.03	86.88
直径（厘米）	3.75	3.48
组织含水量（%）	90.31	85.61
糖（%）	6.8	8.7
颗粒密度（克 / 毫升）	0.993	1.124
维生素 C（毫克 /100 克）	43.764	91.437
类黄酮（毫克 / 克）	0.154	0.277
花青素（毫克 /100 克）	2.46	15.88
可溶性蛋白（毫克 / 克）	0.4956	0.8897
胡萝卜素（毫克 /100 克 FW）	8.1	10.28

测定日期：2016 年 11 月

二、对环境条件的要求

（一）温度

属半耐寒性蔬菜，种子发芽适宜温度为 20 ~ 25℃，最低温度 6℃；叶片生长白天适宜温度为 18 ~ 23℃，夜间为 13 ~ 18℃；肉质根膨大期适宜温度为白天 15 ~ 23℃，夜间 13 ~ 15℃，3℃以下停止生长。

（二）光照

属于长日照作物，在 12 小时以上的长日照条件下才能完成光照阶段抽薹开花；在营养生长时期适宜中等强度以上的光照条件，光照弱条件下会促进叶柄伸长而形成植株徒长现象，影响肉质根的膨大。

（三）水分

耐旱性较强，前期土壤水分过多会使茎叶徒长而影响肉质根膨大；生长后期应均匀浇水经常保持土壤湿润，以有利于肉质根生长和膨大。

（四）土壤

适宜在土层深厚、疏松肥沃、排水良好的沙壤土地块种植，若在土质黏重、易积水、土层杂质多的地块种植会引起畸形根、裂根和烂根等现象；若在土壤过于沙质的地块种植虽然有利于根茎的生长，但口味淡，风味不浓。适宜土壤的 pH 值为 5 ~ 8。

（五）营养

需氮、磷、钾和微量元素配合施用，其氮、磷、钾吸收比例为 1 ∶ 0.5 ∶ 1.8，每生产 1 000 千克产品需吸收纯氮 2.4 ~ 4.3 千克，五氧化二磷 0.7 ~ 1.7 千克，氧化钾 5.7 ~ 11.7 千克。尤其对钾肥敏感，若氮肥施用过多而钾肥供应不足，会引起叶片徒长，肉质根变细，降低产量和品质。

三、地块选择

选择土层深厚、疏松、肥沃，灌水和排水均通畅的有机质含量在 1% 以上的沙壤土或轻壤土的地块，不宜在土质黏重的重壤土和肥力瘠薄的地块种植。并且上一年与前茬均不是种植胡萝卜等伞形花科蔬菜的地块，最佳前茬为西瓜、菜豆、大蒜、葱、番茄等作物。

四、高品质栽培技术

（一）清洁田园

在前茬收获后及时将残株、烂叶和杂草（包括地块四周的杂草）清理干净，运出地外集中进行臭氧消毒或高温堆肥等无害化处理。

（二）施用基肥

1. 有机肥

每亩基肥施用充分腐熟、细碎的优质有机肥 4 000 千克以上，千万不要施用未腐熟的有机肥。有机肥源不足可选用生物有机肥 3 000 千克。经试验内蒙古苏尼特右旗所产以羊粪为原料生产的生物有机肥提高品质效果最好，因当地沙葱资源丰富，羊食用后粪便中含有大蒜素，具有抑菌抗重茬作用。有机肥2/3在耕地前撒施，其余1/3在做畦时施入，使幼苗期能及时得到养分供应。

2. 生物菌肥

每亩施用微生物固体菌肥20千克，在做畦前施入畦面。这对于改善土壤理化性状，缓解重茬障碍，促进生长、提高品质具有一定的作用。

（三）适期播种

1. 播种适期

北京郊区的顺义、大兴、通州等地和华北平原其他省份适宜播种期在7月下旬至8月初；北京的延庆、怀柔、密云等高海拔山区适宜播种期在7月中旬。

2. 整地做畦

耕深20厘米以上，表土要耙细、耙平，将土壤中的石块、砖头、塑料、残根等异物挑出，按1.3 ~ 1.5米的间距做成小高畦，畦面宽90 ~ 110厘米，畦面高出地面15 ~ 20厘米，畦长8 ~ 10米，沙质土壤也可采用平畦种植。要恢复北京郊区精耕细作的老传统，肥料撒施均匀，耕耘细致，没有明暗坷垃、石块、姜石块等异物，地平畦平垄直。根据灌、排水的方向有3‰左右的坡降，做好排水沟疏通，防止雨涝。

3. 精细播种

播种前将种子刺毛搓去后先做芽率试验，确定每亩用种量，以保证全苗。发芽率70%左右的种子，条播每亩用种量500 ~ 800克。播种前晒种1天，可采用浸种催芽后再播种的方法，用30℃温水浸种4小时，捞出后用纱布或软棉布包好置于20 ~ 25℃的环境下催芽，要保持湿度，每天用清水投洗一遍，2 ~ 3天后露白时即可播种，也可采取干籽直播的方式。有条播和撒播两种方法，条播行距20 ~ 25厘米开沟2 ~ 3厘米深，播种后覆土1.5 ~ 2厘米，用脚踩实后浇水。浸种催芽的种子，要先浇底水，待水渗下后再播种覆土。在风多、干旱地区以及雨多的地区播种以后可覆盖一层麦秸，有降温、保墒、防大雨砸苗的作用，苗出齐时撤去。

（四）田间管理

1. 间苗

在幼苗1 ~ 2片真叶时第1次间苗，疏去弱苗和过密的苗，使株距保持3厘米左右为宜；3 ~ 4片真叶时进行第2次间苗，株距5 ~ 6厘米；5 ~ 6真叶时定苗，株距10 ~ 12厘米，在行间浅中耕松土，并拔除杂草，促使幼苗生长；在幼苗4 ~ 5片叶时，结合中耕除草进行定苗，去除过密、弱株和病虫为害株，株距6 ~ 8厘米，每亩留苗25 000株左右。

2. 中耕除草

定苗以后中耕一次培一次土，封垄前进行最后一次培土，土要培至根头处，以防止根头膨大时露出地面见光而形成青头，影响品质。

3. 科学浇水

胡萝卜叶面积小，蒸发量少，根系发达，吸收强，比较耐旱，但耐涝性差，苗期正逢雨季，降雨后应及时排水；但在根部膨大期不能缺水。播种至出齐苗应1～2天浇一水，以降温和保证发芽所需水分。出苗后至肉质根膨大期应少浇水，以防茎叶徒长；肉质根开始膨大至采收前7天，应及时浇水，保持土壤湿润，但不要一次浇水过大，以小水勤浇为宜，在肉质根膨大期一般5～7天浇一水，以促进肉质根迅速膨大。

4. 追肥

基肥施用数量充足可不必追肥，若施用基肥数量少应在肉质根膨大初期追肥1次，生长期间叶面喷肥2～3次来快速补充营养，可选用0.3%磷酸二氢钾，需用60℃温水溶解后再倒入喷雾器中喷施，夏秋季节的晴天要避开中午阳光照射过强时间喷施，以免肥液蒸发过快影响吸收效果。

（五）适时采收

在肉质根充分膨大心叶不再生长时应适时采收，若采收过晚商品性差，若过早产量低、口感差。一般华北平原地区在11月上旬采收，高海拔山区在气温降至0～2℃时及时采收。挖出后留3～4厘米长的缨，在清水中洗净后放入保鲜袋或托盘用保鲜膜包装后出售。

（六）病虫害防治

胡萝卜主要病害有虫害、软腐病、黑叶枯病和蚜虫。

1. 软腐病

主要为害地下部肉质根，在田间生长期间和贮藏期间均可发生。植株感染后，地上部叶片变黄、凋萎。根部感染多发生在根头部，水浸状，灰色或褐色，病斑不定形，边缘明显或不明显，内部组织软化溃烂，汁液外溢，有臭味。由细菌胡萝卜软腐杆菌侵染所致，与大白菜软腐病的病菌相同。

防治方法：菜田不要积水，特别是雨后转晴，最易感染发病；采收后不能立即贮存，应晾晒1～2天，促使水分不要过多和伤口愈合；贮藏期间温度适宜，在0～1℃，发现染病根茎应立即检出，以免传染扩大蔓延。田间发生初期绿色食品生产用47%春雷氧氯铜可湿性粉剂600～800倍液灌根防治。有机食品生产在发生初期采用生物农药可用72%硫酸链霉素可湿性粉剂或新植霉素5 000倍液灌根或喷雾防治。

2. 黑叶枯病

重点发生在叶片、叶柄和茎等部位，病斑褐色至黑褐色，椭圆形，3～8毫米。发病严重时，病叶干枯；天气潮湿时在病斑上长出黑色霉状物，由真菌中的胡萝卜链格孢侵染所致。

防治方法：收获后将残株、烂叶和杂草及时清除干净，运到指定地点进行高温堆肥和臭氧消毒等无害化处理，杜绝病菌传播；加强田间管理，促使植株生长健壮提高抗病能力，在干旱时及时浇水；发病初期有机食品生产可用生物农药86.2%氧化亚铜（铜大师）800倍液或0.5%大黄素甲醚500倍液喷雾防治，也可用寡雄腐霉喷雾防治；绿色食品生产用25%嘧菌酯悬浮剂1 500倍液或 80% 代森锰锌可湿性粉剂 600 倍液喷雾防治。

3. 蚜虫

主要集中在心叶为害，干旱缺水的条件下容易发生。有机食品生产选用生物农药1%印楝素水剂800 ~ 1 000倍液，或 0.65% 茴蒿素水剂 400 ~ 500 倍液喷雾防治。绿色食品生产可选用 10% 吡虫啉可湿性粉剂 1 500 倍液喷雾防治。

五、上市时间及食用方法

华北地区一般上市时间为 11 月至翌年 2 月。胡萝卜是个宝，俗称“小人参”。鲜食胡萝卜口感甜脆，采用炒、烧、炖、煮、煲汤做菜食用，味道鲜美。尤其与牛肉或排骨一起炖食不仅风味浓郁而且能保持原有块状；也可腌制，翌年夏季切成细丝和青蒜一起拌凉粉成为最佳美味搭配，是诸多老北京人喜食的降暑美味。

第七节　北京黑茄子

原产北京二环至三环之间丰台、海淀、朝阳的近郊菜区，口感脆嫩、肉质细腻、食味清香，是老北京名菜“烧茄子”和“煮咸茄”烹饪的最佳品种。据考证《红楼梦》中四十一回使刘姥姥尝到后终生难忘的名菜“茄鲞”就是用丰台区菜户营村的七叶茄精心烹调而成。北京黑茄子根据成熟期又有六叶茄、七叶茄和九叶茄 3 个品种。六叶茄最早熟，耐寒性强，耐热性较差，适宜在秋冬茬和早春茬日光温室种植；七叶茄中早熟，耐寒性强、耐热性中等、品质最佳，适合春露地以及秋冬茬和早春茬保护地种植；九叶茄晚熟，耐热性强，耐寒性较差，适合夏秋茬露地种植。

一、品种特性

果实扁圆形，果皮黑紫色，有光泽，萼片和果柄为深紫色，果肉浅绿白色。肉质细嫩，风味浓，品质好。“北京黑”茄子有六叶茄、七叶茄和九叶茄之分，一般每亩用种量 30 ~ 50 克。

（一）六叶茄

植株长势中等，株高 80 厘米，开展度 100 厘米，叶片绿色，最早熟，门茄在第六片真叶时着生。平均单果重 400 克左右，耐寒性强，耐热性较差，不抗黄萎病和枯萎病。适宜在秋冬茬和早春茬日光温室，也适合在春大棚和春露地种植；亩产 3 000 ~ 3 500 千克。北京市农作物品种审定委员会1984年通过认定。

（二）七叶茄

植株长势强，株高 90 厘米，开展度 100 ~ 120 厘米，中早熟，叶片绿色；门茄在第七片真叶时着生，平均单果重 500 ~ 600 克，耐寒性强、耐热性中等、品质最佳，适合春露地以及秋冬茬和早春茬保护地种植；对黄萎病和枯萎病抗性较差，亩产 3 000 ~ 4 000 千克。北京市农作物品种审定委员会 1984 年通过认定。天津市农作物品种审定委员会 1987 年通过认定。

（三）九叶茄

植株长势强，株高 100 厘米，开展度 120 ~ 130 厘米，叶片绿色；晚熟，门茄在第九片真叶时着生，单果重 600 ~ 800 克，耐热性强，耐寒性较差，耐涝能力差，适合夏、秋茬露地种植。一般亩产 4 000 ~ 5 000 千克。

二、对环境条件的要求

（一）温度

茄子喜温，耐热性强，但是在高温多雨季节容易烂果。种子发芽阶段的最适温度为 30℃，低于 25℃发芽缓慢，且不整齐。生长发育最适温度 20 ~ 30℃，气温 20℃以下影响授粉受精和果实发育，低于 15℃植株生长缓慢，易产生落花，温度低于 13℃则停止生长，遇霜植株冻死。气温超过 35℃，茎叶虽然能正常生长，但是花器发育受阻，果实畸形或落花落果。

（二）光照

茄子属喜光作物，光饱和点为 4 万勒克斯，光补偿点为 2 000 勒克斯。日照时间越长，生育越旺盛，花芽分化早，日照时间越长，开花越早。光照越强，植株发育越健壮。但是在弱光条件下，会影响花芽分化质量，严重会导致落花落果，而且影响果实着色。

（三）水分

茄子枝叶繁茂、产量高，需水量大，通常土壤最大持水量以 70% ~ 80% 为宜。不同生长阶段对水分需求不同，门茄形成以前需水量相对较小，门茄迅速生长后需水量逐渐增多，对茄采收后需水量最大。茄子适宜的空气湿度为 70% ~ 80%。

（四）土壤及营养

茄子对土壤和肥料要求较高，适宜微酸至微碱性土壤，一般 pH 值以 6.8 ~ 7.3 为宜，最适宜在疏松、肥沃，有机质含量在 1.5% 以上的壤土地块或棚室中种植，不适宜在过沙和过于黏重的土壤地块种植。

茄子比较喜肥，每生产 1 000 千克茄子产品，需吸收纯氮 3 ~ 4 千克，五氧化二磷 0.7 ~ 1.0 千克，氧化钾 4.0 ~ 6.6 千克。其氮、磷、钾吸收比例为 1 ∶ 0.3 ∶ 1.2。尤其是缓苗以后对氮元素要求较迫切，若氮肥不足则植株生长弱，分枝少，落花多，果实生长慢，影响果实着色。

三、地块选择

茄子适宜有机质丰富、土层深厚、保水保肥、排水良好的土壤。对轮作倒茬要求严格，最忌连作，应选用 5 年内不重茬的地块，也忌与其他茄科蔬菜如番茄、辣椒、马铃薯等蔬菜作物连作。

四、高品质栽培技术

（一）栽培茬口（表 2–4）

（二）育苗

1. 种子处理

先晒种 1 ~ 2 天，用清水漂去瘪籽

后，用1%的高锰酸钾溶液浸种30分钟，捞出淘洗干净后，再用温汤浸种，用55℃温水浸种20分钟后，不断搅拌至水温将到30℃左右，用水量为种子的5倍，然后再浸种10小时左右，用手轻轻搓去种皮上的黏液。

2. 催芽

将浸种后的种子洗净沥净水，然后包在两层纱布或软棉布中，置于28～30℃恒温箱中或其他能保持恒温的环境下进行催芽，催芽过程中每天用清水清洗种子一次，洗去种子表皮黏液，种子50%以上露白后即可播种。

3. 穴盘育苗技术

采用草炭：蛭石比例为2：1（每立方米基质添加25千克生物有机肥），营养土用寡雄腐霉20克/亩进行消毒，砧木采用育苗钵，接穗采用穴盘。

4. 苗床育苗技术

（1）苗床准备

在保温性能较好的日光温室中做苗床，每平方米施入10千克腐熟、细碎的有机肥，翻耕15厘米深，混合均匀后做成宽1.3米、长6米的育苗畦。有土传病害的温室应用无土育苗为宜。

（2）播种

播种前一天苗床应浇透水，水渗后畦面均匀撒一薄层过筛细土，密度按每平方米苗床播干种子8克，播后立即覆过筛细土1厘米厚，稍镇压后覆盖地膜以增温保湿，促进出苗。

（3）播后至分苗前管理

当播后有50%左右拱土时，在傍晚撤去地膜，并用过筛细土弥合拱土带出的土缝（称为描土）；苗出齐后再覆土1～2次，厚2～3毫米。幼苗第1片真叶吐心后要及时进行间苗，间苗后也要适当覆土。温度管理如下。

播种至齐苗气温白天28～30℃，夜间15～20℃，10厘米地温20～25℃；齐苗至分苗前气温白天27～30℃，夜间12～18℃，10厘米地温15～22℃；

表2-4 北京地区北京黑茄子栽培茬口

栽培方式		适宜品种	播种期	定植期	收获期
塑料大棚	春提前	六叶茄 七叶茄	1月下旬	3月下旬	5月上旬至6月下旬
	秋延后	九叶茄	6月中旬	7月下旬	9月上旬至10月下旬
日光温室	秋冬茬	七叶茄	7月中旬	8月下旬	10月下旬至翌年1月下旬
	越冬茬	七叶茄	8月上旬	9月下旬	12月上旬至翌年6月下旬
	冬春茬	七叶茄 六叶茄	12月中旬	2月中旬	3月下旬至6月中旬
露地	春茬	七叶茄 六叶茄	3月上旬	4月下旬	6月上旬至7月底
露地	夏秋茬	九叶茄	5月上中旬	6月中下旬	8月中旬至10月上旬

分苗前 3 ~ 4 天要进行适当降温炼苗，气温最低可降至 8℃，但 10 厘米地温要保持 13℃以上。分苗前的子苗期一般幼苗不萎蔫不必浇水和追肥，分苗前 1 ~ 2 天浇一次温水以便进行分苗。

5. 分苗

（1）分苗前准备

每亩栽培地需 70 ~ 80 平方米苗床。温室中按每平方米施入优质有机肥 20 千克、复混肥 30 克施入底肥，翻耕 15 厘米、肥土混合均匀，然后可过筛灌入 8 ~ 10 厘米直径塑料钵。

（2）分苗

当子苗长至 2 ~ 3 片真叶时要在晴天上午进行分苗。分地苗应在畦内开 3 ~ 5 厘米深小沟，小沟浇小水后将健壮整齐的子苗按 10 厘米株距摆好（挖取子苗时应尽量少伤根），然后用开沟的土埋好根系（要整平），以后按 10 厘米行距开下一个小沟继续分苗。塑料钵分苗与地苗近似，但要注意码放整齐、平整。当整畦的苗分完后，要浇透水，温度条件差的温室还要扣小拱棚，以增温增湿，促进缓苗。

6. 分苗后管理

（1）温度管理

分苗后缓苗期间要高温高湿管理促进缓苗，不放风，白天如发现幼苗萎蔫时要及时回苫短期遮光；温度控制在白天 27 ~ 30℃，夜间 17 ~ 20℃；经 3 ~ 5 天缓苗后应适当通风降温，温度控制在白天 20 ~ 25℃，夜间 13 ~ 16℃；到定植前 5 ~ 7 天要加大通风量以锻炼幼苗，夜间温度降至 8 ~ 10℃，以适应定植环境。

（2）水肥管理

塑料钵应小水勤浇，防止干旱萎蔫。土方地苗应在中午植株下部叶片发生萎蔫时在傍晚补水，不宜补水过大。如果幼苗出现营养不足时，可以用 0.3% 磷酸二氢钾和 0.5% 尿素充分溶解后进行喷洒。

（3）其他管理

当苗床幼苗长至 3 ~ 4 片真叶时应及时切坨倒苗，塑料钵苗也应及时进行倒苗；办法为将大小苗交换位置，使整个苗畦苗子生长一致。土方苗倒苗后应撒土弥合土逢，防止根系过度受伤、促进喷发新根。定植前一周应进行囤苗，即将苗移动一下，降温炼苗，防止定植时因根系扎出土方或塑料钵而断根，造成大缓苗。

7. 壮苗标准

（1）春季幼苗

有 7 ~ 8 片真叶，株高 18 ~ 20 厘米，茎粗 0.5 ~ 0.7 厘米，叶片肥厚深绿，早熟品种现蕾，根系发达。

（2）秋季幼苗

有 5 ~ 6 片真叶，株高 12 ~ 15 厘米，茎粗 0.4 ~ 0.5 厘米，叶片肥厚深绿，根系发达。

（三）整地做畦

选择疏松肥沃、排灌条件良好的土壤，忌茄果类重茬。每亩施用充分腐熟、细碎优质有机肥 5 000 千克，有机肥源不足可选用生物有机肥，每亩用量为3 000千克。将有机肥2/3撒施于地面，深翻土壤30厘米左右，其余有机肥施入定植沟中。小高畦做畦方式，畦宽50厘米，沟宽80厘米，畦高10 ~ 15厘米。定植前7 ~ 10天，对茄苗进行低温炼苗，使其适应早春大棚内温度低、昼夜温差大的环境。早春季节在定植前15天左右覆盖地膜，秋季可在定植当天覆盖地膜。采用厚度为0.014毫米，表面银灰色下面黑色的双色聚乙烯地膜，银灰色表面具有趋避蚜虫的作用，底面黑色有很好的防草作用。每亩用量10千克。

（四）定植

1. 定植时间

早春季节当棚内气温不低于10℃，10厘米地温稳定在12℃以上时，选“寒尾暖头”的时机在晴天上午栽苗，阴天、雨雪天不宜栽植。

2. 定植方法

农谚说：“黄瓜露坨，茄子没脖”指茄子要深栽，按设计的株距刨埯（开穴），放入苗坨，覆土封埯，覆土超过苗坨2厘米左右。应大小苗分开栽植，每畦多栽2 ~ 4棵苗（俗称贴苗以备补苗用）。露地可以采取“水稳苗”的方法，先按行距开沟，然后顺沟浇水，在水中按株距放苗，水渗后再覆土。

施用生物菌肥每亩施用微生物菌肥20千克，定植时挖穴施入定植穴中然后栽苗。对于改善土壤理化性状，缓解重茬障碍，促进生长，提高品质具有一定的作用。

3. 定植密度

按不同品种和季节来确定种植密度，六叶茄在保护地短季节栽培，每亩密度2 200株，平均行距75厘米，株距40厘米；七叶茄在保护地种植，每亩1 800 ~ 2 000株，平均行距75 ~ 80厘米，株距45 ~ 50厘米。九叶茄在露地种植，每亩密度1 200 ~ 1 600株，平均行距80 ~ 100厘米，株距50 ~ 60厘米。

（五）田间管理

1. 开花结果期

（1）温度管理

缓苗期保温，定植后5 ~ 7天，白天气温保持在28 ~ 30℃，夜间在15 ~ 18℃，以利提高地温，促进缓苗；缓苗以后至开花结果期，白天气温以25 ~ 28℃为宜，夜间温度15℃以上，地温保持在18 ~ 22℃。

（2）中耕蹲苗

定植后以营养生长为主，农谚说：“茄子要耪，黄瓜要绑”，缓苗后应及时中耕松土，然后进行控制浇水“蹲苗”，到门茄瞪眼（核桃大）时结束蹲苗。第一次中耕松土要深，在5 ~ 8厘米，以后浅中耕2 ~ 3次。

（3）合理浇水

定植后1周即可缓苗，浇1次缓苗水后，到门茄瞪眼前控制浇水追肥。在门茄瞪眼时，采取膜下浇水1次，若浇水过早植株徒长而影响果实生长；浇水过晚果皮发紧，影响果实发育和膨大，同时也影响果实继续分枝和中后期的产量。此后，“对茄”“四门斗”果实相继膨大，对水分需求达到临界期，应保持均匀的水分供应。可以根据天气情况和土壤墒情来确定浇水的间隔时间，春秋季节露地4～6天浇一水，保护地5～7天浇一水，冬季日光温室间隔8～10天浇一水。每次水量不能过大，以每亩每次30～40米^{3}为宜。采取滴灌节水灌溉方式，浇水间隔时间应短春秋季节间隔3～5天浇一水，每次水量10～15米^3。

（4）平衡施肥

追肥：茄子喜肥，结果期以后，植株生长和果实发育同时进行，要达到果实发育好、品质好、产量高的效果，攻秧保果非常重要。在门茄核桃大小时（瞪眼期）开始追肥，可追施氮、磷、钾含量为15%的中农富源有机液肥（氮、磷、钾含量比例为7：3：5），每隔10～15天随水追施一次，每亩每次施用量10千克，或其他有机液肥8～10千克。

保护地有滴灌设施应采取水肥一体化方式，5～7天追施一次氮、磷、钾含量为15%的中农富源有机液肥（氮、磷、钾含量比例为7：3：5）每亩每次5～8千克。

叶面喷肥：可快速补充营养，并有预防开花坐果不良及顶叶黄化、生长缓慢等作用。选用含氨基酸水溶肥料（禾命源品质改善型，由中国科技下乡团推荐产品）500毫升对水120千克（一桶水对药40毫升）叶面喷施3～4次。也可选用雷力2 000功能性液肥；还可喷施3 000倍液硼砂，一般间隔7～10天喷1次，共喷2～3次。

（5）植株调整

门茄开始膨大，要进行整枝。结果后茄子植株容易倒伏，须吊蔓或搭架来固定植株，使植株茎叶在空间均匀摆布，保证植株的旺盛生长。可采用双干整枝或改良双干整枝（选留门茄下1个侧枝结果，该侧枝着果后，在果前留2片叶摘心。门茄以上按双干整枝的方法整枝，如此便形成1、1、2、2、2……的结果格局）。

（6）保花保果

花期可选用振荡授粉器辅助授粉，绿色食品生产可以采用“丰产剂二号”生长调节剂（圆茄专用）喷花或蘸花。注意不要蘸到生长点上，不能重复喷或蘸花。保花药中添加1%的50%嘧霉胺可湿性粉剂或2.5%适时乐悬浮剂（10毫升/1 500毫升）防止灰霉病的发生。门斗茄子开花时已没有低温影响，不用生长调节剂处理一般也能坐果，但用生长调节剂处理能加快果实生长，也有防止后期高温落花的作用，但激素浓度要小一些，避免高温下产生药害。

2. 始收期到盛收期的管理

（1）温度管理

要比开花结果期高一些，白天气温保持25～32℃，夜间15～18℃。大棚春茬门茄采收后，当外界最低气温达到15℃以上时，把大棚膜四周揭起1米高，昼夜通风有利于生长。

（2）肥水管理

对茄“瞪眼”时膜下灌 1 次水，并随水追肥，灌水后闭棚 1 小时，增加温度。中午加大放风排湿，防止高温、高湿引起落花、落果和病害。以后间隔 7 ~ 10 天随水追肥一次。

（3）打叶

生长过程中要把门茄以下叶片和病叶、老化叶片及时摘掉。在花蕾上部留 2 ~ 3 片叶摘心，有利于早熟、丰产和上部果实膨大，并及时摘除腋芽，中后期摘掉下部病叶、老叶和黄叶，以利通风透光，减少养分消耗，促进果实生长发育。

（六）适时采收

茄子为嫩果采收，采收早晚不仅影响产品品质，而且影响产量。特别是门茄如果不及时采收，就会影响对茄的发育生长和植株生长。最佳采收时期为萼片与果实相连接的地方有一白到淡绿色的带状环，称为“茄眼睛”，如这条白色环状带宽，表示果实生长快，如果环状带不明显，则表示果实生长慢了，应该采收。还可以用指甲掐果皮，掐不动即表示果实老了。一般早熟的六叶茄、七叶茄品种在定植后 30 ~ 40 天开始采收；晚熟的九叶茄品种在定植后 50 ~ 60 天开始采收。

（七）病虫害防治

茄子生产中主要的病害有黄萎病、枯萎病、青枯病、褐纹病、灰霉病等，主要害虫有茶黄螨、白粉虱、蚜虫、蓟马和斑潜蝇。

1. 病害

（1）黄萎病、枯萎病

属于系统性土传病害，黄萎病俗称半边疯、黑心病，植株半边发病，初期半边叶片中午呈萎蔫状，晚上恢复原状，逐渐地植株叶片呈半边黄色，反复几天后不再恢复，叶片颜色由黄变褐，维管束变黄褐色或棕褐色；枯萎病发病初期是整株叶片中午萎蔫，晚上恢复，逐渐地整株叶片变黄色，至全株萎蔫。苗期即可染病，一般自下向上发展。发病适温为 19 ~ 24℃，超过 28℃病害受到抑制。此两种病害对茄子生产为害很大，发病严重年份绝收或毁种。

采用抗病砧木嫁接进行换根是当前最有效的防治因重茬、土壤带菌严重造成的黄萎病的方法，另外，实施非茄科作物 4 年以上轮作，效果显著。保护地可采用夏天换茬时高温消毒的方法，保持 60℃温度 5 天，可明显减少土壤病菌。有机食品生产采用生物防治：定植时用 3% 氨基寡糖素（金消康 2 号）+ 禾命源抗病防虫型 450 倍液灌根，每株 250 毫升，7 ~ 10 天灌根一次，连续灌根 3 ~ 4 次。也可使用枯草芽孢杆菌（每克 30 亿活芽孢）可湿性粉剂 1 000 倍液灌根，每株用量 250 毫升，在门茄瞪眼时再灌一次。绿色食品生产定植时采用菌线威 3 000 倍液加禾命源营养型 100 倍液灌根，在门茄瞪眼时再灌一次，每株用量 250 毫升。结合叶面喷洒 50% 氯嘎异氢脲酸800倍液加禾命源100倍液喷雾，连喷2～3次，间隔7～10天一次。在苗期或定植前喷50%多菌灵可湿性粉剂600～700倍液。

（2）青枯病

土壤高温高湿是发病条件。一般地温达20℃开始发病，25℃达盛发期。病菌从植株根部伤口侵染，借流水传播。可采用嫁接、实行与瓜类、豆类和禾本科等非茄科作物轮作等栽培措施预防。保护地加强通风、适当遮阳，降低土壤温度。化学防治发病初期用72%农用硫酸链霉素可溶性粉剂4 000倍液，每株灌药液0.3～0.5升，每隔10天1次，共灌3～4次。

（3）褐纹病

该病多在7—9月发病。发病温度较高，平均气温达24～26℃开始发病，28℃以上，并常伴有降水和空气相对湿度达80%以上，病势发展快。连作地、低洼地、排水不良地、晚栽地，或晚熟品种均发重病。栽培防治主要为轮作倒茬。加强棚室管理，通风防湿，晴天进行农事操作。药剂防治可选用6%乙基多杀菌素20毫升/亩，70%代森锰锌可湿性粉剂500倍液，50%扑海因可湿性粉剂1 500倍液。每隔7～10天喷洒1次，连喷2～3次。

（4）灰霉病

主要为害幼果和叶片，染病叶片呈典型的“V”字形病斑，病菌从花瓣侵入，使花瓣腐烂，茄果顶端开始发病，茄果感病后向内扩展，致使茄果病部凹陷，出现褐色腐烂，其表面密生灰色霉状物，病果易落地。覆盖地膜，提高温度，降低湿度是防病的关键。化学防治在门茄和对茄开花期喷施50%扑海因可湿性粉剂1 500倍液，50%农利灵可湿性粉剂1 000倍液,50%速克灵500倍液，50%多菌灵可湿性粉剂600倍液。另外，在茄子蘸花时期带药蘸花可有效防治灰霉病。将配好的蘸花药液加入1%的50%利霉康可湿性粉剂或施佳乐、农利灵等进行蘸花或涂抹，使花器均匀着药。

2. 虫害

（1）茶黄螨

防治的关键是栽苗前要清除棚内病残体，降低虫源。发现害虫时，有机食品生产及时用矿物油喷雾防治；绿色食品生产用寡雄腐霉20克/亩，或73%克螨特2 000倍液喷雾防治，或1.8%阿维菌素1 500倍液喷雾防治。

（2）蓟马

利用成虫趋避性设置蓝板诱杀成虫。药剂可选用25%噻虫嗪（阿克泰）水分散粒剂3 000倍液，或5%唑螨酯2 000～2 500倍液、0.36%苦参碱水剂400倍液、10%吡虫啉可湿性粉剂1 000～1 500倍液喷雾防治。

（3）蚜虫

又称蜜虫、腻虫。物理防治采用黄板诱杀，有机食品生产可用1%印楝素乳油1 000倍液或0.5%藜芦碱（护卫鸟）等生物农药1 000倍液进行喷雾防治。绿色食品生产可选用10%吡虫啉可湿性粉剂 1 000 ~ 1 500 倍液喷雾防治。

（4）白粉虱

根据白粉虱有趋黄性的特性，在温室和大棚内挂黄板诱杀，每隔 6 ~ 8 米挂 1 块黄板，每亩设 30 ~ 40 块板诱杀。有机食品生产可用生物农药复合精油生物除虫剂 200 ~ 400 倍液喷雾防治（中国农业科技下乡团推荐产品）。也可选用生物农药矿物油 100 倍液喷雾防治；绿色食品生产药剂防治可在晴天清晨将下列药剂均匀喷在叶的正、背面，触杀白粉虱。用 25% 扑虱灵可湿性粉剂 2 500 倍液加 2.5% 联苯菊酯（天王星）乳剂 3 000 倍液，或 25% 噻虫嗪（阿克泰）水分散粒剂 3 000 倍液，每隔 6 ~ 7 天喷 1 次，连喷 3 次即能达到防治效果。

（5）斑潜蝇

防治方法为在棚室通风口使用防虫网及在棚室内挂黄板，降低斑潜蝇成虫的数量。在幼虫 2 龄前（虫道很小时）喷雾防治，以免使害虫的抗药性增强。有机食品生产选用生物农药苏云金杆菌的商品制剂可以有效降低斑潜蝇的为害，并且对天敌没有杀伤作用。绿色食品生产可选用 1.8% 爱福丁乳油 2 000 ~ 3 000 倍液，或 6% 乙基多杀菌素 20 毫升 / 亩喷雾防治。

五、上市时间及食用方法

利用日光温室、塑料大棚和露地不同茬口搭配栽培，可实现全年供应。但口感最佳的时令产品为春季的 3—6 月，秋季的 9—12 月。有炒食、炖食、做馅、做汤和蒸后拌食等多种吃法，尤其最适合做茄鲞、烧茄子和煮咸茄。烧茄子和煮咸茄是老北京人最喜欢吃的家常菜之一。在烹饪方法上，老北京人也是很有讲究的。现介绍老北京人都爱吃的烧茄子烹调方法，在烹饪时，要把茄子去皮，切片儿，薄厚四分儿为宜。在整片儿茄子上双面打三分儿宽窄花刀儿，刀口儿深浅以茄子片儿拿起不断为度。打完花刀儿将茄子放阴凉处自然风干 2 小时以上，去水气。旺火过油，茄子焦黄塌秧儿，捞出控油。上旺火，热油煸炒蒜末，放葱姜、料酒、酱油、糖醋炝锅。茄子入锅，煸炒入味儿，勾亮芡，出锅前撒青蒜（斜刀儿切段儿）。再讲究些的，俏儿粒豌豆。喜吃荤的，加里脊丝。上桌后的烧茄子，色焦黄，明油亮芡，青蒜嫩绿，茄香扑鼻。

第八节　北京五色韭菜

五色韭菜原是北京郊区大兴区瀛海庄的特产。因其从根到梢呈现白、黄、绿、红、紫 5 种颜色而得名。5 种颜色的组合光彩夺目，犹如野鸡脖的羽毛，故古时小贩叫卖时称呼为“野鸡脖子”。它的乳名为“丁韭”（早期发明栽培者是清朝末年同心庄村丁姓的菜农），又称“冬盖韭菜”“芽子韭”“常韭”（常姓菜农种出产品很出名）。五色韭清香脆嫩，营养丰富，纤维少、香味浓、口味佳，是诸多蔬菜产品中的极品。

五色韭曾为京城冬令蔬菜佳品，曾受到慈禧的褒扬。在20世纪30年代曾远销东北，20世纪80年代曾出口日本、苏联等国家，产品一经上市被争相抢购颇受欢迎。20世纪50年代北京郊区的大兴瀛海庄一带多数农民都有栽种，最多发展到数百亩。到20世纪80年代仍有少量种植。2009年以来北京市大兴礼贤镇田园鑫盛园区和小汤山特菜大观园等园区努力恢复“五色韭”的种植，在河北省山海关等地也有种植，2013年曾列入全国名特优新农产品品种名录。现在北京城里的许多老人们回忆起来，对五色韭菜还十分怀念——“现在想吃可吃不着了”。

种植五色韭菜讲究精耕细作，费时费工，劳动强度大，技术性强，投资多，但因其是冬天蔬菜中的极品，售价高，种植的经济效益也高。在秋冬季节小拱棚中生产，以麦糠（或沙子替代）为覆盖物，经“闷白”“捂黄”“出绿”“晒红”“冻紫”5道严格的工序精心培育而成。为此结合近几年在北京大兴区和昌平区恢复推广种植的实践经验，整理了五色韭栽培技术。

一、品种特性

五色韭菜叶片成簇生长，每株有叶5～9片，韭菜叶的基部呈圆筒状，称为叶鞘。叶鞘在茎盘上分层排列，多层叶鞘层层抱合成圆柱形或扁圆柱形，称为“假茎”，叶鞘长度因品质而异，一般为5～20厘米。五色韭菜叶鞘白色，叶片基部黄色，中部绿色，叶片上部红色，尖部紫色。这5种色彩集于一株，五彩缤纷，色彩鲜艳，且味浓鲜美，脆嫩可口，是难得的美味佳肴。

五色韭菜形成的关键因素是后期温度和光照的调控，技术原理是利用培土、避光措施使韭菜的假茎变为白色，使叶片基部变为黄色，利用见光栽培措施使叶片中部变成绿色，在较短期的低温条件下使叶片上部的叶绿素转变成红色的花青素，让叶尖在较长时间的低温条件下使叶绿素转变为紫色的花青素。

二、对环境条件的要求

从播种到冬季扣棚前，五色韭菜生产与普通拱棚韭菜的管理没有区别，五色韭菜品种形成的关键是扣棚后的温度和光照调控，因此，扣棚后的温度和光照调控是五色韭菜技术创新的着眼点。

（一）温度

五色韭菜属于耐寒性蔬菜，不耐高温。不同生长阶段对温度要求不同，种子发芽最低温度为2～3℃，其发芽适温为15～18℃，幼苗生长适温为12℃以上，产品器官形成期适宜温度范围为12～23℃。五色韭菜由于对温度要求极严，只有在冬季天气冷了后才能栽培，因此它比一般韭菜要早上市两个多月，一年两茬，反季于深冬，春节前后上市，价格昂贵。

（二）水分

韭菜适宜空气相对湿度为 60% ~ 70%，适宜土壤湿度为田间最大持水量的 80% ~ 90%。韭菜以嫩叶为主，在韭菜旺盛生长期，要保证水分充足。

（三）光照

韭菜属于长日照植物，要求中等强度光照，具有较强的耐阴性。光照过强植株生长受到抑制，叶肉组织粗硬，品质下降。光照过弱，叶片瘦小产量低。

（四）土壤

韭菜对土壤的适应性较强，但是由于韭菜根系小，吸收能力较弱，最好选择土层深厚、富含有机质、保水保肥能力强的肥沃土壤。韭菜对肥料的需求主要以氮肥为主，配合适量的磷、钾肥。要注意有机肥的使用，可改良土壤结构，提高土壤透性，促进根系生长。

三、地块选择

选择土层深厚、富含有机质、保水保肥能力强的肥沃土壤。设施种植最低温度要求在 12℃以上。

四、高品质栽培技术

（一）品种选择

品种选择考虑的因素有抗寒、回根快、品质好、口感好等，与颜色有一定关系，但关联性不大。以前用“大白根”和“马莲韭”等农家品种，目前以耐寒、品质好的“海韭五号”等品种较好，育苗移栽方式种植每亩用种量 2.5 千克。

（二）整地施肥

1. 平整土地、挖排水沟

整平地块，选择近 3 年没种过韭菜的地块，清除前茬残株、根系和杂草，特别是芦根、葎草等宿根杂草的根系要清除干净。将砖头、瓦片、石子、姜石、垃圾等清除干净，若杂质太多，应将耕层土壤过筛。地面清理干净后按照地势来挖排水沟、打垄沟。一般按东西向做畦，间隔 15 米左右挖一条排水沟，与地块外排水主沟相通。

2. 施肥

每亩施用充分腐熟、细碎的优质有机肥 6 米^3，或以羊粪为原料的生物有机肥每亩用量 3 吨效果最好。禁止施用未腐熟的有机肥料，肥料应撒施均匀。

3. 耕地做畦

耕深 25 ~ 30 厘米，耕耘时打碎坷垃，整平后做畦，按照畦长度 7.5 米左右，宽度 1.3 ~ 1.5 米的间距做成平畦，畦埂宽度 20 厘米。

（三）播种育苗

有育苗移栽和直接播种两种栽培方式。

1. 品种和播期

选用“海韭五号”等品种，必须使用上年采收的新种子（能闻到浓浓的韭菜味），发芽率在 90% 以上，每亩用种量为 2.5 千克。适宜播种期为 4 月上旬至 4 月中旬。

2. 直接播种育苗

春季在做好的畦里直接育苗不再移栽，选用“海韭五号”品种，每亩用种量为2.5千克。整成1～1.6米宽的育苗畦，施用有机底肥与土壤混合均匀后整平，开沟1.5～2厘米深，然后播种，行距20厘米，穴距15厘米。每穴播20～25粒种子，均匀分散撒种不能叠落一起，以种子间距2毫米为宜。播种后用竹扫帚覆土1～1.5厘米厚，轻轻踩实后浇水，以小水慢浇为宜，若水冲可在畦口挡一草把来减缓水流。待幼苗长好后当年冬季也可盖糠（或盖沙）进行五色韭生产，但最好养一年根待翌年冬季再盖糠进行生产，这样产量高品质也好。

3. 育苗移栽

4月上中旬先在育苗畦育苗，在7月下旬至8月中旬移栽。移栽时选壮苗，每20株左右为一撮。把韭根对齐，把上面的叶子剪下，留根以上植株8厘米左右，根2厘米左右。当年栽的苗如果长得壮，冬季就可盖糠进行五色韭生产。也可翌年的4月移栽，冬季再盖糠进行生产。

4. 采用多年生的韭苗生产

韭菜在一块地种植7～8年，就有必要更新土地，换另一地块来种植，否则长不好，产量和品质都会下降。从4—7月都可以换地移栽，春天等韭菜长至一定高度时，把苗刨出来，将老韭核掰去（一般韭菜割一茬长一个核），把弱苗、病苗去除，只选无病的壮苗进行移栽。

（四）栽植

畦整好后即可栽植，先开沟10厘米左右深，顺沟撒充分腐熟、细碎的优质有机肥每亩500千克（推荐选用以羊粪为原料的生物有机肥）。1.3米宽的畦栽植5～6行，1.5米畦栽植7行，行距20～23厘米，栽完把土搂平、踩实后浇水。栽好的苗如果长得壮，当年冬天就可以盖糠生产。若苗不壮就养一年根，第二年生产。

1. 定植后至初冬阶段的管理

（1）禁用化肥和化学农药

管理时禁止使用三元复合肥、圣诞树水溶肥、尿素等化学肥料和各种化学成分的杀菌剂、杀虫剂，否则会影响五色韭的口感和品质。

（2）田间管理

做好除草、松土、追肥、适时浇水和人工除虫等管理。

当年春天栽植的可以收割一次。7月栽植的如果苗长得壮也可收割一次，如果不壮就不能收割，积存营养贮存到植株根茎中。秋后在昼冻夜消的时机浇冻水。

如果在当年冬天盖糠生产，立冬节（11月上旬）就要把地表面的干叶清除干净，如果当年不盖糠生产可以在第二年春天再把干叶清除干净。

（3）夹风障

风障设在栽培畦北侧，长30～60米，高2～3米，越高保温性能越好。风障东西向，向南成75°角倾斜，也可垂直于地面。风障南北间距以不超过17

米为宜。在风障的东西两个口也设南北向风障，使栽培畦四周均有风障保护。在畦埂北侧挖沟，沟深33厘米，然后戳高秆的高粱秆，戳好后填土踩实，在高粱北面披一层玉米秸秆或苇子，披好后培土踩实。然后夹风障栏杆两道，再用绳子栓拉在地锚上，防止大风把风障吹倒。一道风障罩3～5个畦，畦的南边有1米宽的小道，春夏季可在小道上种些小菜，小道南边又是另一道风障。

2. 第二年及以后的田间管理

（1）清除枯叶和中耕

冬盖韭菜的第一个周期，第一年栽培养壮的苗，第二年春天刚化开3厘米厚左右，把上一年秋后的枯叶清除干净，再用竹耙子搂一遍后松土，韭菜长到5厘米高时浇水。

（2）收割

当韭菜长到一定高度时收割第一茬普通绿韭菜，叫拉冷菜，又叫拉白根，以后再收割就叫大菜了（大菜就是五色韭）。在收割第一茬冷菜以后，就把杂草除掉，并把杂草和残叶搂干净。再收割一次普通绿韭菜。之后养根贮存营养。

（3）追肥

等到韭菜芽长到5厘米左右高时，要开沟追肥，沟深要露出韭菜根，应选用充分腐熟、细碎的优质生物有机肥，每亩用量600～800千克，然后盖土覆平施肥沟，一般一年追肥一次。

（4）浇水

追完肥后不能马上浇水，待叶片由黄变绿了再浇水。

（5）回根

一般一年只收割2次。重点是养根积累营养，等进入11月气温降低，地上部分茎叶逐渐枯黄变干，养分回到根核贮藏起来，准备冬眠。为了防止植株生长过旺而倒伏，在养花期间，把长得过旺的叶片揪下一部分。

3. 冬季管理是关键

（1）浇水上土

到11月上旬（立冬节气）浇一次大水。浇完水以后清除枯叶和杂草，搂干净，再用挠子把土挠松，用竹扫帚扫平以后上土。用晒过的阳土，必须过筛子，筛眼1厘米见方，上土厚度3～4厘米。

（2）铺糠（或铺沙）

上完土后等到11月下旬（小雪节气）铺糠，一次性铺够，厚度在6～10厘米。使叶梢形成白色，俗称“闷白”。每亩韭菜地需40～60米^{3}麦糠（沙子需50～70米^3，可使用2～3年）。盖麦糠以前要浇足底水，第二年3月撤去覆盖物前不浇水。

（3）晾糠

到12月上旬（大雪节气）韭菜开始发芽时要晾糠，晾糠的目的是提高地温和提高覆盖物的保温性能。具体操作方法是把畦面上盖的麦糠用细齿木杈挑出一部分放到相邻一畦上，把剩下底层麦糠用木杈挑着翻转，即把底层湿糠翻到上面弄平后进行晾晒。晾晒一般在晴天10：00—13：00时进行。13：00时后就要重新挑回麦糠盖上。立春以后晾晒时间延长。晾糠在各畦间交替进行，一般每3天晾一遍较好。当晾晒过第二遍或第三遍盖糠的韭苗即将出土时，挑开盖糠露出地面，用长齿耙小心地把韭根旁的土搂到行间，使韭菜暴露在阳光下晾晒2～3小时。然后回填盖上麦糠，起到"捂黄"和"长绿"作用。

（4）晒色

当韭菜长至7～9厘米高时，假茎呈洁白色，这正是晾色的适期，如果已成黄色则晚了。晒色与亮糠结合进行，所不同的是晒色要选阳光充足的好天进行，连晒3天，韭苗丛中有红色出现时即告结束，起到"晒红"作用。晒色和晾糠一样，也是各畦间交替进行。第二轮晒色时不要把麦糠起净，应留3～4厘米厚，这样可使茎部软化为黄色。晾色后2～3天再照常晾糠，但留糠厚度要随着苗长高而逐渐增厚，这样会使晒出的红色随着苗长而逐渐上移。一般头刀五色韭要经过4次晾糠，4次丢糠赶色才能收割（留糠也叫丢糠）。二刀五色韭生长时由于天气暖和，为赶早上市，有3次晾糠，3次晒色即可收割。

（5）掀糠

检查韭菜芽与未上土之前的地表面是否长平（长平叫作"满了裤"），满了裤就快要掀糠。等韭菜芽出土3厘米左右（由上好土的表面计算）开始掀糠、晾糠。晴天在9：00时开始掀糠，14：00—15：00时盖糠。掀糠时把余糠都搂干净，增加地温。每间隔一天掀一次。

在一道风障里，一掀就是两排畦。天气不好则晚掀早盖；天太冷、没有太阳或者大风天气则不掀。有积雪要马上清除干净。

4．"冻紫"上色是管理的核心

多年种植经验总结"色是冻出来的"。当韭菜长至5厘米高时，就要进行上色管理了。上色时必须在地里盯着，不能离人。掀糠不定时间，掀时韭菜冻不了就行，若冻了就前功尽弃了。盖糠时在畦里盯着，韭菜叶似冻僵时马上往畦里撒糠，注意不要把韭菜叶压倒，撒糠要快，撒完以后再找平，用竹扫帚扫平。若是小拱棚起到"冻紫"上色效果后应盖严棚膜。鉴别盖糠时机的另一个标准，用手摸自己耳朵，有点感觉凉了就要马上盖（不能戴帽子）。以前菜农没有温度计，只好用笨办法。根据生产经验在0℃左右时应马上盖糠，若盖糠时机过早出不来紫色，达不到效果，若盖糠过晚则会发生冻害，而前功尽弃。

上色期要连掀3天（指的是同日掀的畦），连掀3天后，第二天上面只留一指厚的糠晒菜。第二天掀糠就丢一指半厚的糠，第三天就丢到叶和秆的交接处（杈巴那）。连续掀盖3天糠，紧接着再连丢3天糠，共6天，色上好后就可以收割了。

五色韭白高叶短，株高在15～18厘米，叶长5厘米左右，拉时用锋利的韭菜镰贴着地皮拉下来，若过深会拉坏韭菜核，以后就不能再长了。应前面有人拉，后面有人拾。

收割完第一茬冬盖五色韭菜，用细

齿竹耙子把土轻轻搂平，不能浇水，要马上盖糠，盖的厚度和原来一样，如果天气太冷就边割边盖糠，最好在晴天收割，适宜时间为10：00—14：00时。

第二茬韭菜的管理和第一茬基本一样，冬天的管理不浇水，一般五色韭一年只收割两茬。

5. 起糠撤糠

4月上旬（清明节）起糠、撤糠，转入露地生产。第三刀管理与露地栽培一样，应追1次肥，浇3 ~ 4次水，4月下旬撤去风障，到5月上旬收割一茬青韭。然后进行壮棵、养根栽培，以待入冬后再进行五色韭栽培。这样就完成了五色韭栽培的第一个周期，以后几年周而复始。

起糠后要把麦糠贮存好，到来年冬天再用。清明节前后要将畦里的糠（或沙子）起出来，并把余糠搂干净，然后抬走垛起来。

6. 如何垛麦糠

垛糠就是贮藏麦糠，为了防水、防潮。垛底下要垫东西，垫高些。垛底大小以糠的多少为准。以前抬糠用的是糠抬子，抬子是两根木杆中间编上绳子，和担架相似，以不漏糠为准，现在用筐和塑料箱都可以。麦糠垛四周用梗绳七八根，梗绳是用新苇子泡湿压扁拧成将不到对掐顶的草绳。把第一根梗绳围成一个合适的圈，往圈里倒糠，找平后踩实。然后码第二圈梗绳，再倒糠，找平踩实，再码第三根梗绳，三根梗绳用完，就把第一根梗绳解下来，系成圈放在第三根梗绳上，如此反复直至垛成。梗绳反复用到最后就不解了。把垛上面做成蘑菇状，然后披蓑衣，蓑衣上面铺草，抹滑秸泥。垛的四周用高秆的高粱秆打成的帘子围起来，用几道梗绳打紧，这样麦糠垛就算垛好了。

（五）贮藏

五色韭捆成50克左右的小把，捆好后揪去干尖。捆时有面菜（就是放在捆表面粗壮漂亮的韭菜）。捆菜的材料是山秆子（高粱秸秆最上面较细的一节，捆出菜来有特色，现在用塑料绳来代替），把山秆子劈成两半，泡湿后用擀面棍擀几遍，擀平后把配好的菜放在半劈山秆子上（山秆子皮在外），轻轻勒一下，把菜戳齐，再轻轻勒紧，打结，放在保温筐里。

五色韭的保温材料是多层纸，有个说法：“冻七不冻八”，先在筐里铺好八层纸后装菜，装好后再盖八层纸，用小棉被盖好围严实，再用大棉被盖一下。

（六）病虫害防控

最常见的虫害为韭蛆，韭蛆有韭核蛆和刀口蛆2种，为确保产品安全除韭蛆不需使用化学农药，在夏天收割后等苗长到3厘米左右高时，用竹签把韭菜根部和芽缝里的蛆挑干净，用火烧掉。栽培过程中农业预防措施最重要，主要有以下几点。

一是禁止施用没经过发酵或没发酵好的有机肥（俗称生粪）。

二是夏季地块不能形成水涝，降雨后排水要绝对通畅，在浇水时要适时适量，不能一次浇水量过多。

三是种植多年的地块要更换，一般3 ~ 5年换茬一次。

四是精细的田间管理。要适时除草、松土，并把田间的碎草和烂菜叶及时清理干净，保证韭菜生长环境通风良好，还要注意合理密植。

另外，选在晴天的清晨采收等措施预防病虫害，如发现韭蛆为害时，可采取辣根素灌根或采用人工除虫的方式防治，避免使用化学农药。

五、上市时间及食用方法

上市时间为元旦至春节。食用方法有多种，可以做馅、炒食，还可以炒鸡蛋时放上一点，都是味道极佳。另外，在做好肉菜或鲜汤出锅时放上一撮，特别提味。

第九节 北京微型柿饼冬瓜

柿饼冬瓜为北京传统口味蔬菜品种，1984年经北京市品种审定委员会认定。在中华人民共和国成立初期直至20世纪80年代中期深受广大消费者的欢迎，与其他品种冬瓜在品质和口感方面有明显区别，风味要明显比其他品种浓，多种矿物质和维生素含量也比其他品种高。产品售价比普通品种高30% ~ 50%，种植者经济效益较高。但由于产量低，抗病性也不强，在20世纪80年代后期逐渐被个头大、产量高的车头冬瓜和绿皮硬肉的节瓜品种所替代。

柿饼冬瓜原以丰台、海淀和朝阳区二环至三环路之间种植较多。每年6月和8—10月采收品质最佳。耐贮运，在避光恒温的地窖中能存放2个月。柿饼冬瓜烹饪方式多样，特别是羊肉熬冬瓜更是市民喜食的佳肴和滋补药膳，羊肉“氽冬瓜”也非常有老北京饮食特色。

一、品种特性

柿饼冬瓜分为大果型和小果型两种类型。大果类型单瓜重5 ~ 8千克，小果类型单瓜重1.5 ~ 2.5千克，本书重点介绍小果型品种。品种特性是植株蔓生，生长势中等，第1幼瓜的花蕾着生于第8 ~ 10节，瓜扁圆形似柿饼，故名“柿饼冬瓜”。瓜皮绿色，老瓜成熟时表面长满白粉，瓜肉白色，品质好，中熟，不耐寒，耐热性好，抗病性中等。适宜在春、夏、秋季露地栽培和四季保护地种植。一般亩产量3 000 ~ 4 000千克。

二、对环境条件的要求

（一）温度

冬瓜喜温耐热，生长发育适温为25 ~ 32℃，但不同阶段要求不同，发芽适温25 ~ 30℃，低于20℃发芽缓慢；幼苗生长适温20 ~ 25℃，15℃生长缓慢，10℃以下易受寒害；开花坐果期适温25℃左右，15℃以下开花授粉不良而影响坐果。

（二）光照

冬瓜喜光，属于短日照植物，在低温短日照条件下促进发育，利于花芽分化，雌雄花的发生节位提早。若每天在13小时以上的长日照生长条件下植株雄花多，雌花极少。

（三）水分

冬瓜根系发达，茎叶繁茂、蒸腾面积大，消耗水分多，所以耐旱能力差，需要满足水分供应。冬瓜幼苗期和抽蔓期需水较少，在开花结果期，果实迅速发育，需要水分多。果实发育后，采收之前水分供应不宜过多，否则降低冬瓜品质，不耐贮藏。

（四）土壤

冬瓜对土壤的适应性广，一般的土壤均可种植。冬瓜适宜在疏松、肥沃的透水、透气性良好的壤土或轻壤土地块种植；不适宜重茬种植，否则会发生枯萎病。适宜的土壤 pH 值为 5.5 ~ 7.6。

（五）营养

冬瓜对氮、磷、钾三要素的吸收以钾元素最多，氮元素次之，磷元素最少。每生产 1 000 千克冬瓜需吸收氮 1.29 千克，五氧化二磷 0.61 千克，氧化钾 1.46 千克，三者比为 2.1 ：1 ：2.38。冬瓜对氮、磷、钾的吸收，主要集中在开花结果期，占 98%，其中果实发育期占 80%，因此结果期一定要保证水肥充足。

三、高品质栽培技术

柿饼冬瓜适应性不太强，许多种植户不能种出最佳品质。要达到生长期间不落花落瓜、瓜形漂亮，无裂瓜、无畸形瓜、品质好，汁多味美，风味浓郁，重点有以下栽培管理技术。

（一）种植季节

柿饼冬瓜喜温、耐热，为获得优质、丰产，应选择冬瓜坐果和果实发育的最适宜季节栽培。天气条件对冬瓜坐果率的影响较大，因此，要特别注意茬口安排。天气晴朗，气温较高，湿度较大的季节有利于坐果；空气干燥，气温低和阴雨天，不利于坐果和发育，尽量避免使冬瓜在不利的环境条件下开花结果。

华北地区主要有以下 4 个茬口：春茬温室在 12 月中下旬播种育苗，2 月上中旬定植，4—6 月采收；春茬塑料大棚的育苗期在 2 月中旬，苗龄为 40 天左右，定植期在 3 月下旬，5 月下旬至 7 月初采收；春茬露地在 3 月下旬育苗，4 月底至 5 月初定植，7 月采收；夏秋露地 5 月下旬育苗，6 月下旬定植，8 月下旬至 10 月上旬采收。

（二）培育无病壮苗

1. 容器和基质的准备

采用 8 厘米 ×10 厘米育苗钵或 32 穴或 50 穴的穴盘育苗，营养钵采用营养土，应使用近年未种过瓜类作物的肥沃园田土 50%，以沙质土最好，加草炭营养土 50%，每立方米加生物有机肥 30

千克，穴盘基质采用草炭、蛭石和珍珠岩按1：1：1的比例配制。充分混合后装入营养钵或穴盘中，育苗容器的准备和装基质在播种前3～4天进行。装好后放入温室中备用，播种前6～8小时要将营养钵或穴盘浇透水，不能浇水后立即播种。

2. 浸种催芽

每亩需种子150～200克，为了提高种子发芽率，加快种子发芽，要选用种皮表面洁白、有光泽的新种子，新种子发芽率高。种皮较厚，妨碍种子的吸水和氧气透过，因此它的种子发芽比一般种子困难得多，其浸种催芽的方法是先将精选后的种子用55～56℃的热水浸泡，用木棍顺时针方向不停地搅拌20分钟左右，直到水温降到30℃左右时，才停止搅拌。继续浸泡12～14小时，使种子充分吸足水分，然后用纱布或毛巾包裹好，放在25～28℃恒温条件下催芽，经过3～4天，大部分种子的胚根突破种皮时（种芽长2毫米）即可播种。

3. 播种

早春季节北方地区气温比较低，应做好育苗场地的保温防寒工作。可采取铺设电热线来提高地温，并用温控仪来控制适宜的温度，保持棚内10厘米地温在20℃左右。播种前一天要将钵中营养土浇透，用木棍或手指在营养钵或穴盘中间按出深度为1～2厘米的小穴，挑选已经发芽的冬瓜种子，每个钵中平放一粒种子，种芽稍稍倾斜向下最好，然后覆盖穴盘覆盖蛭石1.5厘米厚，营养钵可覆盖无病虫源的细沙土1～1.5厘米厚，再浇洒适量的水即可。待60%幼芽拱土时再覆细沙土一次，厚度0.2厘米，防止幼苗“戴帽”（种壳）出土。

4. 苗期管理

（1）温度管理

采取“一高两低”的温度管理方法。第一次高是出苗之前高，白天棚内温度在30～32℃，夜间棚内温度在16～20℃，地温18～22℃。夜间温室外要加盖草帘，一般6～7天出苗。第一次低是在出苗以后，要及时降温，以防幼苗徒长，白天适宜温度为25～28℃，夜间为15～18℃。第二低是定植前5～7天要低温“炼苗”，以增加幼苗对定植后的耐低温能力，促进缓苗。白天20℃左右，夜间10～12℃。特别注意出苗后，白天可以适当通风避免幼苗徒长而形成高脚苗。

（2）光照管理

通过控制草帘早晚开启时间，适当延长光照时间，提高光合作用效率。

（3）水分管理

播种后至出苗前，不需浇水；出苗后要控制浇水，以防沤种烂根；幼苗生长期间，及时浇水，但切勿水分过多，只需保持营养土潮湿即可。

（4）壮苗标准

幼苗墩实健壮，株高13～15厘米、叶片深绿色肥厚，茎粗0.6厘米、下胚轴长5～6厘米，春季幼苗4叶1心，秋季幼苗3叶1心；子叶健壮不脱落，根系发达呈白色，无病虫害。

（三）田园清洁

首先是田园清洁。前茬拉秧后及时将残株、烂叶和杂草清理干净，运到远离棚室或地块地点进行高温消毒或臭氧处理等无害化处理，同时将棚室外和地块四周的杂草清理干净，减少病虫害传染源。

其次是棚室消毒。每亩地用硫黄粉2～3千克，拌上适量锯末后分堆，暗火点燃，棚室密闭熏蒸一昼夜，可将应用的农具同时放入棚内熏蒸消毒。

（四）整地施肥与做畦

在定植前应提前10～15天进行施肥、整地和做畦等操作，有利于肥料的分解和幼苗的生长。

1. 施入底肥

应施用充分腐熟、细碎的优质有机肥，每亩施用5 000千克。若使用未腐熟的有机肥不仅不能及时供给作物养分，而且会造成沤根影响作物生长，还会发生蛴螬等地下害虫为害，所以有机肥必须充分腐熟后再施用。若有机肥源不足可施用生物有机肥，每亩用量3 000千克（以内蒙古苏尼特右旗所产以羊粪为原料的生物有机肥肥效最好）。基肥总量大多数在耕地前铺施，留500千克生物有机肥在做畦时沟施。

2. 施用生物菌肥

每亩施用微生物固体菌肥20千克，对于改善土壤理化性状，缓解重茬障碍，促进生长、提高品质具有一定的作用。在定植挖穴时施入然后再栽苗。

3. 深耕细整土地

整地质量是作物生长好坏的先决条件，底肥铺施均匀后，用深耕机械进行翻耕，要耕深30厘米以上，棚室四边和水管旁机械耕不到的地方应人工翻耕，保证不留死角和硬坎。耕耘是翻地后进行的，将翻地形成的坷垃耘碎，对高低不平的地块，做畦前必须整平，达到疏松、细碎、平整的标准。

4. 做畦

土壤耕翻平整后，按1.4～1.5米的间距宽做成小高畦或瓦垄高畦，畦面宽70～80厘米，畦沟宽70厘米，畦面高出地面15～20厘米，早春季节畦面覆盖银灰色地膜。

（五）定植

1. 定植时机

早春季节当10厘米地温稳定通过15℃，棚内气温连续5天稳定通过12℃以上即可定植。春季定植应选在“冷尾暖头”的晴天上午进行，夏秋季节定植宜选在晴天的下午进行。

2. 定植密度

保护地吊蔓种植每畦种植2行，采取大小行种植方式，大行1米，小行40～50厘米，平均行距70～75厘米，株距30～35厘米，每亩种植密度2 000～2 800株。露地也可采取稀植多留瓜栽培方式，按1米间距做成高畦或平畦，株距45～50厘米，每亩种植密度1 300 ~ 1 500株,每株留3 ~ 5个瓜。

3. 定植方法

尽量选茎秆粗壮、叶色浓绿、大小一致的壮苗定植。若苗子有大小差距时，营养钵育苗方式的在定植前3天应将幼苗按照大、小苗来分级，分开运苗；穴盘育苗应在摆苗时大小苗分畦摆放和栽植。栽植时将营养钵去掉，先按照计划株行距开定植穴（早春覆盖地膜要十字形划破地膜），栽苗后封穴，压严地膜破口处。栽植不要过深，以土坨与畦面相平为宜。及时浇足定植水。但早春季节地温低时采取先少量浇水的方式，应在温室内放置水缸、塑料桶等容器，提前3 ~ 5天存水，待水温升高后再浇，用水壶或水瓢每株点500毫升左右的水缓苗，过5 ~ 7天再浇透水；其余季节定植一定要浇透定植水。

（六）田间管理

1. 定植后管理

（1）前期管理

春茬保护地种植3月中下旬气温较低，定植后首先以保温为主促缓苗，前一两天要关严大棚风口，提高棚内温度，棚内温度应保持在28 ~ 30℃为宜，当温度达到32℃以上时，再适当放风。5天左右就可以缓苗了，早晨看到叶片吐水说明根系已经下扎。这时要及时中耕除草，中耕深度以3 ~ 5厘米为宜，以不松动幼苗根部为原则，同时将地表的草除掉，并用松软的土将地上的裂缝盖上，这样可以起到保墒的作用，这时有些幼苗的下部还长出分杈，松土的时候要将这些小杈去掉，只留主干，这样可以减少营养消耗。

（2）吊蔓或搭架方面技术

保护地种植采取吊蔓来固定植株，露地种植采取竹竿搭架方式。

①吊蔓

在温室、大棚等保护地种植最好采用吊蔓来固定植株。在定植行上面拉2条8号铅丝或直径1.5厘米粗的绳子。当植株长至30厘米左右时进行吊蔓。首先要对植株进行整理，去除侧枝、卷须以及雄花和雌花。用结实的塑料绳松系在瓜秧的中下部，另一端系在上面的铁丝上，瓜秧就会沿着塑料绳向上生长。

②搭架

露地种植的搭架与绑蔓。露地种植用三根竹竿搭成三角形架或“人”字形架，在中耕后3 ~ 4天就要搭架，取2米长左右的竹竿，均匀插在苗的附近，必须插入18厘米以上保证支架牢固，支架顶部用横竹竿连贯固定。定植后20 ~ 25天，当冬瓜蔓长至15片左右真叶时，就要及时将瓜蔓引上架。用马兰绑蔓，注意不要绑得过紧。以后植株每间隔20 ~ 30厘米就要绑蔓一次。

③植株整理

瓜苗进入抽蔓期，茎蔓生长加速，这期间植株生长特点是叶面积扩大，分化出新生叶片和侧蔓，有的开始显现花蕾，生长逐渐旺盛，需要适当浇一些小水，但不要过大，以免形成植株徒长和因积水造成植株根系缺氧。以后随时去掉所有的侧枝和卷须，只留一个主干，目的是集中营养供应幼瓜。

2. 开花结果期管理

开花期植株生长速度快，根系发达，抗逆性强，容易长秧。为避免形成秧子长势过旺而瓜个头过小的现象，在开花坐果期应控制浇水和追肥，主要有以下四方面的管理。

（1）调节适宜的温度和光照

这阶段如遇到连续低温阴雨天气，光合作用效率低，子房容易黄萎脱落，要求每天有 12 ~ 13 小时的光照，白天棚内适宜温度在 25 ~ 30℃，夜间 15 ~ 20℃，这样就可以满足子房迅速增大的需要。

（2）人工辅助授粉

冬瓜是属于异花授粉作物，冬瓜的雌花和雄花有明显的区别，雌花下面有子房，形状有长椭圆形、短椭圆形、扁圆形，坐果后子房发育成冬瓜。而雄花下面没有子房，不能发育成冬瓜。一般一棵苗上只留 2 ~ 3 个雌花蕾，多余的花蕾全部去掉。当雌花开放时，由于棚内昆虫少，不易授粉而导致化瓜。必须人工辅助授粉，以提高坐果率。每天 9：00—10：00 时，将采集的刚刚开放的雄花放在雌花的柱头上轻轻点几下，或直接将雄花罩在雌花上，要注意授粉均匀。当瓜秧上第一个瓜低头向下后，进入果实发育中期，坐果完成。

（3）选瓜和定瓜

每株选留 2 ~ 3 个果形周正、生长势强，果柄和幼瓜壮实，发育最快的幼瓜，及早去除畸形和长势弱的幼瓜。在下面瓜果增大的同时，上面的瓜秧还在往上生长，同时长出新的花蕾，这时要和前面一样，留 1 ~ 2 个备用果，将其他新长出的侧枝、卷须、多余的花果全部去掉，这样就完成了每棵瓜秧的最后定果了。

（4）日常管理

这阶段不需浇水追肥，以防瓜秧过快生长，日常田间管理主要是除草、松土，减少营养的消耗。

3. 果实膨大期管理

（1）肥水管理

幼瓜坐住后迅速增大、增重，茎叶生长速度明显下降，这阶段需要水分最多，氮肥、钾肥需求量增加，除了随时调节适宜的温度和日照时间外，还要及时浇水施肥。冬瓜坐果后 10 ~ 15 天是施肥的重要时机；应选用以有机原料生产的液体肥，并且氮、磷、钾养分含量的配比要合理，经试验以中农富源全营养螯合有机液肥和海藻精可溶性粉剂有机肥效果好。都是以有机原料经发酵制成，膨果前期和中期各追施 1 次中农富源全营养螯合有机液肥，每亩用量 10 千克，或“海德丰”海藻精有机水溶固体肥，每亩每次 600 ~ 1 000 克。两种有机肥料水溶性都很好，可以随滴灌施用，也可随浇水冲施。最好结合施用生物菌肥，能增进品质和提高产量，生长期间随滴灌施入或灌根施入生物菌肥的液体肥 3 ~ 4 次，每次每亩用量 0.5 升左右；采用 300 倍液叶面喷施效果也很好。根据天气情况和植株长势以及土壤墒情来浇水，一般5～7天浇水一次。果实发育后期即拉秧前20天左右，若植株叶蔓生长正常，一般不用再施肥，保持土壤湿润即可，采收前7～10天停止浇水。这期间充足的水肥配合，可以让果实迅速膨大，达到品质好、产量高的目的。

（2）打顶

达到预定的留果数量后，将主蔓生长点打掉，这样瓜秧就停止向上生长，所有的营养都用来支持瓜果生长，最上面果实应保留8～12片叶，使植株保持有效功能叶片数30片左右。

（3）其他田间管理

要定期除草，去掉瓜秧上的侧枝和卷须，摘除下部老叶和黄叶。调节适宜的温度和日照，使植株在适宜的环境条件下生长。

（七）适时采收

1. 采收幼瓜

用于做瓤冬瓜菜用，当幼瓜坐住18～20天，果肉长到2厘米左右厚，瓜皮能掐动时即可采收。

2. 采收老瓜

从开花至完全成熟需23～30天。当瓜的肉质进一步加厚充实，外皮逐渐变硬，挂满白霜就进入生理成熟阶段，就可以采收成熟冬瓜了。采收前一周要停止浇水，这样冬瓜更耐贮藏，可在地窖贮藏2～3个月。采收时必须连着8～10厘米长果柄一起采下，有利于延长贮藏期。

（八）病虫害防治

柿饼冬瓜栽培过程中容易发生白粉病、灰霉病、菌核病和红蜘蛛、白粉虱和蚜虫等病虫害。病虫害发生时，要进行科学合理的化学防治，严格执行农药安全间隔期，杜绝使用中、高毒性农药和盲目用药，确保食品质量安全。

1. 白粉病

有机食品生产在发生初期选用生物农药1.5%大黄素甲醚500倍液喷雾防治，7天1次，连喷3次。绿色食品生产在发病初期用3%氨基寡糖素（金消康2号）+禾命源抗病防虫型450倍液喷雾，间隔5～7天喷1次，一般喷雾2～3次。也可用10%苯醚甲环唑（世高）水分散颗粒剂2 000～3 000倍液喷雾防治。

2. 灰霉病和菌核病

这两种病害病源菌相似，可用同一种药防治，防治的关键是夏季高温季节做好土壤的高温消毒；前茬作物拉秧后要及时清除棚内植株残体，运到指定地点进行高温堆肥或臭氧处理；地面铺设地膜，切断病源传播。在发病初期有机食品选用0.5%大黄素甲醚水剂300～500倍液或1%小檗碱水剂500倍液喷雾防治。绿色食品可选用氯溴异氰酸（金消康1号——中国农业科技下乡团推荐）1 000倍液喷雾防治。

3. 红蜘蛛

细小的红蜘蛛将叶子背面吃出很

多斑点，使叶色发黄，严重时可使部分叶子枯死，光合作用能力下降，影响冬瓜的后期生长，防治措施：摘除虫多老叶，带出棚外或地块外销毁，有机食品生产可用 99% 矿物油 150 ~ 200 倍液喷雾防治。普通生产采用 73% 克螨特乳油 2 000 倍液喷雾防治。

4. 白粉虱、蚜虫

首先要采用物理防治方法，在温室、大棚的风口和门口安装 50 目防虫网阻隔成虫进入棚内；在棚内悬挂 40 厘米 ×25 厘米的粘虫黄板来诱杀成虫，每隔 8 米左右悬挂 1 张，每亩挂 30 张左右。悬挂高度以高出作物生长点 5 ~ 10 厘米为宜；蚜虫发生为害时有机食品生产选用 1.5% 天然除虫菊素（清源保）水剂 500 倍液，也可选用 0.5% 藜芦碱水剂 600 倍液喷雾防治。绿色食品生产采用 10% 吡虫啉可湿性粉剂 1 500 倍液喷雾防治。白粉虱有机食品生产选用复合精油生物除虫剂 200 ~ 400 倍液喷雾防治，也可用 99% 矿物油乳油 200 倍液喷雾防治。绿色食品生产可选用 25% 噻虫嗪（阿克泰）2 500 倍液或 15% 扑虱灵 1 500 倍液加 2.5% 联苯菊酯（天王星）3 500 倍液喷雾防治。

四、上市时间及食用方法

由于柿饼冬瓜耐贮性好可以全年供应。食用方法多种，老瓜主要用于煲汤，炒食，冬瓜羊肉丸子汤、冬瓜虾仁汤都是比较受欢迎的菜肴；嫩瓜可以填入肉馅蒸食，做成有名的美味“瓤冬瓜”效果更佳。冬瓜性凉，不宜生食。还可以连皮一起煮汤，经常食用具有祛湿的保健功效，还具有解热利尿的功效，冬瓜不仅是美味同时又是一种药食同源的药膳。

第十节　天津青麻叶大白菜

天津青麻叶大白菜，也叫青麻叶核桃纹，也有称其为“天津绿”，出口国外时被称为“绍菜”。在天津已有三四百年的种植历史，是经过当地菜农几百年栽培选择形成的白菜品种。从外观上看，青麻叶大白菜叶面呈核桃纹状皱缩，叶色浓绿、球叶帮薄呈翡翠色，整体较为美观、商品性好。从营养品质看，青麻叶大白菜中蛋白质、还原糖、维生素、氨基酸等营养成分含量较高，特别是氨基酸和谷氨酸的含量较高，因而比其他品种的大白菜产品风味和口感要好。

由于天津地处海洋性和大陆性气候交叉地带，气候多变，土壤盐碱度偏高，在此条件下生长培育的青麻叶白菜品种对不良气候条件和土壤条件有一定的适应能力，有利于生产者获得高产稳产，青麻叶大白菜又具有优良的品质，可满足生产者和消费者的双重需求。

青麻叶大白菜抗病、高产、耐运、耐贮，是天津以及我国北方地区冬春季节的主要蔬菜，全国各地多有引种，也是我国出口大白菜最受欢迎的蔬菜品种之一。适宜在秋季露地栽培，一般亩产 5 000 ~ 8 000 千克。

一、品种特性

青麻叶以前是天津市多年形成的农家品种，近年来天津市农业科学院等科研单位以青麻叶为亲本，选育出了青麻叶类型的："津青系列""秋绿系列""津白系列"以及"津秋系列"等杂交一代品种。

该品种植株直立、叶球长筒形，叶色深绿，叶面皱缩，呈核桃纹状。叶球长圆筒形、株高 50 ~ 80 厘米、开展度 50 ~ 70 厘米、单株重 2.5 ~ 5 千克。叶绿色、叶缘多呈浅波状，叶面核桃纹明显，心叶淡绿色。中肋逐渐变细，直贯顶端。植株生长势较强、喜肥水、较抗病、耐寒、耐贮藏。品质好、纤维较少、质柔嫩。在天津地区生育期为 80 天左右，其系列品种生育期在 60 ~ 100 天。

二、对环境条件的要求

秋播大白菜的整个生育期对气温的要求是由高到低呈逐渐下降的趋势。前期温度较高（日平均温度 25℃左右）有利于发芽出苗并形成壮苗，莲座期温度稍有下降（日平均温度 20℃左右）有利于莲座叶（功能叶）的形成，结球期则需要较凉爽的温度，而且要求有一定的昼夜温差（白天 20 ~ 23℃、夜间 10 ~ 15℃），有利于叶球的膨大和紧实。

三、地块选择

选择土层深厚、疏松肥沃，富含有机质，既要保水力强，又要便于排水，排灌好、中性或微酸性沙壤土或轻黏壤土，不要与十字花科蔬菜作物连茬，以减少病虫害的侵袭。

四、高品质栽培技术

（一）整地施肥

在整地前要施足底肥，尤其是种植大棵型的中晚熟品种，如津秋 78 和秋绿 75，其生长期较长，需肥量大，应该注意底肥的施用。一般每亩施用质量好的有机厩肥或堆肥 3 000 ~ 4 000 千克，但有机肥必须充分腐熟、细碎才能使用，若没有充分腐熟有机肥应提前购买商品的生物有机肥，每亩用量为 3 000 千克，作为底肥施入土壤。

在津冀沿海部分地区，由于土壤盐碱含量较高，应采用平畦栽培。在非盐碱地的地区，可采用小高垄，在高垄上播种。有单行和双行两种方式，单行种植按照 55 ~ 60 厘米的间距做成高出地面的小高畦，畦面宽 35 厘米，畦沟宽 25 厘米；双行方式按照 110 ~ 120 厘米的间距做畦，畦面宽 65 ~ 70 厘米，畦沟宽 45 ~ 50 厘米，畦面高出地面 20 厘米。这样既便于排水，又可预防软腐病的发生。

（二）播种与田间管理

1. 播种期

适期播种是秋播大白菜的一个重要环节。过早播种，处于高温期的时间较长不利于结球，易出现畸形、散棵、包心不实等现象。此外，高温易导致病虫害严重，影响产量和质量，过晚播种因积温不够，生长速度太慢，也不能正常结球。

天津和北京以及华北平原地区秋早熟品种播种期从8月1—20日均可，如果为了早上市，获得较好收益，可适当早播；适当晚播更有利于生长和结球，比早播产量高。其他地区可参照当地气候条件，根据所选品种的特性和上市时间对播种期做适当调整。

2. 穴播

不同品种播种方法基本上是相同的，绝大部分地区秋播均采用直播法，因为直播方法简便容易掌握，且省工省力。直播又分为条播和穴播。穴播较节省种子，苗期间苗和定棵的工作量减少，但播种时要特别细心，要按照定棵时的株距点籽。

双行方式在每个畦面上播种2行，采取大小行种植，大行75厘米，小行40 ~ 45厘米，平均行距55 ~ 60厘米，株距35 ~ 40厘米、每亩栽2 600 ~ 3 000株，亩用种量100 ~ 150克。为防止播种后遇大雨影响出苗，可在畦面上覆盖遮阳网，待出苗后及时将遮阳网揭开。

3. 条播间苗和定棵

在种子充足的情况下，大部分采用条播法。一般采用条播法播种后，出苗都比较密，小苗过于密集、拥挤容易造成徒长，使苗子细弱影响后期的正常生长，以致影响产量，因此要及时间苗和定棵。一般要在拉十字期和4 ~ 5片真叶期间苗两次，在7 ~ 8叶期定棵，株距大小因品种而异，晚熟大棵品种株距40厘米左右，早熟小棵品种株距33厘米左右。定棵时应该格外注意拔除弱苗、病苗和杂苗。结合间苗中耕三次：分别在第二次间苗后、定苗后和莲座中期。中耕应浅，一般以锄破表土为度，忌伤根。缺苗断垄处，应及时补苗。补苗应在幼苗出第一片真叶后进行，原则是“宜早不宜迟，苗子宜小不宜大”。补苗在阴天或傍晚补苗，以利于缓苗。

4. 水肥管理

（1）施肥管理

苗期：苗期需肥量和整个生育期对少量元素和微量元素的需求，一般每亩有机肥用量3 000 ~ 4 000千克。

莲座期：莲座期追施速效肥保证功能叶的快速生长需求，以黑咖啡系列有机固体溶解肥为主，每亩用量10千克，莲座期叶片生长量骤增，必须加强水肥管理。

结球期：追施有机肥两次，保证叶球的快速生长需求，分别在结球初期和结球中期各追施一次，每亩每次20千克，追肥后均需缓水灌溉。在收获前10天停止灌水，以免叶球含水量过多，不耐贮藏。

为保证追肥效果应挖沟埋施，以增加肥效。应施在距根5厘米远的地方以免烧根，每次施肥后都要配合及时浇水。在结球期叶面喷施3 ~ 4次禾命源植物酸（改进品质型），稀释倍数为

450～500倍，能有效增进品质和风味。

（2）水分管理

播种前浇足底水以保证出苗整齐和幼苗生长的需要，苗期要小水勤浇以保证小气候环境，利于培育壮苗；莲座期适当蹲苗，以促进根部向纵深发展；结球期浇水要充足以保证叶球快速生长的需要，对于冬贮菜要在收获前停止浇水，以免影响白菜的耐贮性。

（三）适时采收

收获期可根据叶球的长相和国内及出口市场行情确定，秋早熟品种一般长到七八成心即可收获，早收获价格可能较好，但产量会有所降低。早播的大白菜可在10月下旬收获上市，晚播的白菜一般应在立冬前收获，直接上市或经过贮藏后陆续上市，可根据市场行情确定，以获得最好的收益。

（四）病虫害防治

青麻叶大白菜主要病害包括霜霉病、软腐病、病毒病及褐腐病。主要虫害有蚜虫、菜青虫、小菜蛾等。防治方法主要包括以下几方面。

1. 农业防治

青麻叶类型大白菜具有较强的抗病性，若采用适期晚播的避病栽培，并加强肥水管理培育壮苗、壮棵，病害发生极轻甚至不发病，因此选择适宜播种期并加强各生育阶段的栽培管理是防病的关键。此外，随时观察田间长相，发现病情、虫情及时处理，把病虫害消灭在萌芽状态，即可将病虫的为害降到最低，同时还可减少农药的用量，保证产品的安全。

2. 物理防治

（1）黄板诱杀

主要用来诱捕菜田中对黄色有较强趋性的蚜虫、斑潜蝇、白粉虱等害虫。诱虫板应该在白菜的苗期开始使用，放置规格为40厘米×25厘米的诱虫黄板每亩20块，将黄板均匀插置田间。黄板一定要深插并捆绑牢固，防止被风吹掉。黄板过一段时间或粘满害虫后粘虫效果会降低，所以要及时更换。据统计，在蚜虫发生较轻的年份黄板诱杀可有效控制蚜虫为害。

（2）灯光诱杀

杀虫灯诱杀害虫是利用害虫的趋光性，引诱成虫扑灯，使害虫触电而亡。于大白菜生长季节开始使用，每盏杀虫灯可有效覆盖方圆30～50亩菜田。可有效杀灭金龟子、草地螟等多种害虫。当天诱杀工作完成以后，要将灯上的虫垢用刷帚打扫干净。可较大幅度压低虫口基数，降低害虫田间落卵量。

3. 生物防治

小菜蛾是为害白菜最为严重的害虫之一，性诱剂诱杀小菜蛾技术就是利用小菜蛾雄性成虫对雌性性信息的趋向性，在诱捕器的粘板上放置人工合成的小菜蛾性诱剂，引诱雄虫至诱捕器的粘板上，杀死雄虫，使雌虫无法受精，达到控制其发生的目的。性诱剂使用简单、高效，对人畜、环境无害，但防治的害虫种类单一。诱捕器放置高度距离蔬菜顶部 10 ~ 15 厘米为宜。悬挂诱捕器数量为每亩 3 套左右，粘板粘满害虫后要及时更换粘板、诱芯。

4. 药剂防治

（1）病害防治

①软腐病

当田间发现中心病株时，应及时拔除，带出田外销毁或深埋，并对病穴处撒石灰消毒。可喷洒丰灵每亩用量 0.1 ~ 0.15 千克，每亩对水量 50 千克喷雾预防，也可用 77% 氢氧化铜（可杀得）可湿性粉剂 500 倍液喷淋防治。在莲座期开始 7 ~ 10 天喷 1 次，连喷 3 次效果最佳。

②霜霉病

用 70% 安泰生可湿性粉剂在发病前 500 倍液喷雾预防。中心病株出现后用 68.75% 氟吡菌胺，霜霉威盐酸盐（银法利）600 倍液，或用 72.2% 霜霉威（普力克）800 倍液；也可用 50% 安克锰锌 800 倍液或 64% 噁霜・锰锌（杀毒矾）可湿性粉剂 800 倍液喷雾防治。在霜霉病和黑斑病混发区，可用 68.75% 氟吡菌胺・霜霉威盐酸盐（银法利）600 倍液 +43% 戊唑醇（好力克）3 000 倍液，或 40% 乙磷铝可湿性粉剂 200 倍液 +70% 代森锰锌可湿性粉剂 500 倍液喷雾。隔 7 ~ 10 天喷 1 次，连续防治 2 ~ 3 次。

③黑斑病

在发病前用 70% 安泰生粉剂 600 倍液或 25% 阿米西达 3 000 倍液喷雾预防，7 天左右喷 1 次，连防 3 ~ 4 次。发现病株及时喷洒 43% 戊唑醇（好力克）3 000 倍液、64% 噁霜・锰锌（杀毒矾）可湿性粉剂 600 倍液、50% 扑海因可湿性粉剂 1 000 倍液喷雾防治。

（2）虫害防治

①蚜虫

蚜虫是大白菜虫害防治重点，为避免蚜虫产生抗药性，同一种农药一般使用不超过 2 次，要注意轮换用药。药剂可选用 5% 天然除虫菊乳油 1 000 倍液喷雾防治；也可选用 25% 噻虫嗪（阿克泰）水分散粒剂 3 000 ~ 5 000 倍液或 50% 辟蚜雾可湿性粉剂 2 000 ~ 3 000 倍液。

②小菜蛾

小菜蛾幼虫在 1 龄期是防治最佳时期，进入 2 龄期为防治关键时期，因幼虫龄期越大抗药性越强，此期用药浓度和用药量都要加大。可使用苏云金杆菌（护尔 3 号）600 ~ 800 倍液喷雾防治；也可用 1.8% 阿维菌素乳油 3 000 倍液，2% 甲氨基阿维菌素苯甲酸盐 30 克 / 亩，或 50% 虱螨脲（美除）1 000 倍液喷雾防治。

③菜青虫

少量发生时可进行人工捕捉。药剂防治可选用虱螨脲（美除）1 000 倍液，或杀蛾妙 2 000 ~ 3 000 倍液喷雾防治。

五、上市时间及食用方法

上市时间为每年 11 月至翌年 2 月。食用方法很多，可炒、炖、煮、做菜，并可做水饺、包子和馄饨的馅料，也可熬白菜汤，还可以加工成泡菜、酸菜、冬菜等。上好的青麻叶直挺如棍，菜帮薄而细嫩，菜叶经脉如核桃纹，水汽大，菜筋少，开锅就烂，味道鲜美清香。

第十一节　山东胶州大白菜

胶州大白菜是山东省胶州市的著名特产之一，原产于胶州市南关以南三里河一带的田地，已有1 000多年的种植历史，远在唐代即享有盛誉，传入日本、朝鲜等国，被尊称为“唐菜”。1875年在日本东京博览会上展出获得好评，从此胶州大白菜名扬天下。据《胶州市志》中记载:1949年,毛泽东主席指定将“胶州大白菜”作为斯大林七十大寿的寿礼。此后，胶州大白菜以其优良的品质受到各级政府和各国政要的高度重视及关注。

胶州市位于山东省青岛市的西部，胶州湾西北岸，属于暖温带大陆性季风气候，全年平均气温12.4℃，年平均降水量695.6毫米。由于胶州地区所特有的土质和水源条件，胶州地区周边地势平坦，地下水位高，土层为深厚的粉沙质土壤，非常适宜大白菜生长。该地区生产的大白菜品质极好，帮嫩薄、汁乳白、味鲜美、纤维少、营养丰富，富含维生素C、胡萝卜素等营养物质，生食口感甜脆、熟食风味甘美，全国闻名，深受各阶层消费者的喜爱。

一、品种特性

胶州大白菜的叶生于短缩茎上，叶片薄而大多数有毛，分为外叶和内叶，椭圆或长圆形，浓绿或淡绿色，心叶白，绿白或淡黄色。胶州大白菜品种一般都具有产量高、品质好、抗病性强和耐贮运的特点。

胶州大白菜为中晚熟品种，全生育期85 ~ 90天，农家品种有“胶州大叶”“胶州二叶”“胶州小叶”及“城阳青”等，近年来也有优质、高产、抗病的杂交一代品种推出，如“胶蔬”“义和”“胶春”“胶白”“中茂”和“东茂”等系列品种。

二、对环境条件的要求

（一）温度

大白菜属于半耐寒性作物，喜冷凉气候，一般不耐寒、也不耐炎热。种子发芽适宜温度为20 ~ 25℃，幼苗期适宜温度为20 ~ 28℃，莲座期适宜温度为22 ~ 18℃，结球期适宜温度以22 ~ 10℃为宜，此阶段对温度的要求较为严格，耐轻霜，不耐严霜。一般在10℃以下生长停止，温度低于-2℃时，叶球受冻,但仍可以恢复；若在-5 ~ 8℃的低温下受冻则不能复原。

（二）光照

白菜属于长日照植物，低温通过春化阶段后，需要在较长的日照条件下通过光照阶段进而抽薹、开花、结实，完成世代交替。

（三）水分

大白菜叶面积大，叶面角质层薄，蒸腾量很大。水分状况对光合作用、矿质元素、叶片水势、叶面积、植株重量有很大的影响。如果生长期供水不足会大幅降低白菜的产量和品质。但供水量过多，会使根系发育不良，甚至发生烂根等现象，同时空气湿度大也容易引起软腐病和霜霉病的发生。

（四）养分

胶州白菜对土壤养分要求高，每生产1 000千克产品，需吸收纯氮1.5千克，五氧化二磷0.7千克，氧化钾2千克，对氮、磷、钾总吸收量的比例为2 ：1 ：3，由发芽期至莲座期吸收氮最多，钾次之，磷最少；结球期吸收钾最多，氮次之，磷仍最少。白菜对养分的吸收主要在结球期，占总吸收量的90%，所以要在栽培过程中加强结球期的水肥管理，保证养分均衡供应。

三、地块选择

应选择地势平坦、排灌方便、土层深厚、土质肥沃的地块，以沙壤土和轻壤土为好。前茬作物最好为大葱、大蒜、马铃薯等非十字花科作物，切忌与白菜、油菜和萝卜等十字花科蔬菜连作。

四、高品质栽培技术

（一）茬口安排

大白菜喜冷凉气候，传统的栽培制度为秋播，根据大白菜的生育期（一般在华北地区为80 ~ 95天）倒退计算播种时间，山东胶州地区一般在8月中旬（立秋后一周左右）播种，此阶段胶州地区平均气温23 ~ 28℃，在日均最低气温0 ~ 2℃时采收，正值11月中旬。早熟品种可适当晚播，晚熟品种应提前播种。

（二）整地做畦

播种前整地做畦，每亩撒施充分腐熟、细碎的优质有机肥4 000千克、生物菌肥80千克，若有机肥源不足施用生物有机肥3 000千克，经实验以内蒙古苏尼特右旗所产以羊粪为原料的生物有机肥对于提高品质效果最好。耕深30厘米，深翻后耙平。按照70 ~ 75厘米的间距做成高畦栽培，畦面高出地面15 ~ 20厘米、畦面上宽20 ~ 25厘米、下宽35厘米左右，垄沟宽35 ~ 40厘米。

（三）播种

1. 种子处理

为防止大白菜种子带菌，可将种子进行温汤浸种处理。先将种子用50 ~ 55℃热水浸种25 ~ 30分钟，用木棍不停按顺时针方向搅拌，当降温至30℃左右时停止搅拌，再继续浸种2小时，捞出晾干后播种。

2. 播种

胶州大白菜多采用直接播种的种植方式，具体包括穴播和条播两种方法。

条播：在垄中央开0.5 ~ 1.0厘米深的浅沟，浇透水，将种子均匀撒在沟内，然后覆土并培成3 ~ 5厘米高的小土堆，每亩用种量为150 ~ 200克。

穴播：按预定株距 45 ~ 55 厘米开长 10 厘米左右、深 0.5 ~ 1.0 厘米的浅穴，浇足水后每穴播 2 ~ 3 粒种子，然后覆土培成 3 ~ 5 厘米小土堆，3 天后可铺平，每亩用种量为 140 ~ 180 克。

在前茬作物成熟晚不能及时腾地时，也可采取育苗移栽的种植方法，虽然费工但可以节省种子量。此外，为培育壮苗应采用穴盘育苗的方式。播种期较直播相应提前 3 ~ 4 天，选用 72 孔或 50 孔穴盘，比直接播种方式要节省种子，育苗移栽的种植方式每亩大田用种量为 50 ~ 70 克。

（四）田间管理

1. 间苗定苗

大白菜直播后需要间苗，一般分 3 次进行。

第一次间苗：2 片真叶时进行。一般在播种后 10 天左右，2 片真叶长出，与子叶方向垂直，为“拉十字”期，是出苗期结束的重要特征。间苗时要求摘除出小苗、次苗以及子叶畸形的劣苗。

第二次间苗：在 4 ~ 5 片真叶时进行。条播的按株距 10 厘米间苗，穴播的每穴留苗 2 ~ 3 株。

第三次间苗：也叫定苗，在 6 ~ 7 片真叶时完成。条播的早熟品种按株距 45 ~ 50 厘米、中晚熟品种按株距 50 ~ 55 厘米定苗，穴播的每穴选留生长最好的 1 株定苗。间苗过程中要及早补栽缺苗，并及时更换弱苗和病苗。

2. 中耕除草

大白菜生育期内一般进行 3 次中耕除草，分别在第 2 次间苗后、定苗后和莲座期中期进行，也可以根据田间杂草和土壤板结情况进行中耕。中耕时结合锄草，要注意不要弄伤根系，在植株附近要求浅耕，离植株远的地方可以深耕。

3. 水肥管理

（1）发芽期

发芽期种子对水分需求量不大，但播种时一般在 8 月中下旬，此时气温较高，灌水可以有效降低地温，也可预防病毒病的发生。从播种到出齐苗需要浇 3 次水，也叫“三水齐苗”，分别在播种、幼苗顶土、苗出齐时分别浇一次水。注意播种时第一次浇水要浇大水，第二、第三次浇小水。如播种后即遇雨天，可以少浇或不浇，如遇到大雨还要注意排水防涝。发芽期一般不需要追肥。

（2）幼苗期

幼苗期的大白菜本身对水肥需求量不大，但由于生长速度快而且根系不发达、吸收水肥能力弱，此阶段也要及时供应足够的水分和养分。分别在间苗和定苗时浇第四次和第五次水，也叫“五水定棵”。根据天气和土壤条件调整浇水次数，如果雨水量小，要适当增加浇水次数。

幼苗期根系浅，不能很好地利用基肥的养分，所以可结合浇水追施液体有机肥作为提苗肥，每亩施用量一般为

5千克左右，也可利用水溶性肥料稀释300倍液进行叶面喷施。

（3）莲座期

白菜从长出8片真叶到开始包心这段时间，要生长15 ~ 19片叶，这是大白菜根系大量发生和叶片生长旺盛的时期，也是产量形成的重要时期。此时又是霜霉病流行时期，管理上要通过控制浇水次数和浇水量来降低田间湿度。

莲座初期第一次浇水要浇大水，然后深中耕1次，再控水蹲苗10天左右，以后浇水原则为小水勤浇，保持土壤见干见湿，判断标准为5厘米土壤手抓成团、松开即散。结合浇水每亩追施含氮、磷、钾为20%的黑咖啡有机肥（氮10%、磷5%、钾5%）10千克。

（4）结球期

从莲座后期新叶开始抱合到叶球长成阶段为结球期。结球期大白菜看似生长缓慢，变化不大，但却是叶球生长迅速、增重最快的时期，这时期要求水肥供应充足，保证大白菜健壮生长。

浇水数量一定要适量，做到沟内不积水，垄面不现水，根系吸收不缺水。从莲座期到结球期，畦面不能出现开裂现象，否则会造成侧根断裂，影响大白菜产量。遇到干旱天气，每隔5 ~ 6天浇1次水。也可采用隔沟浇水法，每隔3天浇1次水。收获前5 ~ 7天停止浇水。

第一次追肥在结球初期，每亩追施含氮、磷、钾为20%的黑咖啡（氮7%、磷5%、钾8%）有机肥15千克，或其他有机液体肥料。第二次追肥在结球中期在第一次追肥后14天左右，每亩追施含氮、磷、钾为20%的黑咖啡（氮8%、磷2%、钾10%）有机肥15千克，或其他有机液体肥料。

进行叶面追肥能快速补充营养，并能有效提高品质，选用含氨基酸水溶性肥料（禾命源品质改善型），稀释450 ~ 500倍液喷施，连续喷施3次，每7 ~ 10天喷施一次，每亩用量为500毫升，注意不可与其他药剂混用。也可选用其他海藻酸、腐殖酸类叶面肥，还可采用0.5%尿素和0.3%磷酸二氢钾混合喷施，连喷2 ~ 3次。

（五）病虫害防治

大白菜病害主要有霜霉病、软腐病、根肿病、病毒病，虫害主要是蚜虫。坚持预防为主、综合防治，优先采用农业防治、物理防治、生物防治，配合化学防治。通过综合性的防治技术，达到优质、高产、高效、无害的目的。

1. 农业防治

选用优良品种，培育壮苗，适时播种，轮作倒茬，加强管理，清洁田园等。

（1）合理轮作倒茬

重病地块与粮油作物或葱蒜类等非十字花科蔬菜轮作2年以上。

（2）选用抗病品种

如“胶白1号”“87-114”“改良青杂3号”等。

（3）加强栽培管理

采用起垄栽培，合理密植，防止田间积水，特别在莲座期后应保持土壤见干见湿。

（4）清除病株

发现病株及时挖出，带到田外深埋，并在病株周围土壤撒施生石灰消毒。

（5）合理密植

早熟品种每亩种植密度2 500株左右，中、晚熟品种每亩种植密度2 100株左右。

（6）合理追肥

追肥时使用氮、磷、钾和中微量元素含量丰富的有机肥，不可偏施氮肥。避免田间积水，大雨或暴雨过后要及时排水。

2. 物理防治

（1）粘虫板诱杀

采用黄色粘虫板诱杀蚜虫、白粉虱等害虫。

（2）糖醋液诱杀

糖醋液配制是3份糖、3份醋、1份高度白酒，加水10份，再加90%晶体敌百虫0.1份，调匀装入大碗内，每80平方米面积放置1只，每亩放置8～10只。白天盖好，晚上打开，10～15天换1次糖醋液。

3. 生物防治

释放天敌，如捕食螨、寄生蜂等；使用生物农药如苏云金杆菌、阿维菌素等；施用生物菌肥。

4. 农药防治

（1）霜霉病

霜霉病的主要症状是叶片受到为害，成株的叶片上会出现淡绿色水浸状的斑点，这些斑点会很快转变成为黄绿色或者黄褐色的病斑，呈现多角形；高湿的情况下叶片的背面出现白色的霉状物；发病晚期会出现连片的病斑，染病的叶片也会逐渐变黄干枯。主要随风雨传播，可多次进行再侵染。温度低于16℃、相对湿度大于80%时易发生和流行。

可于发病初期选用氯溴异氰酸（金消康1号，中农天诺公司生产）1 000倍液+3%氨基寡糖素（金消康2号－中农天诺公司）喷雾，病重地块3～5天重复喷1次，配合含氨基酸水溶肥（禾命源营养型，中农天诺公司生产）300倍液同时施用效果更好。

用25%嘧菌酯（阿米西达）悬浮剂500～800倍液喷雾防治，隔7天喷1次，一般喷2～3次，使用时注意不要同乳油类农药和有机硅类助剂混用；也可用80%烯酰吗啉水分散剂1 500～2 000倍液喷雾防治，该药剂的安全间隔期为2天，使用次数不得超过3次。

（2）软腐病

软腐病属于细菌性病害，多从结球前期开始发生，主要表现在包心期，从植株茎部的裂口处开始腐烂，在发病初期，病部呈水浸状，半透明的状态，逐渐转为褐色、开始腐烂。病株的外叶萎垂、叶球裂露，甚至叶柄茎部和根基部会完全腐烂，发出臭味，病株一触即倒。

可于发病初期每亩用72%农用硫酸链霉素可溶性粉剂14～28克，预防时使用5 000倍液喷雾，治疗时使用3 000倍液喷雾，每7～10天喷1次；或用6%

春雷霉素可湿性粉剂 3 000 ~ 4 000 倍液喷雾防治，安全间隔期 21 天，全生育期使用次数不得超过 3 次；或用 3% 中生菌素可湿性粉剂 1 000 ~ 1 200 倍液喷雾防治，每 7 ~ 10 天喷施 1 次，共喷施 3 ~ 4 次。

（3）根肿病

根肿病在大白菜整个生育期均可发生，发病时主根和侧根上形成大小不等、形状不规则的瘤状物，初期瘤面光滑，后期粗糙、龟裂。发病严重时苗期幼苗枯死，成株期植株生长迟缓、矮小。

可于发病初期用 42% 三氯异氰尿酸可湿性粉剂 1 000 ~ 1 500 倍液喷雾防治，安全间隔期 3 天，整个生育期最多使用 3 次，或用 20% 噻森铜悬浮剂 300 ~ 500 倍液灌根或往茎基部喷雾防治，7 ~ 10 天防治 1 次，连防 3 ~ 4 次。

（4）病毒病

苗期最易发病，播种后如遇高温干旱天气，幼苗生长受到影响，同时有翅蚜活动频繁，病毒病发病就会加重。防治病毒病要和防治蚜虫结合起来。

（5）蚜虫

防治蚜虫要做到及时。发生初期可以释放瓢虫，每亩放 100 卡（每卡 20 粒卵）捕杀蚜虫；药剂防治也可以选择喷洒 1.1% 烟百素乳油 1 000 ~ 1 500 倍液，还可选用苦参碱・除虫菊酯 1 000 倍液。还可选用 10% 吡虫啉可湿性粉剂 1 000 ~ 1 500 倍液喷雾防治。每隔 5 ~ 7 天即可喷洒 1 次，连续喷洒 2 ~ 3 次能达到良好的防治效果。蚜虫有趋黄性习性，可以使用设置黄板的手段来诱杀蚜虫。为了有效抵抗蚜毒的传播可以使用银灰色的反光膜。

（6）小菜蛾

在大白菜种植区域几乎每年都会出现小菜蛾。小菜蛾以蛹越冬，通常在第二年的 5 月中旬，就会出现成虫。而到了 6 月初，这些小菜蛾就会对白菜造成严重的为害。小菜蛾的生命周期是 30 天，到了 8 月，会有新一批小菜蛾出现，此时大白菜的生长会继续受到为害。实现对小菜蛾的有效防治，要从预防入手，做到合理轮作，当虫害情况过于严重时，需要进行歼灭性的药剂防治，使用这种防治手段要在第 1 代幼虫 3 龄前进行防治，可选用生物农药苏云金杆菌（商品名护尔 3 号，中农天诺公司生产）喷雾防治，也可选用生物除虫剂复合精油 200 ~ 400 倍液喷雾防治。

（六）采收及贮藏

胶州大白菜采收期青岛地区一般在 11 月 20 日前后，其他地区根据气候条件来确定，平均最低气温下降到 0 ~ 2℃时采收。采收一定要及时，如果温度过低，容易发生冻害，影响白菜品质。收获前用手按压大白菜顶部，手感紧实的表明叶球发育成熟。收获时去掉根土和黄叶，放在田间晾晒 2 ~ 3 天，使菜棵直立、外部叶片垂而不折。外叶稍微发软时，用甘薯蔓、小麦秸等淋湿后捆绑。捆菜时注意绑头不绑腰，捆绳以上部分占整株大白菜的 1/6 ~ 1/5。

冬贮大白菜多采用挖沟贮藏法。选择向阳的地面开挖贮藏沟，沟宽2～3米、深50厘米左右，将晾晒后的大白菜根向下紧密排列在沟内，其上盖一层厚10厘米左右的草苫，寒冬季节在草苫上再覆盖一层8～10厘米厚的园土，以防大白菜受冻。

五、上市时间及食用方法

每年11月中下旬上市，可通过入窖贮藏，上市供应期可持续3个月。食用方法多样，可炖、可炒，也可凉拌，另外，根据北方人的习俗，也可以腌制成酸菜食用。

第十二节 山东潍县萝卜

潍坊萝卜俗称高脚青或潍县青萝卜，因原产于山东潍坊（古称潍县）又称潍县萝卜，已有400多年的栽培历史，清乾隆年间的《潍县志》就有关于它的记载。主产地分布在山东省潍县城（今潍城区）的周围，白浪河、虞河和潍河一带，尤以北宫附近所产为最佳。潍县气候温和、温差较大、光照充足、降水量适中。其主要产地白浪河及虞河两岸为冲积平原，地势平坦，土层深厚，土壤质地为轻壤土、壤土或沙壤土，土壤有机质、速效钾、速效磷含量较高，碱解氮水平中等，土壤pH值8.0左右，条件较好，具有秋作潍县萝卜的良好自然环境。正是这样特定的气候条件和土壤基础，孕育了优质的潍县萝卜品种。

潍县萝卜为著名的水果萝卜，营养丰富。据分析，每100克鲜肉质根含干物质5～13克,还原糖含量3.0%～3.5%，可溶性固形物6%～7%，富含钙、镁、磷、铁、铜、锌等矿质元素和胡萝卜素等多种维生素，潍县萝卜还具有保健作用，经常食用还有去痰、清热解毒、健脾理气、助消化等功能。潍县萝卜具有浓郁独特的地方风味和鲜明的地域特点，是享誉国内外的名特优地方品种。

一、品种特性

潍县萝卜品种有大缨、小缨和二大缨3个品系，当前主栽品种为小缨品种与二大缨品种。

小缨类型品种“脆绿”，大头羽状裂叶，叶色较深绿，叶缘缺刻多而深，裂叶小且薄，叶丛直立，长势较弱，最大叶长40厘米，宽12厘米。肉质根呈长圆柱形，皮较薄，色深绿，长25厘米左右，横径5厘米左右，出土部分占总长的3/4，为青绿色，地下部占1/4，为白色，内瓤青绿，生食甜脆清香，汁多无渣皮微辛，单株肉质根鲜重400克左右,生长期80天左右，适合保护地和秋延迟栽培。一般亩产3 000～3 500千克。

二大缨品种“脆青”，裂叶较大，叶色稍淡，生长势强，肉质根长28厘米左右，横径约6厘米，品质与小缨萝卜近似，辣味稍淡，单株肉质根鲜重500克左右。每亩产量3 500～4 000千克，秋播生长期80～90天，适合秋季露地和秋季保护地延迟栽培。

二、对环境条件的要求

（一）温度

萝卜为半耐寒作物，生长适宜范围为 10 ~ 25℃，最适宜生长温度白天为 20℃左右，低于 6℃植株生长缓慢，0℃以下肉质根易受冻害。潍县萝卜适于在温度由高逐渐下降的秋季生长，萝卜发芽出苗期温度在 25℃左右，幼苗期适宜温度 24℃左右，叶生长盛期适宜温度 20 ~ 24℃，肉质根旺盛生长期最适宜的日平均温度为 14 ~ 18℃，昼夜温差在 12℃左右最为适宜。

（二）光照

潍县萝卜属于长日照作物，长日照条件下容易引起抽薹，短日照条件下则营养生长期延长。萝卜光饱和点为 18 000 ~ 25 000 勒克斯，补偿点为 600 ~ 800 勒克斯,属中等光照强度作物。但在萝卜生长盛期，充足光照有利于光合作物增加产量，所以栽培上要注意萝卜的株行距和种植密度，调整植株光照条件，以促进萝卜养分积累。

（三）水分

萝卜耐旱能力较弱，叶片和肉质根含水率较高，一般在 92% 以上，所以在整个生长期对水分需求较为敏感，必须保持土壤湿润。

在苗期需水量较小，土壤含水保持最大田间持水量 60% ~ 70%；叶生长盛期耗水量较大，肉质根生长盛期，需水量最多，一般 7 天左右浇一次水，保持土壤含水量范围为最大田间持水量的 70% ~ 80%。如果水分不足容易造成肉质根糠心、辣味或苦味，水分过多时，土壤透气性差，容易发生烂根等现象；灌水要保证水分均匀供应，水分供应不均常导致根部开裂，影响萝卜商品品质。

（四）土壤与肥料

潍县萝卜对土壤条件要求较为严格，要求地势平坦、土层深厚肥沃、有机质丰富、肥力水平较高、有良好排水和灌水条件的地块。土壤总孔隙度较大，容重较小，质地稍疏松，耕性好，且富含速效钾，有效氮、磷中等偏上，酸碱度呈中性或弱碱性的地块种植。萝卜吸肥力较强，施肥应以有机肥为主，注意氮、磷、钾的配合，每形成 1 000 千克产量需吸收纯氮 6 千克，五氧化二磷 3.1 千克，氧化钾 5 千克。其氮、磷、钾吸收比例为 1 ∶ 0.51 ∶ 0.83。萝卜不同生长阶段对肥料三要素吸收量也有差别，叶生长盛期及其以前，需要氮、钾比磷多，肉质根生长盛期对钾、磷需求量比氮高。生产过程中一定要结合萝卜需肥规律来合理安排施肥。

三、地块选择

应选择地势平坦、土层深厚疏松肥沃、有机质丰富、肥力水平较高，浇水和排水均方便的轻壤土地块或棚室种植，不适宜在土质黏重的重壤土和肥力瘠薄的地块种植。耕层土壤中没有石块和姜石等异物。前茬以瓜类最好，其次是葱、蒜、豆类蔬菜或者小麦、玉米等作物，不宜与白菜、甘蓝、油菜等十字花科蔬菜进行连作。

四、高品质栽培技术

（一）整地、施肥

1. 清洁田园

在前茬收获后及时将残株、烂叶和杂草（包括地块四周的杂草）清理干净，运出地外集中进行高温堆肥或臭氧消毒等无害化处理。将地里的石块、姜石、地膜等异物清除地外。

2. 施肥整地

根据土壤肥力水平适当调整底肥施用量，一般中等肥力条件下，每亩应在耕地前撒施充分腐熟的有机粪肥 3 500 ~ 4 000 千克加饼肥 70 ~ 100 千克做基肥，也可适量施用腐殖酸有机肥。耕前浇水造墒，播种前 3 ~ 5 天浇水，深耕 30 厘米左右，耙平后做畦，南北畦向，畦长 20 米左右，沙壤土地块做成平畦种植，壤土和重壤土地块做成高畦种植。畦宽 1.2 ~ 1.5 米，畦埂宽 20 ~ 30 厘米，高 15 厘米左右。

（二）播种

1. 播种密度

按照潍县萝卜单个标准重量 500 克左右为宜，确定适宜的播种密度为株行距 25 ~ 27 厘米。

2. 播种期

根据潍县萝卜生产地域环境特点，山东潍坊地区秋季露地栽培适宜播种期为 8 月中旬至下旬，保护地栽培以 8 月下旬至 9 月中旬为宜。其他地区具体播种期可根据当地气候特点和品种特性来确定，以播种后至采收前有 80 ~ 90 天生长期为宜。

3. 播种方式

条播：多采用条播方式。按行距 30 厘米左右开浅沟，将种子均匀撒入沟内，深度 1.5 厘米左右，播种后随即搂平畦面，轻轻镇压。

穴播：均匀地把种子点播于穴内，每穴间距 25 ~ 27 厘米，每穴播 2 ~ 3 粒种子。播后覆土并适当镇压，覆土 2 厘米左右。

（三）田间管理

1. 间苗、定苗

苗出齐后应及时进行间苗，第一次间苗时将苗间距控制在 3 ~ 4 厘米；植株长到 3 ~ 4 片真叶时进行第二次间苗，苗距控制在 10 ~ 12 厘米；5 ~ 6 片真叶时进行第三次间苗，也叫定苗，苗间距控制在 25 ~ 27 厘米，一般小缨品种苗距 25 厘米左右，二大缨品种苗距 27 厘米左右。间苗时除去大苗、小弱苗、病苗，留中等健壮苗，并注意每次间苗后在幼苗周围撮土固定幼苗，防止幼苗歪倒，这是保证萝卜不弯曲提高商品率的重要手段。

2. 科学浇水

浇水掌握土壤湿润，先控后促的原则。采取微喷或滴灌等节水灌溉方式，推广水肥一体化措施。在播种后出苗期间，要保持土壤湿润，促进出苗。无降雨时应浇小水 1 ~ 2 次，雨水较多时要注意及时排水，以防沤根。在幼苗期保持耕层土壤湿润，遇到干旱时应浇小水，并多次中耕保墒除草；在定苗后进行浇水和中耕。

（1）发芽期、幼苗期

播种后出苗期间，要保持土壤湿润，促进出苗。发芽期一般不浇水，第一次间苗后若土壤过于干旱，可适当浇小水 1 ~ 2 次。注意不要水流过猛，以保证萝卜直立生长。

（2）肉质根生长前期

掌握“地不干不浇”的原则，但浇水不宜过多，如果地力薄弱可结合施肥浇水 2 ~ 3 次。

（3）肉质根膨大期

此期应注意防涝、防旱。保证浇水均匀，充足。一般 7 天左右浇 1 次水，最好傍晚浇水。气温高时、沙性土应缩短浇水间隔时间，以防糠心。采收前 6 ~ 7 天，停止浇水。

3. 肥料管理

施肥原则掌握多施有机肥作为基肥，一般情况下不需追肥。

（1）苗期

苗期一般不需要施肥。若施用基肥数量不足可在下面两个时期追肥 2 次。

（2）叶片生长盛期

先促后控，苗株壮而不旺，前 10 天适度促进叶丛健壮生长，若基肥施用数量少，或沙壤土保肥保水性差的地块，土壤肥力不足，以及幼苗长势较弱的地块可追有机液肥 8 ~ 10 千克，浇水 2 ~ 3 次；在第 10 片真叶展开后，控制浇水中耕，形成合理群体结构，促使生长中心由叶片向肉质根转移，实现苗株健壮而不旺。

（3）肉质根膨大期

结合浇水进行 1 次追肥，每亩可随水冲施，腐殖酸、海藻酸或氨基酸类有机肥 10 ~ 15 千克和磷酸二氢钾 3 ~ 5 千克。

4. 叶面追肥

叶面追肥能快速补充营养，并能有效提高品质，选用含氨基酸水溶性肥料（禾命源品质改善型），稀释 450 ~ 500 倍液喷施，连续喷施 3 次，每 7 ~ 10 天喷施 1 次，每亩用量为 500 毫升，注意不可与其他药剂混用。也可选用其他海藻酸、腐殖酸类叶面肥，还可采用 0.5% 尿素和 0.3% 磷酸二氢钾混合喷施，连喷 2 ~ 3 次。还可喷施 1 ~ 2 次每千克含 5 毫克浓度的硼砂溶液。

（四）病虫害防治

潍县萝卜生长期间主要病害有霜霉病、软腐病、黑腐病、病毒病等。虫害主要是蚜虫、青虫类害虫及白粉虱等。要通过选用抗病品种，实行轮作，中耕除草，清洁田园，减少病虫源数量来预防。

1. 霜霉病

要保证田间有良好通风透光条件，降低田间湿度。发病初期可选用氯溴异氰酸（金消康 1 号，中农天诺公司生产）1 000 倍液 +3% 氨基寡糖素（金消康

2号——中国农业科技下乡团推荐）喷雾，也可选用72.2%霜霉威（普力克）水剂800倍液，还可选用72%霜脲锰锌（克露）可湿性粉剂1 000倍液，喷雾防治。

2. 软腐病、黑腐病

用72%农用链霉素可湿性粉剂3 000～5 000倍液喷雾防治，还可用20%噻菌铜500倍液灌根或基部喷施及1.5%新植霉素300～500倍液喷雾防治。注意药剂要喷施在根部。及时发现病株，并拔出带出棚室，用生石灰对周围土壤进行消毒。

3. 病毒病

首先及时防治蚜虫和粉虱等害虫，杜绝传播源。前茬发病地块提前喷洒83增抗剂原液100倍液预防。在发现病株后可用3%浓度的氨基寡糖素（金消康2号）+含氨基酸水溶肥料（禾命源营养型）300倍液喷雾。每隔5～7天喷1次，连续喷2～3次。还可用20%病毒A或1.5%植病灵1 000倍液喷雾防治，间隔7～10天喷施1次，连喷3～4次。

4. 甘蓝夜蛾、斜纹夜蛾等青虫类害虫

可选用生物农药苏云金杆菌（护尔3号——中国农业科技下乡团推荐）悬浮剂600倍液喷雾防治。夜蛾的为害习性是白天躲在阴暗处或土缝中，傍晚后出来为害，所以防治时机非常重要，在白天喷施农药往往没有效果，只有在夜间或清晨露水未干时用药才有效。

5. 白粉虱

在保护地种植可采用防虫网、黄板诱杀等物理方法来减少成虫数量。露地种植可选用生物除虫剂复合精油200～400倍液喷雾防治。也可采用25%噻虫嗪（阿克泰）水分散粒剂3 000倍液。

6. 蚜虫

有机食品生产选用生物农药1%印楝素水剂800～1 000倍液，或0.65%茴蒿素水剂400～500倍液喷雾防治。绿色食品生产可选用10%吡虫啉可湿性粉剂1 500倍液喷雾防治。

（五）适时采收和贮藏

气温降低使萝卜叶片合成的有机养分更多地向肉质根输送，萝卜腚变圆，整株呈现品种固有特征，经几次轻霜，萝卜品味更佳。一般在10月末至11月初适时采收，保护地秋延迟栽培可延长采收期到12月中下旬。

露地秋茬潍县萝卜采收时随即拧去缨叶，运集成堆，覆盖鲜叶，减少失水，防止冻害。如旬内气温仍偏高，可就地堆积盖土或挖浅沟埋藏预贮，待气温降至0℃入贮。贮藏时应捡出有病虫伤害和机械损伤的肉质根，参照潍县萝卜分级标准大致分级，便于按级分别贮藏。

露地秋作潍县萝卜采收后贮藏期可达3～4个月。适宜的贮藏温度为2～3℃，不得低于0℃，空气相对湿度范围是90%～95%。如果温度过高，萝卜容易发生糠心，温度过低会出现冻害。贮藏方式有沟藏、窖藏、通风库冷藏，家庭贮藏也可用塑料薄膜袋贮藏，贮藏过程中除了注意温度控制外，还要注意萝卜不要有机械损伤，受机械损伤的更易腐烂；保持库内干净，否则萝卜被贮藏窖库中的真菌和细菌侵染可造成肉质根长霉、腐烂、变质。

五、上市时间及食用方法

通过设施、露地的不同茬口安排，潍县萝卜可实现全年供应，但是在11月采收至翌年2月上市的秋萝卜品质最好。潍县萝卜肉绿色、浅绿色，肉质致密脆嫩，微甜微辣，生食口感最佳。也可炒食、凉拌、炖菜，还可腌渍、干制加工等。

第十三节　天津沙窝萝卜

天津沙窝萝卜已有300多年的种植历史，是天津市地方特有的品种，为著名的水果萝卜品种。沙窝萝卜属于卫青萝卜的一种。天津老话有"卫青萝卜金不换"的说法，"卫青"的"卫"指的是产地天津卫，"青"即指萝卜皮、肉均为绿色。

沙窝萝卜主产地原在天津市河西区小刘庄挂甲寺一带，20世纪30年代以后，小刘庄一带日渐繁华，环境的改变已不适宜青萝卜种植，逐渐转移至沙窝村。沙窝村行政划分位于天津市西青区辛口镇，和千年古镇杨柳青相毗邻，地处南运河河畔，其土质上沙下黏，特别适合萝卜生长。

沙窝萝卜因其品质优良，风味独特，风靡津城，扬名四海。沙窝萝卜维生素C含量高于梨、苹果8 ~ 10倍；其含有大量的淀粉酶，可以分解淀粉，帮助消化；还含有芥子油，有促进食欲的作用。中医认为其味甘辛、性微凉，可健胃消食、止咳化痰、顺气利尿。因其具有细胞间隙小，组织细嫩、含水适口、含糖分高、鲜嫩多汁、甜而微辣、皮肉颜色翠绿、外形艳丽整齐、入土部分白根少、又耐贮藏运输等优点，历来有"沙窝萝卜赛鸭梨"的美誉。

一、品种特性

叶簇直立，叶色暗绿，叶脉浅绿色，中肋无毛，裂叶5 ~ 7对；肉质根1/5埋入土中，肉质根显圆柱，顶部稍细瘦，尾端渐膨大；萝卜外皮厚1毫米，入土部分白色，地上部分为暗绿色，能代替叶进行部分同化作用；肉质根长18 ~ 25厘米，横茎6 ~ 7厘米，单根重0.4 ~ 1.0千克。外形均匀整齐，表皮光滑细腻，颜色翠绿。

二、对环境条件的要求

沙窝萝卜属长日照植物，喜凉爽、湿润的气候条件，对环境条件要求主要有以下4个方面。

（一）温度

肉质根生长所需温度较低。沙窝萝卜生长适宜温度发芽期为23℃左右，幼苗期为18℃左右，肉质根生长期为15℃左右。生长初期温度过低容易出现先期抽薹现象，温度过高容易导致肉质根开裂、空心等症状。

（二）光照

萝卜需要充足的光照。光照充足，光合作用强，植株健壮，是肉质根肥大的必要条件。如不能满足就会造成产量下降，品质变差。

（三）水分

肉质根生长期，必须保持土壤湿度，提高沙窝萝卜的含水量。土壤缺水时，易造成肉质根膨大受阻，皮粗糙，辣味增加，糖和维生素 C 含量降低，易糠心。若浇水量过多土壤含水量偏高，通气不良，肉质根皮孔加大，皮粗糙，侧根着生处形成不规则的突起，从而降低商品品质。土壤干湿不匀，肉质根木质部的薄壁细胞迅速膨大，而韧皮部和周皮层的细胞不能相应膨大，易裂根。栽培管理时要根据萝卜各生长期的特性及对水分的需要均衡供水，切勿忽干忽湿。

（四）土壤与营养

对土壤要求较为严格，适宜在土层深厚、土壤肥沃、疏松透气的轻壤土或沙壤土的地块种植，并且保水排水性能要好。不适宜在土质黏重的重壤土和肥力瘠薄的地块种植。萝卜吸肥能力较强，施肥应以有机肥为主，并注意氮、磷、钾的配合，每形成 1 000 千克产量需吸收纯氮 6 千克，五氧化二磷 3.1 千克，氧化钾 5 千克。其氮、磷、钾吸收比例为 1∶0.51∶0.83。施用有机肥数量多，特别是钾肥和铜、锌等微量元素含量丰富，才能满足优质生产的需求。

三、地块选择

栽培地点应选在无工业污染的地区，生产所需的土壤、水、空气等环境条件要严格符合《绿色食品 产地环境技术条件（NY/T 391-2000）》规定。选择土层深厚，排灌能力好，有机质含量丰富的中性或微酸性沙壤土。栽培田要求 3 年以上未种过十字花科蔬菜，如白菜类（小白菜、菜心）等，前茬作物最好为瓜类、茄果类蔬菜或豆类蔬菜及作物。

四、高品质栽培技术

（一）整地施肥

1. 清理田园

沙窝萝卜对整地的要求较高，前茬作物收获后要及时清理田园，清除田间耕层土壤中的石块、姜石、草根和地膜等杂物，避免肉质根分叉。地要深耕多翻，需深翻 30 厘米左右，结合翻地施入基肥。

2. 施基肥与整地

施肥原则是“以基肥为主、追肥为辅”，肥料用量为每亩施用充分腐熟、细碎的优质有机肥 3 500 ～ 5 000 千克、腐熟的饼肥 75 ～ 100 千克，耙平做畦。切忌施用未经充分腐熟的粪肥，防止在发酵过程中烧伤主根，形成歧根。

壤土和重壤土地块采取高畦栽培，按照 2 米间距做畦，畦面宽 1.6 ～ 1.7 米，畦面高出地面 15 厘米左右，畦沟宽 30 ～ 40 厘米，在畦面上播种 4 行；沙壤土地块多采用平畦栽培，畦长 20 ～ 30 米，宽 1.5 ～ 2 米，畦埂宽 20 ～ 30 厘米，高15厘米左右。

（二）播种

1. 种子处理

（1）温汤浸种

将种子浸泡在50℃左右的温水中20分钟，浸泡过程中用木棍或竹竿不断地顺时针方向搅拌，20分钟后用冷水冲洗种子，捞出沥干水分进行播种。

（2）药剂拌种

用种子重量0.4%浓度的50%福美双可湿性粉剂或多利维生·寡雄腐霉进行拌种，然后进行播种。

2. 适时播种

如果墒情不足，播种前2～5天浇水造墒，待表土稍干，用四齿疏松土层待播。天津地区露地栽培在8月中旬播种，露地后期采取覆膜保温措施在8月下旬播种；小拱棚等设施保护地栽培在9月上旬至10月中旬播种，每亩用种量300～400克。多采用条播方式，株距25厘米，平均行距40～50厘米，每亩保苗6 500～7 000株。播后盖土1.5～2厘米，并适当镇压，使种子与表层土壤紧密接触。土壤墒情差时应小水勤浇，保持地面湿润，降低地温，以利出苗。

（三）间苗和定苗

在幼苗期要及时间苗和定苗，幼苗出土后生长迅速，必须及时间苗，以保证幼苗有一定的生长空间，促进形成壮苗，否则会引起徒长。间苗要早，萝卜不宜移苗。第一次间苗在子叶充分展开时进行；幼苗长出1～2片真叶时进行第二次间苗，这次间苗主要是除去过密的弱苗，保留健苗；等到萝卜幼苗长到5～6片真叶，肉质根破肚时，还要再间苗一次，这次间苗同时也是定苗，一般按株距20～25厘米来定苗，选留健壮、生长旺盛的幼苗，其余幼苗则应该全部拔除。

（四）水肥管理

1. 发芽期

由种子开始萌动到子叶展开，历时5～7天。该时期要求较高的土壤湿度和25℃左右的温度，注意保持土面湿润，保证出苗与全苗。

2. 幼苗期

从第一片真叶展开至“破肚”，从出苗到蹲苗这一阶段称为幼苗期，历时15～20天。该时期少浇水，遵循“少浇勤浇”的原则，适当蹲苗，促进肉质根深入土层。在施足基肥基础上的幼苗可不追肥。

3. 莲座期

从“破肚”到“露肩”20～30天。该时期叶数不断增加，叶面积逐渐增大，肉质根也开始膨大，需水量大，但要适量灌溉。掌握“地不干不浇，地发白才浇”的原则。

4. 肉质根生长期

必须保持土壤湿度，提高沙窝萝卜的含水量。土壤缺水时，易造成肉质根膨大受阻，皮粗糙，辣味增加，糖和维生素C含量降低，易糠心。土壤含水量偏高，通气不良，肉质根皮孔加大，皮粗糙，侧根着生处形成不规则的突起，从而降低商品品质。土壤干湿不匀，肉质根木质部的薄壁细胞迅速膨大，而韧皮部和周皮层的细胞不能相应膨大，易裂根。栽培管理时要根据萝卜各生长期的特性及对水分的需要均衡供水，切勿忽干忽湿。

5. 肉质根膨大盛期

从肉质根“露肩”到采收为肉质根膨大期。该时期肉质根迅速膨大，要求土壤肥水供应充足，应充分均匀浇水，保持土壤湿润，土壤有效含水量宜在70% ~ 80%。一般间隔5 ~ 6天浇一次水，但必须保证浇水均匀，普通灌溉方式每亩每次浇水量25 ~ 30米^3。采收前7天停止浇水。根膨大期的生长量很大，除了充足均匀的水分供应外，若整地时施用基肥数量不足，可在肉质根膨大初期追肥1 ~ 2次，每亩随水追施氮、磷、钾含量15%的有机液体肥10 ~ 15千克。为快速补充营养，在露肩后期，喷2次0.3% ~ 0.5%磷酸二氢钾。为增进品质，在肉质根开始膨大以后，叶面喷施3 ~ 4次禾命源植物酸（改进品质型），稀释倍数为450 ~ 500倍，能有效增进品质和提高风味。

（五）中耕除草

幼苗生长期，气温高、雨水多、易滋生杂草，需勤中耕除草，每次间苗后趁墒中耕1次，中耕深度不同时期有所不同，应本着前期浅，中期深，后期浅的原则，共3 ~ 4次，进入封垄后停止中耕。

应结合中耕，定期培土护根，以免肉质根弯曲、倒伏，可使萝卜根形更加美观。生长后期应及时摘除老枯黄叶，以利通风。

（六）适期采收与贮藏

秋季萝卜的生长期为70 ~ 75天，在霜降节气左右，肉质根重量在500 ~ 750克采收为宜，过早采收，产量低，品质差，影响贮存和销售；萝卜在温度低于2℃条件下易受冻害。在肉质根充分膨大，叶色转淡，寒流到来前可采收萝卜，采收后削去生长点能起到提高贮藏品质的作用，但是操作时要注意不要造成大面积的伤口，以防染菌和蒸发水分，刺激呼吸增加消耗进而糠心，而且削去生长点会在一定程度上影响外观品质，所以要根据实际情况进行操作。

沙窝萝卜一般于秋冬季生产，在上市前需要经过很长一段时间的贮藏，低温贮藏能有效提高贮藏品质，延长贮藏时间，可提高萝卜中可溶性固形物含量，使萝卜口感更加甜脆。沙窝萝卜适宜在贮藏温度为-0.5 ~ 1℃，空气相对湿度为90% ~ 95%的冷库中贮藏，适宜的条件下贮藏期可达6个月，但最佳的食用期为贮藏后1 ~ 2个月。

（七）病虫害防治

沙窝萝卜的主要病害有软腐病、黑

斑病、病毒病等；主要虫害有白粉虱、蚜虫、地下害虫、小菜蛾等。其病虫害的防治原则还应按照“预防为主，综合防治”的植保方针，坚持以“农业防治、物理防治、生物防治为主、化学防治为辅”的防治原则。

1. 农业防治

合理轮作、合理密植、清洁田园，改善田间小气候环境，有效切断病虫害传播途径，减轻病害的发生为害。

可以通过合理的轮作、间作等农业种植措施进行防治，应选择与豆类或粮田轮作，或与韭菜、葱间作，要避免与十字花科类蔬菜连作；合理轮作、合理密植、清洁田园，改善田间小气候环境，有效切断病虫害传播途径，减轻病害的发生为害。发现有病株要及时拔掉，然后在拔除植株的病穴内撒入石灰，并用土覆盖填实；收获后要清除田间的病残体，尽量减少病源量。

2. 物理防治

采用遮阳网、防虫网覆盖技术，可减轻菜青虫、甜菜夜蛾等害虫的发生。利用蚜虫对黄色有较强趋性，在15～20厘米见方的黄板上涂抹机油、凡士林等，插或挂于田间诱杀，每亩悬挂30块左右即可有效杀虫，黄板诱满蚜虫后要及时更换。

3. 化学防治

严格禁止使用高毒农药，用生物农药、高效低毒农药，坚持适期用药，适量用药。严格用药间隔期，收获前两周应停止用药。

（1）病害

①软腐病

软腐病主要为害植物叶片、叶柄和根以及茎。患有软腐病的植株外叶的叶缘和叶柄呈现出褐色水浸状的软腐，根、茎组织均腐烂，并且伴有黑褐色的黏稠状物质，带有难闻的气味。在带菌病残体以及土壤或未腐熟的肥料上会有病原菌越冬，通过雨水、灌溉及田间作业等多种途径进行传播，由叶片、根或茎的伤口侵入植株，当气温在天25～30℃，阴雨多湿时最易发病。在虫害发生较为严重的地块上，软腐病的发生也比较严重。

发病初期，彻底清除病株后，选用71%农用链霉素可湿性粉剂4 000倍液，或50%福美双可湿性粉剂800倍液喷雾，每隔7天喷1次，共喷2～3次。

②黑腐病

该病为细菌性病害，由细菌侵染致病，主要为害植株的叶和根。叶片发病后，叶缘多处会产生黄色斑，之后变成“V”字形且向内发展，叶脉会发黑并呈现网纹状，逐渐整片叶子变黄、干枯。病菌沿着叶脉和维管束向着短缩茎和根部延展，最终使得全植株叶片变黄至枯死。横切看，维管束至放射线状变黑褐色，重者呈干缩空洞。平均气温为15～21℃时及多雨、结露时期比较容易发生黑腐病；在排水不良、地势低洼、十字花科类植物重茬地、早播种、发生虫害的地块发病较为严重。

发病早期，用77%氢氧化铜（可杀

得）可湿性粉剂600倍液或72%农用链霉素3 000～4 000倍液，每间隔5～7天喷洒1次，连喷2～3次。

③病毒病

植株心叶表现出明脉的症状，并逐渐变成花叶斑驳。叶片有皱缩和畸形出现，若是严重的病株将出现疱疹状叶形，造成萝卜生长较慢且其品质低劣。播种过早的秋茬萝卜，在苗期出现天气干旱、地温高、浇水少，及有翅蚜发生量大，都会使发病严重。

在彻底防治蚜虫为害的基础上，在萝卜的苗期、定苗期及肉质根膨大期各喷洒1次0.1%硫酸锌溶液。在发病早期喷洒1.5%植病灵乳剂1 000倍液，也可用0.5%氨基寡糖素（金消康2号）800～1 000倍液或20%病毒A可湿性粉剂500倍液喷雾防治，每间隔7天喷洒1次，连续防治2～3次。

（2）虫害

①蚜虫

蚜虫可在田间挂设粘虫黄板诱集有翅蚜虫。可使用0.5黎芦碱（护卫鸟）1 000倍液，也可用10%吡虫啉可湿性粉剂1 000～2 000倍液，喷雾防治，每隔5～7天喷药1次，共喷2～3次。

②白粉虱

棚室保护地种植在风口和门口设置30～50目防虫网，防止白粉虱飞入为害。可用2.5%联苯菊酯（天王星）乳油2 500倍液加25%噻嗪酮（扑虱灵）可湿性粉剂1500倍液混合喷雾，或25%噻虫嗪（阿克泰）水分散粒剂2 000～3 000倍液等喷雾防治，喷雾时机非常重要，必须在清晨露水未干时喷洒才有较好的效果。每间隔5～7天喷1次，连续防治2～3次。

③小菜蛾

避免十字花科蔬菜连作，注意清洁田园，捕捉幼虫和卵块，黑灯光诱杀成虫。可选用5%甲维盐乳油6 000～8 000倍液或1.8%阿维菌素乳油2 000倍液喷雾防治，每隔7～10天喷1次，共喷2～3次。

④地下害虫

采用50克/升氟啶脲乳油200～300克对水灌根或50%辛硫磷乳油1 000倍液进行灌根防治。

五、上市时间及食用方法

天津及华北平原地区露地种植的在每年10月底至11月上旬（霜降至立冬节气）采收；小拱棚和日光温室种植的在1月上旬至3月上旬采收（小寒至惊蛰节气），采收稍晾晒水分后，埋藏贮存，贮存期可达3～4个月。上市期从11月初至翌年4月初，持续5个月左右。沙窝萝卜含糖分高、鲜嫩多汁、甜而微辣，生食口感甜脆，有“沙窝萝卜赛鸭梨”的美誉，特别适宜鲜食。除鲜食外，还可炒食、煮食、煲汤做药膳，也可为冷荤的配料和点缀。

第十四节　山东马家沟芹菜

马家沟芹菜是山东省著名的地方特产之一，马家沟芹菜产于我国著名避暑胜地青岛海滨的平度市，栽培历史可以追溯到明朝，距今已有700多年的栽培历史。

马家沟芹菜是中国芹菜中具有浓郁地方特色的优良农家品种，由于气候温和、空气湿润的平度市生长环境条件好，土壤呈微碱性，土壤肥沃且沟渠较多，不仅常年有水，而且水质好，生产出的芹菜品质上乘。马家沟芹菜叶茎嫩黄、茎梗空心、清甜嫩脆，棵大鲜嫩，营养丰富，粗纤维含量低，蛋白质、氨基酸、微量元素钾等含量高，而且经常食用具有清热止咳、健胃、降压、排毒、养颜等多种保健功能，是当地的特色农产品。

2007年12月，原国家质量监督检验检疫总局正式批准“马家沟芹菜”实施地理标志产品保护。2010年，被评为“中国驰名商标”，2013年青岛市平度青岛琴香园芹菜产销合作社生产的产品被列入全国名特优新农产品名录。

一、品种特性

马家沟芹菜叶大，株高1米左右，生长势强，叶柄挺立且长。中空，纤维含量少，质地脆嫩。一般情况下，每亩产量6 000 ~ 7 000千克。

二、对环境条件的要求

（一）温度

温度是影响马家沟芹菜生长发育的重要环境因素之一。根据不同时期控制在适宜温度，在芹菜生长发育的后期，实现一定的温差，有利于芹菜品质的提升。

种子萌芽：最低发芽温度为4℃左右，发芽适温为15 ~ 20℃，一般10天出苗。温度过高会影响发芽速度和发芽率。

幼苗期：在适宜的日平均气温20℃左右，幼苗期长50 ~ 60天。

叶丛缓慢生长期：适宜温度在18 ~ 24℃。

叶丛旺盛生长期：这是芹菜产量形成的主要时期，生长量占植株生长量的70% ~ 80%，适温为12 ~ 22℃。适宜的昼夜温差在11.7 ~ 17℃，有利于光合产物的制造和积累。

（二）光照

光照条件是另一个重要环境因素之一，保障生长期间有比较充足的光照。弱光条件下可促进芹菜纵向生长，即向上发展，强光条件下可促进横向生长。要根据环境条件调整种植的密度，以达到合理的光照条件。

（三）水分

苗期浇水以保持土壤湿润为原则，为幼苗生长创造适宜的土壤湿度，降低土温，防止幼苗晒伤。雷阵雨后及时浇井水来降低土壤温度，防止死苗。营养生长旺盛期，因密度较大，蒸腾总面积大，加之根系浅，所以需要湿润的土壤和空气条件。充足的土壤水分可以促进植株生长，叶数增多，叶面积增大，生长旺盛。

（四）土壤与矿质营养

马家沟地区土壤为轻黏壤土，保肥保水性强。土壤肥沃富含钙、硼、镁等微量元素，pH 值在 6.9 ~ 7.4，非常有利于芹菜的生长。不适宜在肥力瘠薄的地块和保肥保水能力差的沙壤土地块种植。

据北京市土肥站试验结果，芹菜每 1 000 千克产量需吸收纯氮 2.55 千克，五氧化二磷 1.36 千克，氧化钾 3.67 千克，吸收比例为 1∶0.5∶1.4。缺氮使生长发育受阻，植株长不大，而且叶柄易老化空心。缺磷妨碍叶柄的伸长，但磷肥过多使叶柄纤维素增多。缺钾妨碍养分运输，使叶柄薄壁细胞中贮藏养分减少，抑制叶柄的加粗生长。初期缺氮和后期缺氮的影响最大，初期缺磷比其他时期缺磷的影响大，初期缺钾影响稍小，后期缺钾的影响较大。芹菜生长发育还需要钙、硼等中微量元素，芹菜对硼的需要量很大，在缺硼的土壤或由于干旱低温抑制吸收时，叶柄易横裂，即“茎折病”，严重影响产量和品质，因此生产上应注意补施硼肥。

三、地块选择

土壤条件对芹菜的品质和产量具有十分重要的影响。选择地势平坦，排灌良好，耕层深厚，富含有机质，保水、保肥力强的壤土或黏壤土。pH 值为 6.0 ~ 7.5，地下水位低，无盐渍化和其他污染，有足够的供水和排水条件，无烟尘、有害气体等污染源。前茬作物最好为番茄、黄瓜、豆角等，切忌连作。

四、高品质栽培技术

（一）品种选择

根据环境条件和茬口安排选择适宜的芹菜品种，一般早春芹菜主要选晚抽薹品种，越冬芹菜选耐寒、抗病、耐贮、质优品种，如“玻璃脆芹”“马家沟大叶黄芹”等品种。

（二）育苗

尽量选择集约化育苗方式培育壮苗，保证芹菜苗无病、无虫、无毒。

1. 种子处理

芹菜为喜凉作物，播种前要进行低温浸种催芽，以免高温季节播种后参差不齐。播种时先用冷水浸种 24 小时，用清水淘洗几遍后，拌入 5 倍种子量的细沙，用细纱布包好，然后放在 15 ~ 20℃环境下催芽。每天翻 1 ~ 2 遍，5 ~ 6 天，大部分种子出芽后播种。

2. 播种

一般早秋茬在 4 月下旬至 5 月上旬播种，秋茬在 7 月上中旬播种，每亩需种子数量为 160 ~ 200 克。将催好芽的种子，均匀地撒播在育苗床内，覆 1 厘米厚的细潮土，当幼苗长出 4 ~ 5 片真叶，苗龄 50 ~ 60 天即可定植。

3. 苗期管理

苗期芹菜根系弱叶片小，需要进行遮阳、间苗等操作，同时加强水肥管理，以达到壮苗标准，即叶色深绿、4 ~ 6

片真叶，最大叶长 10 ~ 14 厘米，茎粗，节间短，枝叶完整无损、无病虫害，根系发达，苗龄 50 ~ 60 天。

（1）遮阳

播种后在畦面覆盖遮阳网、草苫、麦秸、稻草等，使苗畦内成阴，以保湿、降温、防雨。

（2）间苗

苗出齐后，逐渐撤去遮阳物，提高幼苗抗性，加强幼苗锻炼。结合浇小水间苗 1 ~ 2 次，同时进行除草。

（3）水分管理

苗期根系较弱，土壤要保持湿润，适当浇水降低土温。下大雨后要及时排水，防止沤根死苗。

（4）肥料管理

幼苗约 3 片真叶时，随水浇施一次氮、磷、钾营养全面的有机液肥，每亩施用数量在 10 千克左右，后期根据生长情况可再施肥 1 次。

（三）定植

1. 定植前的准备

前茬收获后及时清洁田园，将前茬残株、烂叶、杂草和地膜清出地外，运到远离地块的地点进行臭氧消毒或高温堆肥等无害化处理。深耕晒垡，结合深翻耕地，每亩施用充分腐熟、细碎的优质有机肥 5 000 ~ 6 000 千克，或生物有机肥 3 000 千克，与耕层土壤混匀翻耕后耙平。

分为畦栽和沟栽两种种植方式，畦栽方式应南北向做平畦，畦宽 1.2 米、畦长 20 ~ 30 米。也可采用沟栽方式，每沟之间距离 60 ~ 66 厘米。

2. 定植

露地早秋茬定植适宜时期在 7 月中下旬，秋茬 8 月中旬至 9 月上旬。定植时机应选在 16：00 时后进行。取苗时，在主根 4 厘米左右铲断，可促进发生大量侧根和须根。定植深度以埋住根茎为宜。平畦栽培一般单株栽植，行株距为 18 厘米 ×20 厘米；沟栽方式穴距 10 ~ 13 厘米，每穴 3 ~ 4 株或株距 10 厘米单株栽植，行距 60 ~ 66 厘米。在土地中等肥力的条件下，适宜的栽培密度为每亩种植 20 000 ~ 25 000 株。

（四）田间管理

1. 缓苗期

定植后进入缓苗期，一般需要 15 ~ 20 天。定植水后 1 ~ 2 天再浇 1 次缓苗水，保持土壤湿润，促进缓苗。当心叶开始生长时，松土保墒，促进根系发育，防止外叶徒长。可结合浇缓苗水追施少量氮、磷、钾含量 15% 的有机水溶肥，以促进根系和叶片的生长。

2. 蹲苗期

芹菜缓苗后进入蹲苗期，一般持续 10 ~ 15 天。此阶段植株生长量小，需水量不大，应控制浇水，促进植株发根、防止徒长。当植株团棵，心叶开始直立向上生长（立心），地下长出大量根系时，标志植株已结束外叶生长期而进入心叶肥大期，蹲苗控水阶段应立即结束。

3. 心叶肥大期

（1）浇水

此阶段一般 3 ～ 4 天浇 1 次水，10 月下旬（霜降节气）以后灌水量和灌水的次数要减少，以免由灌水降低地温影响叶柄肥大，在收获前一周左右停止浇水。

（2）追肥

蹲苗结束后芹菜植株开始生长加快，进入心叶肥大期，这是产品器官形成的主要时期，也称营养生长旺盛期。营养生长旺盛，养分吸收量大，应追肥 2 ～ 3 次，每间隔 15 天左右追肥 1 次，每亩追施氮、磷、钾含量 20%（氮含量 8%、磷含量 2%、钾含量 10%）的黑咖啡系列有机速溶肥 10 ～ 15 千克，在收获前一个月停止追肥。

（3）叶面追肥

可快速补充营养促进生长、提高品质。可选用氨基酸水溶肥料（禾命源改进品质型，由中农天诺公司生产），喷施浓度 450 倍；还可选用 0.5% 尿素加 0.3% 磷酸二氢钾液，也可喷施 0.2% ～ 0.5% 硼砂液，防止叶柄粗糙和龟裂。

（五）病虫害防治

无公害芹菜生产，病虫害的防治过程中，始终贯彻“预防为主，综合防治”的植保方针。采用农业防治、生物防治进行防控，如果发生严重为害，有机食品生产要采用生物农药来防治；绿色食品可适当应用化学药剂防治。

1. 农业防治

选用抗病品种，温汤浸种，培育优质壮苗，合理进行轮作、间作、套作，避免连作。土壤消毒，清除园内残株枯叶，并通过深翻土壤消灭大量越冬病菌和虫卵；发现病株及时处理。

2. 生物防治

（1）生物药剂治虫

苗期有白粉虱为害时可用 25% 溴氰菊酯乳油 1 000 ～ 1 500 倍液喷雾；温室内当白粉虱发生严重时，可释放丽蚜小蜂，每天放 1 次，连续 3 ～ 4 次，即可有效控制其为害。

（2）天敌

利用草蛉、瓢虫等天敌昆虫可有效防治蚜虫、温室白粉虱。

3. 物理防治

设施栽培中可充分利用遮阳网、防虫网等保护设施。也可采用高温闷棚，来净化温室，使棚内无病虫源，最大限度地减少病虫害发生。

安置频振杀虫灯捕杀害虫，如鳞翅目、鞘翅目、双翅目昆虫等；设置黄板可有效诱杀蚜虫，每亩悬挂 30 ～ 40 块，一般高出植株顶部 5 ～ 10 厘米，也可挂银灰膜避蚜。

4. 农药防治

（1）白粉虱

又名小白蛾。属同翅目，粉虱科。白粉虱在全国各地均有为害，特别是在保护地较多的地区周年为害，可使用生物农药 99% 矿物油乳油每亩用量 200 ～ 300 克喷雾防治，注意喷药期间，应每隔 10 分钟搅拌一次，防止油水分离；药液应均匀喷施于叶面、叶背、新梢、枝条和果实的表面；当气温高于35℃或土壤干旱或作物缺水时，不要使用该药剂。也可用25%噻嗪酮（扑虱灵）可湿性粉剂1 500倍液加2.5%联苯菊酯乳油（天王星）2 000 ~ 3 000倍液喷雾防治。每周1次，连喷3 ~ 4次，不同药剂应交替使用，以免害虫产生抗药性。喷药要在早晨或傍晚时进行，此时白粉虱的迁飞能力较差。喷时要先喷叶正面再喷背面，使惊飞的白粉虱落到叶表面时也能触到药液而死。

（2）斑枯病

又名晚疫病、叶枯病，俗称“火龙”。露地、苗床、大棚或温室等栽培均能感病，全国各地均有发生。

症状：发病初期，叶面上出现淡褐色油渍状小斑点，扩大后，病斑外缘呈黄褐色，中间呈黄白至灰白色，边缘明显。斑枯病又分为小斑枯病和大斑枯病。小斑枯病为病斑上有小黑点，即病原菌的分生孢子器，病斑外常有一黄色晕环，病斑大小2 ~ 3毫米。大斑枯病病斑较大，3 ~ 10毫米，边缘红褐色，中间灰褐色，病斑上只有少量小黑点，斑外没有黄色晕圈。叶柄被侵染后，病斑呈长圆形灰褐色，稍凹陷，其上密生小黑点，发病重时则叶片干枯。

防治方法：应采用预防为主，物、化相结合的综合防治方法。一是选用抗病品种。二是轮作及清洁田园解决土壤带菌，实行2年以上的轮作。及时清除田间病残体，减少传播。三是消灭种子带菌：用55℃温水浸种20分钟。四是加强水肥管理，培育壮株，增强本身抗病能力。五是化学防治：秧苗带菌应在3叶和5叶期各喷施氯溴异氰尿酸（金消康1号）1 000倍液+3%氨基寡糖素（金消康2号）（0.6 ~ 0.9克/亩）+含氨基酸水溶肥料（禾命源抗病防虫型）450倍液防病1次。在大田苗高20厘米就开始喷药，每隔7 ~ 10天喷施氯溴异氰尿酸（金消康1号）1 000倍液+3%氨基寡糖素（金消康2号）（0.6 ~ 0.9克/亩）1次，直到收获前半个月停药，彻底消灭病源，杜绝斑枯病的发生。混用或交替用药可提高效果、防止产生抗药性。

发病初期，也可用波尔多液（1 : 0.5 : 200）或27%高脂膜乳剂80 ~ 100倍液喷雾预防，每隔7 ~ 10天喷药1次，连续3 ~ 4次。

（3）菌核病

近年来大棚芹菜为害较重的一种病害，严重时甚至使芹菜绝收。低温、高湿、通风不良易发病。病害常先在叶部发生，形成暗绿色病斑，潮湿时表面生白色菌丝层，后向下蔓延，引起叶柄及茎发病。病处初为褐色水渍状，后形成软腐或全株溃烂，表面生浓密的白霉，最终使茎秆组织腐烂呈纤维状，茎内中空，形成鼠粪状黑色菌核。

防治方法：一是播种前用10%盐水处理种子，除去菌核，再用清水冲洗干净，晾干后播种。二是发病初期可用氯溴异氰尿酸（金消康1号）1 000倍液喷雾，7 ~ 8天1次，连续2 ~ 3次。

（4）病毒病

症状：俗称皱叶病、抽筋病。病叶出现明脉和黄绿相间的花斑，后叶柄变短，叶片畸形，并出现褐色枯死斑，心叶生长停止，扭曲，全株矮小，甚至枯死。病原主要是：园地连作，病菌累积；蚜虫大发生及高温干旱气候；发病有一定隐蔽性，前期发黄等，菜农会认为是营养问题。

防治方法：一是选择抗病品种，以及采取避蚜措施。发现蚜虫及时除治。二是一旦发生，可用3%氨基寡糖素（金消康2号）+氯溴异氰尿酸（金消康1号）1 000倍液防治。

（六）适时采收及贮藏

马家沟芹菜收获时期一般在10月下旬至11月上中旬，根据市场需求，陆续采收上市，采收时要剔除残次品。收获后的马家沟芹菜，采用半地下窖贮，温度控制在-1～3℃，空气相对湿度保持在97%～99%。经20～30天贮藏后，芹菜内部营养进一步转化，其中可溶性糖、芹菜油含量增加，贮藏后的芹菜，品质更好，吃起来更加嫩脆清香。

五、上市时间及食用方法

上市时间一般在11月至翌年2月。芹菜食用方法很多，可炒食、凉拌、炝炒或做配料，也可做成水饺、包子和馄饨的馅料，将芹菜叶凉拌或做汤，味道十分鲜美。

第十五节 河北玉田包尖白菜

河北玉田包尖大白菜是河北省玉田县特色名优蔬菜产品，因叶球直筒拧抱紧实，顶部稍尖，菜体呈圆锥状，故得名“玉田包尖”，又称为“玉田二包尖”。河北玉田包尖大白菜距今已有200余年的栽培历史，19世纪末清光绪年间《玉田县志》记载：“玉田白菜，一名菘，有十数斤者，甘脆、甲他邑。”玉田包尖白菜是20世纪80年代玉田县供应北京城乡居民冬季食用的主要蔬菜之一，颇受市民欢迎。2008年“玉田包尖白菜”地理标志证明商标在国家工商管理总局商标局成功注册；2010年“金玉田”牌包尖白菜被评为河北省优质产品；2011—2012年“慈玉”牌玉田包尖白菜和“金玉田”牌玉田包尖白菜分别被认证为绿色蔬菜产品，河北玉田包尖白菜逐渐闻名全国，享有“玉菜”之美誉。因其形状独特、品质上乘，并经过分等定级、加工包装的精品包尖白菜，已成为元旦、春节期间馈赠亲友、超市特供、酒店招待的特色礼品蔬菜之一。

河北省玉田县地处燕山南麓，渤海之滨，属北温带大陆性季风性气候，雨热同季，土壤肥沃，地下水中偏硅酸和锶的含量达到国家饮用矿泉水标准的界限标准，独特的地理条件、清澈的水系、丰饶的土壤和适宜的气候成就了玉田包尖白菜上乘的品质。玉田包尖白菜富含铁、锌、硒等多种微量元素，具有叶甜、脆、嫩等特点，嫩菜心可生食，甜脆鲜嫩，清心爽口，有去油腻、解酒醉之功能，是酒席宴上的美味佳品。

一、品种特性

玉田包尖白菜经过长期的种植和筛选，形成了三个品系，即大包尖、二包尖和小包尖，其中二包尖最受消费者的青睐。大包尖菜棵大，品质稍差，且管理上需要大水大肥，20 世纪 90 年代中期已被淘汰；小包尖品质好，产量低，只有小面积种植；目前生产上以二包尖为主，单株重量 3 ~ 4 千克，每亩净菜产量 4 000 ~ 5 000 千克。

玉田包尖白菜是河北玉田地区农家品种，具有耐贮藏、不易抽薹、品质好等特点。外叶叶片深绿色，叶柄、叶脉也绿色，叶球淡绿色，粗纤维少、微甜。叶球直筒形拧抱，顶部尖锐，下部直径较粗，呈炮弹状。

二、对环境条件的要求

（一）温度

包尖大白菜属于半耐寒性作物，喜冷凉气候，不耐寒、也不耐炎热。种子发芽适宜温度为 20 ~ 25℃，幼苗期适宜温度为 20 ~ 28℃，莲座期适宜温度为 22 ~ 18℃。结球期适宜温度为 22 ~ 10℃。温差大可以促进养分积累，提高白菜品质。

（二）光照

白菜属于长日照植物，要求中等光强，对光照要求不严格，一般秋季露地栽培即可满足其对光照的要求。

（三）水分

水分状况对包尖白菜的生长情况和产量均有一定的影响，幼苗期土壤相对含水量在 90% 以上，莲座期要求在 80% 以上，结球期要求在 60% ~ 80% 为宜。

（四）土壤

适宜在保水保肥能力强的壤土和沙壤质以及轻黏质壤土的地块种植，耕层厚度大于 40 厘米，疏松、肥沃土壤有机质含量超过 1.5% 以上的地块种植产品品质好，最适宜土壤 pH 值为 6.5 ~ 7.5 的中性土壤。

（五）养分

包尖白菜对土壤养分要求高，速效氮和五氧化二磷及氧化钾的吸收量都比较高，尤其是在生长后期的包心期，吸收钾最多，氮次之，其氮、磷、钾吸收比例为 2 ∶ 1 ∶ 3。

三、地块选择

应选择符合土壤条件，要求灌水和排水均方便的地块种植，并且灌溉用水为水质优良的地下水。清洁田园能有效清除病虫害传播源，具体做法是在前茬收获后及时将残株、烂叶和杂草（包括地块四周的杂草）清理干净，运出地外集中进行高温堆肥或臭氧消毒等无害化处理，并将地里的石块、姜石、地膜等异物清出地外。

四、高品质栽培技术

（一）整地施肥

定植前要进行整地施肥，适当深耕可促进白菜根系向深层延伸，在不宜形成雨涝的地块可耕深25～30厘米，若容易形成雨涝地块不宜深耕，可进行旋耕，深度在15厘米左右。结合整地施用充分腐熟、细碎的优质有机肥每亩3 000～4 000千克，生物菌肥40～80千克，有机肥源不足的地块也可施用生物有机肥2 500～3 000千克。整地要做到平整、细碎没有明暗坷垃。精细整地后按照60厘米的间距做成高畦，畦面高出地面20厘米左右。要求畦面平整，按照排水方向有3‰的坡降，不能高低不平。

（二）播种

1. 种子处理

播种前进行温汤浸种，以避免种子携带病菌。用50～55℃温水浸种25分钟，搅拌降温至30℃，再浸泡2～3小时，待种子充分吸足水分后，捞出晾干后播种。

2. 播种

白菜播种可以先进行播种育苗再移栽，也可以进行直接播种，一般建议选择直接播种的方式，以减少移栽时伤根而有利于病菌侵入。

（1）育苗移栽

河北中部平原地区育苗移栽的适宜播种期为8月初，用种量为每亩125～150克。一般进行撒播，注意播种前造墒，播种深度1.0～1.2厘米。

（2）直接播种

河北中部平原地区直接播种的适宜播种期为8月上中旬，遇到高温干旱时要适当推迟播期，雨水充足可适当早播。用种量为每亩200～250克。直播时在高畦内进行条播，注意播种前造墒，播种深度1.0～1.2厘米，播种后搂平压实。

（三）田间管理

1. 发芽期

需要养分较少，但水分必须充足，实行小水勤浇，降低地温。

2. 幼苗期

一般从子叶展开到真叶10片叶的将近20天的时间为苗期。幼苗生长阶段，根系吸水能力弱，要保持土壤湿润。

（1）间苗和定苗

幼苗期进行2次间苗，1次定苗。幼苗出土后，在拉十字时进行第一次间苗，苗距4～6厘米；2～3叶时，第二次间苗，苗距7～10厘米；5～6片叶时进行定苗，苗距40～45厘米。定苗后要根据情况及时进行补苗，一般补苗应选在傍晚时进行。

（2）中耕除草

苗期需要中耕除草3次，第一次在幼苗期结合间苗进行，第一次浅中耕，划破土皮铲除杂草即可；第二次在定苗后，进行深中耕，深度在5～6厘米，除去锄草，结合中耕进行培土促使根系生长；第三次在莲座期植株封垄前进行浅中耕，深度3厘米左右，中耕除草不要伤根，封沟后蹲苗7～10天，封垄以后杂草不再生长，而且地面蒸发量小，一般不需要再进行中耕。

（3）蹲苗

白菜幼苗长到8片真叶时开始蹲苗，一般蹲苗时间为7～10天，这一时期要控制水肥，加强中耕，透气保墒，促进根系向地下深度发展，增强抗旱能力和根系对养分、水分的吸收能力，促地上部叶片生长健壮，增强抗病能力。蹲苗期间的土壤水分不低于15%，这时白菜叶片缓慢生长，叶片厚实，浓绿起皱。蹲苗结束后应及时浇水，缺肥地块适当追肥。苗期每亩施用氮、磷、钾含量为20%黑咖啡系列水溶肥（其中氮为10%、磷为5%、钾为5%）5～10千克。

3. 莲座期

进入莲座期后，白菜的叶片和根系快速生长，是包尖白菜健壮发育的关键时期，此阶段一般持续25天左右。水分管理应掌握土壤见干见湿，在莲座期要结合浇水追肥1次，追施生物有机肥或充分腐熟的有机肥做发棵肥，在垄的一侧开10厘米深的沟，把肥料撒在沟里，覆土浇水，开沟时要尽量减少对根系的损伤。

莲座期叶生长迅速，对中微肥较为敏感，缺钙易得烧心病，可用0.3%～0.5%氯化钙或硝酸钙叶面喷施，也可用过滤好的沼液100～200倍液或其他微量元素进行叶面追肥1～2次。一般在傍晚进行，喷施在叶的正反面。

4. 结球期

结球期是大白菜产量形成的关键时期，叶片和根系部生长旺盛，对肥水需求达到高峰。如果此期缺肥，直接影响心叶抱合生长，降低包心紧实度，影响产量和品质。

结球期以保持土壤湿润为宜，促进叶球生长和充实，结合浇水追肥2次，每亩随水追施氮、磷、钾含量为20%黑咖啡系列水溶肥（其中氮为8%、磷为2%、钾为10%）5～10千克。也可追施其他品牌有机液肥。

施用生物菌肥　在结球期随水施用液体生物菌肥3次，每亩每次用量0.5升。

叶面喷肥　进入结球期叶面喷施3～4次含氨基酸水溶肥料（禾命源品质改善型，中农天诺公司），500毫升对水120千克，收获前10天不再喷施。也可选择过滤好的沼液或0.3%磷酸二氢钾，每周1次，连续喷施3～4次。应选择在16：00时以后或阴天喷施叶面肥，并且多喷在叶片背面有利于吸收。

5. 结球后期

结球后期，由于光照时间变短和气温降低，白菜生长趋于缓慢，吸收营养变少，一般不再追肥。特别是收获前20天内不要追施含氮素的肥料，避免硝酸盐积累而影响品质。要严格控制浇水，特别是收获前7～10天要停止浇水，降低植株中的水分，提高耐贮和耐运输能力。

（四）病虫害防治

病虫害防治以“预防为主，综合防治”为原则，首先采用农业防治、物理防治，合理使用药剂防治。

1. 农业防治

可以通过与非十字花科蔬菜轮作，清洁田园，深耕晒垡，种子处理，适期播种，培育无病虫害壮苗，高垄栽培，科学施肥以及科学田间管控，创造适宜的环境条件等多种方式进行科学管理。

2. 物理防治

物理防治的方法主要有温汤浸种、黄板诱蚜、频振式杀虫灯诱杀成虫、防虫网阻隔、银膜驱蚜。

3. 生物防治

性诱技术利用雄性成虫对雌性信息的趋向性，通过释放人工合成的雌性信息化合物，引诱雄虫至诱捕器内，杀死雄虫，减少害虫孵化率；另外，可利用生物制剂药物进行防治，使用苏云金杆菌、抑太保乳油等防治甜菜夜蛾、斜纹夜蛾、小菜蛾的发生；也可利用 72% 农用链霉素可湿性粉剂 3 000 倍液，或新植霉素 3 000 倍液喷雾防治软腐病、细菌性黑斑病、细菌性黑腐病的发生。

4. 化学防治

（1）病害防治

病毒病：苗期是易感期，应早防早治。发病初期喷洒 20% 病毒 A 可湿性粉剂 500 倍液 +NS-83 增抗剂 100 倍液，或选用病毒灵 30 片 + 迪种宝叶面肥 300 倍液喷雾，隔 7 ~ 10 天喷 1 次，连续防治 2 ~ 3 次。

霜霉病：用 64% 噁霜 · 锰锌（杀毒矾）500 倍液，或 72% 克霜氰 500 倍液喷雾，隔 7 ~ 10 天喷 1 次，连续防治 2 ~ 3 次。

软腐病：从莲座期开始防治，用农用链霉素 3 000 ~ 4 000 倍液、新植霉素 4 000 倍液、细菌特克喷雾，隔 7 ~ 10 天喷 1 次，连续防治 2 ~ 3 次，后期可用丰灵 100 倍液灌根。

黑腐病：用农用链霉素 3 000 ~ 4 000 倍液、新植霉素 4 000 倍液、细菌特克喷雾，隔 7 ~ 10 天喷 1 次，连续防治 2 ~ 3 次。

白斑病：发病初期用 25% 多菌灵可湿性粉剂 500 倍液，或甲基硫菌灵可湿性粉剂 500 倍液喷雾，隔 7 ~ 10 天喷 1 次，连续防治 2 ~ 3 次。

（2）虫害防治

蚜虫：用 10% 吡虫啉可湿性粉剂 1 000 ~ 2 000 倍液与 50% 抗蚜威可湿性粉剂 2 500 倍液、2.5% 联苯菊酯（天王星）乳油 2 000 倍液喷雾交替使用。

蟋蟀、蝼蛄：从出苗到定苗前用 1.1% 苦参碱粉剂 2.0 ~ 2.5 千克 / 亩喷撒在苗床上或垄面上进行防治。

菜青虫、小菜蛾在卵孵化盛期用生物农药 25% 灭幼脲悬浮剂 2 000 ~ 2 500 倍液，或 2.5% 联苯菊酯（天王星）乳油 1 500 倍液、2.5% 乙基多杀菌素乳油 1 000 ~ 1 500 倍液均匀喷雾，每 7 ~ 10 天喷 1 次，连续防治 2 ~ 3 次。

甜菜夜蛾、斜纹夜蛾：卵孵化盛期到幼虫 3 龄前，用生物杀虫剂苏云金杆菌

（护尔3号，中农天诺公司生产）1 000倍液或25%灭幼脲悬浮剂1 000 ~ 2 000倍液喷雾防治，还可选用10%夜蛾净乳油1 000 ~ 1 500倍液喷雾防治。

（五）适时采收

收获前10 ~ 15天可用稻草或其他环保材料绑叶，在离顶部5 ~ 10厘米处把外叶捆绑好，这样既可防冻，又便于收获。一般在立冬前后收获，收获时去掉泥根和外部老叶，露天码放晾晒3 ~ 4天蒸发部分水分后经整理头朝里方向码放，待外界气温在0℃时入窖进行贮存陆续出售，贮存温度为0 ~ 5℃，贮存期不超过翌年2月中旬。

五、上市时间及食用方法

包尖白菜上市时间一般从11月初持续到翌年2月中旬。包尖白菜的烹调方法很多，可以溜炒、做馅、清鲜宜人；做汤，鲜甜美味，而且不乱汤；菜心生食，甜脆鲜嫩，清心爽口，有去油腻、解酒醉之功效。

第十六节 河南新野甘蓝

新野甘蓝是河南省南阳市新野县的特产，河南新野县甘蓝种植历史悠久，距今已有2 000多年的历史。据有关史料记载，中国的甘蓝最早是东汉初期由地中海引入。张骞出使西域，开创了著名的丝绸之路。东汉时期班超将这条道路延伸至欧洲，从欧洲带回甘蓝种子等商品。公元116年春，时为太后的邓绥回故里河南新野县省亲，带了些贡品甘蓝和甘蓝种子给亲人，后来经邓姓族人试种成功，随后甘蓝便成了老百姓的常用鲜菜。其后经历多年的传播，至公元201年，新野县各地均有栽培。三国时期，新野县令刘备屯兵新野，广置菜田，以供军需，广泛种植甘蓝。从此，甘蓝就成为新野县当家品种。随着“贞观之治”盛世发展，新野甘蓝便传遍全国，形成具有影响力的蔬菜品种。

新野县属于北亚热带地区，具有明显的大陆性季风气候特征，温暖湿润，四季明显，光、热、水资源丰富，平均气温15.1℃，年无霜期228天，平均降水量803毫米；海拔76.5米，境内地势平坦，有机质丰富，土层深厚，保水保肥能力强；新野县水资源丰富，而且水质好，未污染。新野土质肥沃，水质清甜，农民长期使用农家肥，使其味美宜人，特色独具。

甘蓝是世界卫生组织曾推荐的最佳蔬菜之一，也被誉为天然“胃菜”。新野甘蓝叶球鲜嫩而有光泽，结球紧实、均匀，不破裂，不抽薹，球面干净，一般带有3 ~ 4片外包青叶，生食清脆爽口，熟食口感光滑，微甜甘脆，无涩味。新野甘蓝营养丰富，多项指标均高出同类产品，据有关部门测定每100克产品中，维生素C含量为53.7 ~ 58.8毫克，蛋白质含量为1.04% ~ 1.32%，可溶性总糖含量为3.81% ~ 4.00%。新野甘蓝品质不断提升，市场份额不断创出新高，外销22个省（区、市），并远销韩国、日本、俄罗斯等国，具有较高的知名度。2015年2月10日，农业部批准对“新野甘蓝”实施国家农产品地理标志登记保护。

一、品种特性

新野甘蓝结球较大且紧实，莲座叶片大，长势强，叶片深绿色或紫红色，叶面光滑无毛，覆盖蜡粉，外观好，呈圆球形，抗逆性好、耐严寒、耐运输、耐贮藏，而且富含维生素和矿物质，营养丰富，口感佳。

在品种选择方面，要根据不同播种季节选择适宜的品种，冬季育苗的春甘蓝选早熟或中熟品种，春季播种育苗选耐热、中熟品种。适宜早春、越冬甘蓝品种主要有“宛绿1038”“宛绿1039”“宛绿2734”等。

二、对环境条件的要求

（一）温度

新野甘蓝性喜温和冷凉的气候，不耐炎热，属于耐寒蔬菜。适宜温度15～25℃。各生长时期适宜温度不同，发芽期适宜温度18～20℃，在适宜温度条件下2～3天即能出苗；莲座期适宜温度20～25℃；结球期适宜温度15～20℃；低于5℃作物基本停止生长。

（二）水分

甘蓝要求在湿润气候条件下生长，适宜的空气湿度为80%～90%，适宜的土壤湿度为70%～80%。甘蓝不耐干旱也不耐涝，如果干旱缺水，则生长缓慢、包心延迟、叶球松散，产量和品质下降；如果雨水过多或土壤排水不良，甘蓝根系会变褐、变黑，植株生长停止或发生黑腐病、软腐病，甚至造成绝产。

（三）光照

甘蓝是长日照作物的喜光蔬菜。苗期如果光照不足，会形成高脚苗；莲座期光照不足，则容易引起叶片萎黄、提早脱落、结球困难等问题。因此，在育苗和定植时，栽培密度要合理，以免密度过大引起光照不足影响甘蓝生长。

（四）土壤和养分

以壤土或沙壤土最为适宜，pH以中性和微酸性较好，有一定的耐盐碱能力。甘蓝是喜肥和耐肥的作物，在幼苗期和莲座期需要氮肥较多，结球期需要磷、钾肥多，在配合有机肥使用情况下，施肥效果会更佳。每生产1 000千克产品需吸收纯氮4.1千克，五氧化二磷0.5千克，氧化钾3.8千克。其氮、磷、钾吸收比例为1：0.12：0.93。

三、地块选择

选择土壤有机质含量较高、土层深厚、保水保肥力较强的轻沙壤土或壤土，前茬作物不是十字花科作物，以粮食作物为宜，切忌甘蓝连作。

四、高品质栽培技术

（一）茬口安排

新野甘蓝既耐寒又较耐高温，河南新野地区一年四季均可种植。播期要根据茬口安排和品种特性选择适宜播期。不同茬口甘蓝，以春露地甘蓝品质最佳，所以重点介绍春甘蓝的茬口及高品质栽培技术。

冷床育苗条件下，用冬性强的尖头或平头品种一般在9月下旬至10月中旬播种；选用圆球形品种要严格控制播期，否则易发生未熟抽薹现象，可于12月下旬至翌年1月上中旬育苗；在温床或日光温室育苗条件下，播种期可比冷床推迟30～50天。

（二）播种育苗

1. 播种育苗

（1）播种前准备

根据育苗季节、气候条件的不同选用育苗设施，如有条件可采用穴盘育苗和工厂化育苗。选用近3年未种过十字花科蔬菜的肥沃园土70%、充分腐熟细碎的有机肥20%混合均匀，配制营养土，铺在苗床上8～10厘米厚。播种前将苗床浇透水，随后撒上薄薄细土，每平方米播5～8克种子，播后随手覆土。

（2）播种

先将苗床耙平，然后浇大水，待水渗下后，覆一层细土（或药土），将种子均匀撒播于床面，播后均匀覆土，厚约1厘米。露地夏秋育苗，使用小拱棚或平棚育苗，覆盖遮阳网或旧薄膜遮阳防雨。

（3）苗期管理

①水肥管理

播种后保持床面湿润，发现露籽要补撒盖籽土，15天后出苗，2叶1心时分苗，株行距均为10厘米，缓苗后施肥1次。移苗前3天停止浇水，除去覆盖进行炼苗。一般苗龄30～35天。

②温光管理

苗期温光管理不当，容易发生先期抽薹，如苗长势过旺或处于10℃以下低温时间较长。因此，要防止春甘蓝抽薹，育苗期间要控制肥、水用量，抑制叶片旺长，控制苗期温度以避免发生春化。

甘蓝幼苗在3片真叶时进行分苗，分苗后控制苗床温度白天25℃左右，夜间12℃左右；缓苗后白天17～20℃，夜间不低于10℃。移栽前一周，进行低温锻炼，白天控制在15～18℃，夜间不低于8℃。

（三）整地做畦

每亩施用优质腐熟有机肥3 000千克，在基肥中加入三元复合肥25～30千克，翻入土中25～30厘米。定植前10～15天，耙平土地，将大土块打碎、压细，平整畦面，做成高畦，一般畦宽1.3～1.8米，畦高20～25厘米。

（四）定植

适时定植是早熟栽培的关键。一般当地表10厘米处土温稳定在6℃以上，覆盖畦内夜温不低于8℃时，即可选无风晴天进行定植。露地栽培，华北平原地区春茬露地甘蓝适宜定植期为3月下旬至4月中旬定植，种植密度，定植密度应根据品种特性而定，早熟品种每亩种植4 000株左右，中熟品种2 300株左右，晚熟品种1 700株左右，平均行距为40～50厘米，株距30厘米。

（五）田间管理

1. 温度管理

选阴天或晴天的傍晚定植，移苗时多带土，栽植后立即浇定根水，春季露地定植后盖严棚膜晚上加盖草帘，也可按畦扣地膜，进一步提高低温，促进缓苗。控制棚内白天气温20℃左右为宜，夜间10℃左右，不能低于8℃以下。随着气温的增高，可以逐渐揭开棚膜防风降温，一般10：00时左右揭开棚膜，15：00—16：00时覆盖，保持棚里白天温度在15～20℃，夜间10℃左右。当露地气温稳定在15℃以上，可以撤去棚膜，适当中耕增温，控制外叶生长，促进叶球包心。

2. 水肥管理

缓苗期：为了缩短缓苗期，应在清晨或傍晚浇水，轻灌1～2次缓苗水后进行中耕，抑制甘蓝内缩茎节间伸长、外叶疯长。

莲座期：莲座期适当控制浇水进行蹲苗，10～15天，当顶生叶开始向里翻卷时，停止蹲苗。为了防止春甘蓝未熟早期抽薹，定植后，及时中耕松土增加地温，并且不宜过长时间蹲苗，肥水齐攻，使其尽早包心。结合浇水，每亩追施氮肥5～10千克，同时用0.2%硼砂溶液对叶面喷施1～2次。

结球期：结球初期每亩带水浇施生物有机肥1 500～2 000千克，水溶性氮肥20～30千克，每隔5～7天浇1次水；夏甘蓝结球期正值高温，肥水管理上采取少量多次的原则，结球后期控制浇水次数和水量。结球盛期，每隔4～6天浇1次水，视苗情每亩追施氮、磷、钾含量20%的黑咖啡水溶肥15千克。

3. 除草松土

定植后15天至采收前10天需中耕松土除草2～3次，有利提高地温，增强土壤通透性，促进根系发育。一般两次水后土壤表皮变白就应结合松土进行除草，深度达到10厘米；雨后天晴也应及时松土，防止土壤缺氧。

（六）病虫害防治

结球甘蓝的主要病害有病毒病和黑腐病，虫害有菜青虫、小菜蛾等。

1. 物理防治

利用黑光灯、频振式杀虫灯、性诱剂来诱杀小菜蛾、菜青虫、甘蓝夜蛾等害虫。

2. 生物防治

以生物药剂防治为主。采用90%农用链霉素、100亿活芽孢/克苏云金杆菌可湿性粉剂等生物农药防治病虫害。

3. 化学防治

（1）霜霉病

主要为害叶片，成株期多从下部或外部叶片开始发病。发病初期表现为叶面出现淡绿或黄色斑点，逐渐扩大为黄色或黄褐色病斑，直至枯死变为褐色。病斑扩展受叶脉限制而呈多角形或不规则形，空气湿度较大时，叶背面布满白色或灰白色霜状霉层，故称“霜霉病”。

预防霜霉病用 80% 代森锰锌可湿性粉剂 600 倍液喷雾；发现中心病株后，使用寡雄腐霉 20 克 / 亩进行防治；发病初期，每亩用 58% 甲霜·锰锌可湿性粉剂 75 ~ 120 克，加水 30 ~ 50 千克喷雾，7 天 1 次，连喷 2 次。

（2）黑腐病

苗期发病症状一般子叶形成水渍状，蔓延到真叶后，叶脉上出现小黑点，叶缘出现由小到大的“V”形病斑。成株期多从下部叶片开始发病，形成叶斑或黄脉，由叶缘向叶内扩展至大片组织坏死。

发病初期用 77% 氢氧化铜可湿性粉剂 500 倍液，或每亩用 72% 农用链霉素可溶性粉剂 14 ~ 28 克，加 30 ~ 50 千克喷雾。7 ~ 10 天 1 次，连喷 2 次。

（3）软腐病

甘蓝包心后，茎基部或菜心内发生水浸状软腐，以后植株枯黄，外叶萎垂脱落使叶球外露。

发病初期用 50% 代森铵水剂 800 倍液，或 77% 氢氧化铜（可杀得）500 倍液，或抗菌剂“401”500 ~ 600 倍液，每隔 7 ~ 10 天喷一次，连续喷 2 ~ 3 次。喷药时应注意喷洒接近地面的叶柄和根茎部。

（4）菜青虫

菜青虫卵孵化盛期每亩用 100 亿活芽孢 / 克苏云金杆菌可湿性粉剂 50 ~ 70 克对水 40 ~ 50 千克喷雾，或在低龄幼虫发生高峰期用 25% 灭幼脲 1 000 ~ 1 500 倍液喷雾防治。

（5）蚜虫

用 10% 吡虫啉可湿性粉剂 1 500 倍液 6 ~ 7 天喷 1 次，连喷 2 次。

（6）菜蛾

菜蛾又名小菜蛾。幼虫为害叶片和嫩茎。初龄虫啃食叶肉，残留一层表皮，3 龄以后将叶食成孔洞，严重时叶面呈网状或剩下叶脉。可用 6% 乙基多杀菌素 20 毫升 / 亩防治，或在幼虫 3 龄前用 5% 氟啶脲乳油 1 500 倍液喷施，一般选择晴天傍晚或阴天轮换用药，效果较好。

（七）适时采收

甘蓝进入结球末期，当叶球抱合紧实，外观翻亮，手压有紧实感时，即可分批收获。并且根据甘蓝的成熟度，单球重一般 0.7 千克以上。采收时连根拔起或用刀从地表根茎处割下，去掉外叶后按叶球大小分级包装上市。

五、上市时间及食用方法

新野甘蓝可以全年供应，但以春季

4—6 月品质最佳。适于烹调方法有炒、炝、拌、熘等多种，常见菜品爆炒甘蓝、醋熘甘蓝、腊肉炒甘蓝，也可做汤、做馅，如甘蓝西红柿汤，味道鲜美，也可将其剁碎和猪肉、海米等做成饺子、包子和馄饨馅料。

第十七节　安徽太和香椿

香椿又名椿花、香椿头、香椿芽，为楝科。香椿属高大落叶乔木，因其嫩芽有特殊香气而得名，是我国特有的树种。安徽阜阳地区的太和香椿，相传已有 1 000 多年的历史，在唐代就作为皇宫的贡品而闻名，至明朝时期已经名扬四海。历史上就是闻名全国的特产，曾以“太邑格芽”的佳誉而驰名中外。

安徽太和县地处淮北平原，土壤深厚肥沃，年平均气温 13℃左右，无霜期 210 ~ 230 天，年降水量 900 毫米左右。太和香椿以朱窝、刘窝、李郑、张玉皇庙等地出产的最享盛名。太和香椿在“谷雨”前后发芽，特别是“谷雨”之前的椿芽粗壮肥嫩，太和香椿具有芽头鲜嫩、色泽油光、肉质肥厚、清脆无渣、香气浓郁等特点，椿芽富含维生素 C、B 族维生素、蛋白质、磷酸盐、铁、钙、钾等人体所必需的营养物质。经腌制后，原头不散，香气如故，食之无渣，经久不变质。腌制的香椿经常食用具有消炎解热、祛痰、健胃之保健功效，对咳嗽、感冒、痢疾、肠炎、水土不服等症也有一定疗效。

一、品种特性

太和香椿有黑油椿、红油椿、青油椿、水椿、黄罗伞、米尔红、柴狗子、红毛椿、青毛椿等品种，其中以黑油椿、红油椿、青油椿 3 个品种品质最为优良，而 3 个品种中又以黑油椿品质最佳，也是太和香椿主栽品种。

黑油椿：树冠较开张，老树皮淡褐色，呈条状纵裂和片状脱落，一年生枝粗壮、淡褐色，皮孔稀为长形。嫩芽长 6 ~ 10 厘米，生长较开张，芽暗紫褐色，有光泽。基部叶绿褐色，每茅有叶 7 ~ 8 片。小叶披针形，叶端短尖，质地较厚，叶缘无锯齿，叶面光滑，叶背无茸毛。单芽重在 25 克左右。香味特浓，有特殊风味。含油脂最多，品质最佳。

红油椿：生长势强，一年生枝粗壮，呈淡褐色，二年生枝呈褐色。嫩芽一般 7 ~ 12 厘米长，紫褐色，鲜嫩有光泽；基部叶片呈绿褐色，叶长 8 ~ 20 厘米，每芽有 6 ~ 8 片叶。单芽重在 25 克左右，香味浓郁质脆，风味稍次于黑香椿。略有苦涩味，鲜食时需用开水漂烫。

青油椿：生长势强，一年生枝较细，呈绿褐色，二年生枝青灰色。嫩芽一般 7 ~ 14 厘米长，绿褐色，鲜嫩有光泽；基部叶片呈绿色，叶长 12 ~ 22 厘米，每芽有 5 ~ 7 片叶。单芽重 20 ~ 25 克，香味浓郁质脆，风味稍次于黑香椿。无苦涩味，宜鲜食。

二、对环境条件的要求

（一）温度

香椿对环境的要求较高，适宜温带和亚热带气候，年均气温 8 ~ 23℃，绝对最低气温 -25℃以上的地区均可种植，但以年均气温 12 ~ 16℃（太和县年均气温 14.9℃），绝对最低气温 -20℃以上的地区最适宜。

（二）光照

香椿为阳性树种，既喜光不耐阴又忌光，喜光是在光照充足条件下长势旺，反之则弱；忌光是其树干忌强光直射，如树干长时间接受强光直射，易出现偏树干现象和日灼伤害，比较理想的光照条件是来自树冠上方的充足光照，适于高度集约栽培。

（三）水分

香椿喜湿润但又怕涝，抗旱能力弱，土壤含水量为 70% 左右，地下水位 2 米左右，最适宜香椿生长；地下水位过高，根系易腐烂；地下水位过低，不足 3 ~ 5 米时，易发生旱害，且椿芽汁少而多渣，品质较差。

（四）土壤和养分

香椿对土壤的适应性较强，对土壤的酸碱度要求不甚严格，酸性、中性、微碱性的土壤均可生长，以土层深厚疏松、富含钙质、肥沃湿润的沙壤土最为适宜。香椿对氮肥反应敏感，氮肥不足，茎干低矮，叶片薄小；若氮肥过多，枝干徒长，木质化程度低。

三、地块选择

太和香椿喜深厚湿润的沙壤土，对土壤的酸碱度要求不甚严格，酸性、中性、微碱性的土壤均可生长。一般选择土层深厚疏松、富含钙质、背风向阳，光照充足，排水良好的地块。

四、高品质栽培技术

（一）品种选择

宜选择黑油椿、红油椿、青油椿等品质较好的品种，极品供应种植应选择品质最佳黑油椿品种。

（二）繁殖方法

由于春季陆续采食嫩芽，香椿在太和县很少结实，因此，多用无性繁殖方法。具体有分株和埋根两种繁殖方式。

1. 分株繁殖

由于香椿根分蘖性很强，根部的不定芽容易萌发根蘖苗，所以可以直接进行分株繁殖。因自然萌发根蘖苗数量有限，为大量提供苗木，可秋季在大树周围挖一部分根穴，切断树根，使其形成根瘤暴露于空气中，第二年春天即于根瘤处萌发根蘖苗，然后分株，也叫作瘤根繁殖法。

2. 埋根繁殖

一般在 3 月挖取大树的一、二年生支根，剪成 15 ~ 20 厘米长的小段，随即把种根埋在预先整理过的通气性良好的沙质壤土苗畦上，将种根直插入畦土中，种根顶部与畦面相平，覆土压实，埋根后，灌一次透水，使土壤下沉紧实。苗出土后，及时除蘖，经常松土除草，并根据苗情追肥。为使苗木生长整齐，应按种根粗度分畦育苗。

不论采取何种繁殖方式，对苗木进行矮化处理是培养优良苗木的重要措施。从 7 月中下旬开始，当苗木达 50 厘米以上时，每隔 10 ~ 15 天喷 1 次 15% 多效唑粉剂 200 ~ 300 倍液，喷药部位为中心叶，以开始滴水为度，连续 4 ~ 6 次。

（三）定植

一般于冬闲时预先进行整地做畦，畦与畦间的距离 1 米，株距 30 厘米，双行种植，平均行距 50 厘米。在畦中挖一道深沟，施入优质有机肥，每亩用量 4 000 ~ 5 000 千克，或以羊粪为原料的生物有机肥 3 000 千克，然后覆土过冬。

翌年春季当香椿树苗尚未萌发前，按上述株行距定植于施肥沟的两侧，定植深度一般保持原在苗园生长时的深度。早春定植时将苗木根系舒展铺开，填封细土，浇透水，覆土呈馒头形，以利保墒。如定植过浅，苗木不耐干旱，易倒伏；如果定植过深，幼树生长不旺，易造成烂根。一般栽后 20 ~ 30 天浇水 1 次，并及时松土保墒。

（四）田间管理

定植当年管理的重点是促使其干粗枝壮，增强光合效率，扩展根系生长，为以后香椿芽丰产打下基础。此期内不宜滥摘叶芽，只摘取株位过高的主芽，促发低干部位的侧芽。第二年保存矮苗主芽，使各株的生长点处于同等高度。

在肥力条件较好的情况下，一般第三年便可进入丰产盛期。早春可以进行覆盖棚膜，提前促发春芽。棚内要求保持高温高湿的环境：白天 20℃，夜间 10℃以上，平均气温控制在 15℃以上，这样 16 ~ 20 天即可发芽；在萌芽前空气相对湿度保持在 85% 以上，每天向苗木喷 1 次水，可加入 0.5% 尿素和 0.3% 磷酸二氢钾等叶面肥，萌芽后把空气湿度降到 70% 左右，以提高香椿芽的风味。

（五）枝干更新

经过多年矮化管理后的香椿树枝干老化，皮层增厚，生活力减弱，不易萌发隐芽和不定芽，香椿芽的产量便会日渐降低，此时必须在中耕追肥的基础上进行更新。香椿根萌发力强，于早春离地 5 ~ 8 厘米处剪除枝干后，便可在根茎处萌发较多的新芽，去弱留强和追施速效液态氮肥后，当年便可形成新的树丛，翌年便可恢复正常生长。

（六）病虫害防治

香椿主要病害为流胶病，主要虫害有芳香木蠹蛾、草履介壳虫和褐边绿刺蛾等。

1. 流胶病

为害症状：从树干伤口处流出黏液，遇空气后变成黄白色胶状，严重时整个树干都有胶状物质以及蛾虫粪混合堆积，使树势转弱。

防治方法：主要是避免机械损伤，加强生产管理，促使伤口迅速愈合。

2. 芳香木蠹蛾

为害症状：芳香木蠹蛾属鳞翅目木蠹蛾科，为毁灭性害虫，以幼虫蛀食树皮和木质部，减弱树势，甚至全株枯死。主要为害老树。

防治方法：注意保护天敌虎甲，4—5月在树干上喷洒白僵菌，杀死外出化蛹的幼虫。6—7月安装黑光诱虫灯来诱杀成虫。用刀刮去老的树皮清除虫卵。用石灰涂白防止产卵。在树干蛀孔处用尖刀挖至木质部即可发现幼虫，新蛀虫孔外部有新鲜粪便，有胶状物极易发现。可在虫孔内注入辣根素100倍液，毒杀幼虫。也可用棉花球蘸敌敌畏乳剂100倍液，然后塞入蛀孔内，再用黄泥封口。

3. 草履介壳虫

为害症状：草履介壳虫属同翅目介壳虫科，为杂食性害虫，若虫和成虫在树干裂缝中吸取一二年生枝条的汁液存活，造成植株生长不良，椿芽产量下降，使树木逐渐衰弱，枝条干枯，为害严重者整株枯死。

防治方法：天敌防治，在幼虫发生期释放大红瓢虫，一头大红瓢虫的幼虫能控制100～200头草履介壳虫的幼虫，应对大红瓢虫加以保护利用。化蛹期清除树皮、树洞和土壤中的蛹。利用害虫产卵集中的习性，将卵块挖出毁掉；用20厘米宽的塑料薄膜将树干裹紧一周，上端用细绳扎紧，塑料薄膜光滑，可防止其上树；为害严重树可在春季介壳虫孵化后喷50%磷铵乳剂1 000倍液或80%敌敌畏乳剂1 000倍液喷洒防治，进行防治。

4. 褐边绿刺蛾

为害症状：褐边绿刺蛾又称为青刺蛾，属鳞翅目刺蛾科。幼虫吃叶肉留下表皮，被食叶片变成枯黄膜状，成虫吃全叶，仅留少量叶片。

防治方法：成虫具有趋光性，灯光诱杀能收到较好的效果，在初龄幼虫时喷洒马拉硫磷1 000～2 000倍液，或80%敌敌畏乳油2 000倍液防治。

（七）采收

香椿芽一年可采1～3次，当椿芽长15～20厘米，且着色良好，即可采收。第一次在谷雨节前5～6天采收的头茬椿芽品质最佳，可作为高端蔬菜出售；第二次在谷雨节后5～7天采收，品质稍差，可腌制和作为调味香料；第三次在夏至前，一般取叶片作为香料。据调查，不同品种之间品质差异很大，一般以长势强壮、10年左右的树顶芽的品质最佳。

采收方法：头茬芽12～15厘米时整朵掰开。二茬芽长20厘米左右时采收，采收时基部留2～3个叶作为辅养叶，每次采芽前3～5天追1次含氮、磷、钾 20%（其中氮 10%、磷 5%、钾 5%）的黑咖啡有机水溶肥每亩用量 20 千克，并结合浇水。

五、上市时间及食用方法

新鲜的香椿每年 4 月上旬上市，以谷雨前 5 ~ 6 天采收的头茬椿品质最佳，谷雨后 5 ~ 7 天采收的二茬椿品质稍差。食用方法可以鲜食，如香椿芽闷蛋、香椿芽拌豆腐等，别具风味，也可做调味香料。因新鲜椿芽供应短，可将它加工腌制起来，以便长期贮存，周年供应。

香椿芽加工腌制需经过冲洗、热烫、盐腌、装坛等工序，一般腌渍半月即可食用。采摘嫩椿芽及时用清水冲洗干净，将香椿芽用 80 ~ 90℃热水速烫，捞出控干水分后，将其放在大口容器内撒些细盐拌和，反复轻轻揉搓，盐腌 1 ~ 2 天后放置缸里或罐中，一层香椿芽，撒上一层盐，下层撒盐较少，上层较多。每百千克鲜香椿芽加食盐 20 千克。这样腌渍 7 ~ 8 天，在腌制期间需翻动 2 ~ 3 次，然后取出晾晒 1 ~ 2 次，晾干后仍放入盐水缸内回卤，最后加少量米醋润色增加光泽和脆度，密封贮藏即可。

第十八节　安徽黄心乌塌菜

乌塌菜是十字花科不结球白菜的一个变种，由芸薹属进化而来，以墨绿色叶为产品器官的二年生草本植物。原产我国已有近千年的栽培历史，宋代和明代的有关文献中已有记载。在长江中下游栽培较为普遍，可周年生产四季供应；在北方地区仅在大城市附近有零星栽培，仍属稀特蔬菜行列。

安徽黄心乌是安徽当地的地方名优蔬菜品种，心叶成熟时变成黄色，品质鲜嫩，十分美观，品质极佳。乌塌菜因叶片中富含维生素 C 被称为“维他命”菜而受到消费者的青睐。每 100 克乌塌菜的可食部分含水分约 92 克，蛋白质 1.56 ~ 3 克，还原糖 0.80 克，脂肪 0.4 克，纤维素 2.63 克，维生素 C 43 ~ 75 毫克，胡萝卜素 1.52 ~ 3.5 毫克，维生素 B_1 0.02 毫克，维生素 B_2 0.14 毫克，钾 382.6 毫克，钠 42.6 毫克，钙 154 ~ 241 毫克，磷 46.3 毫克，铜 0.111 毫克，锰 0.319 毫克，硒 2.39 毫克，铁 1.25 ~ 3.30 毫克，锌 0.306 毫克。在《食物本草》中记载：“乌塌菜甘、平、无毒。”能“滑肠、疏肝、利五脏”。常吃乌塌菜可防止便秘，增强人体防病抗病能力，泽肤健美。

一、品种特性

黄心乌属塌地类乌塌菜类型，安徽舒城县地方品种。株高 20 ~ 25 厘米，叶片近圆形，植株外层叶片塌地，与地面紧贴，有外叶 10 ~ 20 片；暗绿色，心叶淡绿色，经霜打后变黄色；有明显瘤状皱缩，心叶皱缩更严重；叶柄扁平，净白色，柄长 10 ~ 14 厘米，宽 3 ~ 4 厘米，单株重 250 ~ 500 克，最大可达 1 千克；叶片纤维少、叶质嫩、经大雪覆盖后口味更佳；耐寒性强，抗病，较耐热，适于秋、冬季栽培，一般亩产3 500千克左右。

二、对环境条件的要求

（一）温度

黄心乌塌菜性喜冷凉。种子在15 ~ 30℃下经1 ~ 3天发芽，发芽适温为20 ~ 25℃；黄心乌塌菜生长最适宜温度为18 ~ 20℃，能耐-8 ~ 10℃低温，如果长期25℃以上的高温，生长衰弱易受病毒病为害，品质明显下降。

（二）光照

黄心乌塌菜在种子萌动及绿体植株阶段，均可接受低温感应而完成春化。黄心乌塌菜对光照要求较强，红光促进植株生育干物质增加，绿光则生育受抑，阴雨弱光易引起徒长，茎节伸长，品质下降；长日照可促进花芽分化及发育。

（三）水分

土壤水分不足，生长缓慢，组织硬化粗糙，如加上高温天气，易发生病毒病；水分过多，易影响根系发育，土壤长期积水，则发生沤根，植株萎蔫死亡。

（四）土壤

黄心乌塌菜对土壤适应性强，以富含有机质、保水保肥力强的黏土或冲积土栽培为佳；适宜的土壤pH值以中性偏酸为宜；由于黄心乌塌菜以叶为产品，且生长期短而生长迅速，要求以氮肥为主，钾肥次之，生育期还要求适量的微量元素硼。

三、地块选择

选择疏松肥沃、排灌方便的壤土地块，前茬未种过十字花科作物，以避免连作障碍，影响产量和品质。前茬作物最好为瓜类、豆类、葱蒜类作物。

四、高品质栽培技术

（一）种子选择

一般选择商品袋装种子，如果自留种要经过提纯复壮，选择质地饱满的种子。

（二）培育壮苗

安徽地区在露地种植口感好，品质佳。一般在8—9月育苗，也可在10月上旬直播。

1. 苗床准备

苗床选择地势高、排灌良好的肥沃土壤为宜，每亩苗床施用充分腐熟细碎的有机肥2 000 ~ 4 000千克，耙平后踏实。

2. 播种

采用条播方式，按照行距25 ~ 30厘米开沟，沟的深度一般3 ~ 4厘米，亩播种量100 ~ 150克，要撒播均匀，播种过少容易造成缺苗，过多则会增加成本，而且后期会增加间苗的工作量，播完后用土覆盖播种沟，覆盖地膜促进出苗，同时根据天气情况覆盖遮阳网，出苗前可全天覆盖。

3. 苗期管理

一般播种后 2 ~ 3 天即可出苗，为了防止幼苗旺长，出苗前期不浇水，后期可视土壤湿度和长势情况适当浇水施肥。一般出苗整齐后可适当揭去地膜，注意暴雨前要及时覆盖薄膜，防止雨水冲击幼苗，雨后及时揭开，定植前一周可全天揭开地膜进行低温锻炼。

4. 间苗

为避免幼苗间争夺空间和养分，促进幼苗正常生长，当黄心乌塌菜幼苗高 7 ~ 9 厘米时，应该及时进行间苗，拔除弱苗，苗距保持在 5 厘米左右。间苗时不要过分严格按照距离留苗，主要根据幼苗的生长状况而定，同时间苗后喷 1 次水。

（三）定植

黄心乌塌菜属于叶菜类，对肥料的需求量比较大，一般亩施用有机肥 4 000 ~ 6 000 千克，均匀撒施底肥后深耕 15 ~ 20 厘米，耙平做畦。畦宽 1.0 ~ 1.2 米，畦高 20 厘米，宽度 30 厘米，最好为南北走向，定植株距 30 ~ 35 厘米。定植深度根据天气和土壤质地而定，温度高、黏土宜浅栽，温度低、沙壤土适宜深栽。

（四）田间管理

定植后及时浇定苗水，第二天也要浇水 1 次。乌塌菜比较适宜于温暖湿润的环境，温室内的湿度应该保持在 90% 左右。缓苗后及时中耕，一般 3 ~ 5 次。长新叶后每亩追施可溶性水溶肥 5 ~ 10 千克，根据生长情况，1 个月后再追施 1 次。

（五）病虫害防治

坚持“预防为主，防治结合”的方针，出现病害要及时进行防治，以避免病情扩大，造成灭绝性减产。

1. 病毒病

乌塌菜病毒主要有芜菁花叶病毒、黄瓜花叶病毒、烟草花叶病毒 3 种，主要为害叶片，症状表现为叶片花斑驳皱缩，叶脉上有褐色坏死斑，植株矮化畸形不能正常生长。苗期和发病初期，可用 15% 植病灵乳剂 1 000 ~ 1 500 倍液，每隔 7 ~ 10 天喷 1 次，连喷 3 ~ 4 次。发病期可用 20% 病毒净 400 ~ 600 倍液喷雾防治，上述药液可交替施用，每隔 10 ~ 15 天喷 1 次，连喷 4 ~ 5 次。同时注意及时拔除感染病毒的病株，避免扩大疫情。

2. 软腐病

该病主要表现为病株外叶的叶缘和叶柄呈褐色水渍状软腐，而且有黏液，有臭味，叶片有萎蔫症状。首先在地块选择上，上茬作物避开番茄或者辣椒，播种前保持地块干燥。播种时亩用菜丰宁 0.1 千克可湿性粉剂拌种，可消灭种子及幼苗周围土壤中的病菌。发病初期喷洒 72% 农用硫酸链霉素可溶性粉剂 3 000 ~ 4 000 倍液或 47% 加瑞农可湿性粉剂 900 倍液、30% 绿得保悬浮剂 500 倍液、20% 龙克菌可湿性粉剂 1 000

倍液，隔7～10天喷1次，连续防治2～3次。采收前3天停止用药。要严格控制用药量，以防药害。发病严重的地块，可在根部周围撒生石灰粉来防止病害流行。

3. 小菜蛾

小菜蛾的防治有多种方法，首先利用小菜蛾成虫有趋光性，设置黑光灯诱杀成虫，也可以选用微生物农药 *BT* 乳剂 800～1 000 倍液喷雾，5～7天再喷1次。在小菜蛾防治中用药频繁，易产生抗药性，需合理用药，轮换用药。不能在同一个大棚长期大面积使用单一杀虫剂，可换用新的高效杀虫剂。通常情况下，可选用 90% 敌百虫晶体 1 000～1 300 倍液，另加 0.1% 洗衣粉作展着剂效果更好。

4. 菜蚜

菜蚜对银灰色有负趋性，地里铺设银灰色膜或者田间挂银灰色的塑料膜条，可防止有翅蚜迁飞到菜地为害，也可以利用蚜虫的趋黄性，用黄板诱杀。农药防治可选用 5% 天然除虫菊 1 000 倍液或 10% 吡虫啉可湿性粉剂 1 500 倍液喷雾防治，喷药时注意均匀细致，喷到菜心和叶子的背面，这样才能起到好的防治效果。

（六）适时采收

一般定植后 60 天左右，当乌塌菜的直径长到 15 厘米以上时就可以根据市场情况进行采收。收获时注意轻拿轻放，以防乌塌菜柔嫩的叶片损伤，影响商品价值。

五、上市时间及食用方法

10月下旬至春节前后供应市场。黄心乌塌菜可炒食，如素炒乌塌菜、豆干炒塌菜、肉丝炒塌菜、海米炒塌菜；也可做汤，如蛋花塌菜汤、鱼片塌菜汤等。需注意的是炒乌塌菜时不宜放老抽酱油。

第十九节　上海荠菜

荠菜又名野菜、护生草、地菜、菱角菜，为十字花科一二年生草本植物。荠菜之名始见于唐朝孙思邈《千金食治》中，在此之前称之为荠。李时珍《本草纲目》种记载，“荠生济济，故谓之荠”。荠菜又名护生草，来源于《本草纲目》中记载“谓之护生菜，云能护众生也”，将荠菜花放在灯架上或铺在床下，可避蚊蛾。《植物名实图考》中记载荠菜也称之为净肠草，因为荠菜中含有很多粗纤维，全株布满细茸毛，可以促进肠胃蠕动、降低脂肪，具有净肠作用，所以也叫“净肠草”；清代扬州画家郑板桥，不仅喜爱荠菜，还曾吟颂过“三春荠菜绕有味，九熟樱桃最有名”的诗句，也说明了荠菜是很受欢迎的时令蔬菜。

在上海地区，荠菜原为田野、河畔、路边生长的野菜。在19世纪末20世纪初，上海郊区虹桥乡虹三村对野生荠菜进行了定向驯化培育，荠菜逐渐成了人们餐桌上的常见蔬菜，至今已经有近百年的历史。中华人民共和国成立后，荠菜的种植面积和规模逐渐扩大，虹桥、新径乡为荠菜主要产区，在设施保护地也开始种植，延长了上市供应期。因荠菜质地细嫩、清香甘甜、风味独特，逐渐受到市民消费者的喜爱，成为上海市场上很受欢迎的蔬菜，也是上海地区的名特蔬菜品种。

新春季节采食的荠菜嫩叶清香甘美，营养丰富，据《食物成分表》：每100克荠菜，含水85.1克，蛋白质5.3克，脂肪0.4克，碳水化合物6克，粗纤维1.4克，钙420毫克，胡萝卜素3.2毫克，维生素B_1 0.14毫克，维生素B_3 0.17毫克，维生素C 5毫克。其中以蛋白质，钙和维生素含量较高，尤其是钙含量超过了豆腐。荠菜不仅可以做出美味佳肴，还可以作为保健良药，具有止血、降低血压、健胃消食、明目等作用。

一、品种特性

上海地区目前栽种的荠菜，按叶形分为板叶荠菜和散叶荠菜两种类型。其中板叶荠菜类型为主要栽培品种，散叶荠菜类型栽培面积较小。

板叶荠菜：又名大叶荠菜，是上海主栽品种。该品种，植株矮小，塌地生长，展开为18～20厘米，全株有叶20片左右，叶片厚而大，叶色浅绿色，长披针形，叶长10～12厘米，叶宽2～2.5厘米。叶缘缺刻浅，叶面微有茸毛，在低温或缺肥等条件下叶色变深呈浅红色。根为直根系，主根上有许多须根；再生能力弱，吸水，吸肥能力与耐旱耐湿性较差，宜直播。早熟、生长快，一般播种后40天即可收获，产量高、品质好、商品性佳，亩产量在900～1 000千克。

散叶荠菜：又名花叶荠菜等。植株塌地生长，开展度18厘米，约有20片叶。叶片狭而厚，叶长8厘米、宽2厘米，叶绿色，遇低温叶色变紫。叶片茸毛多，叶缘羽状全裂。抗寒性中等，较耐热、耐寒，冬性强，抽薹开花期比板叶荠菜迟10～15天。香气浓郁，味道鲜美，品质优良，适于春季栽培，但生长慢、产量低，亩产量在700～900千克。

二、对环境条件的要求

（一）温度

荠菜属耐寒性蔬菜，喜欢冷凉气候，种子发芽适宜温度为20～25℃，营养生长适宜温度为12～20℃。气温低于10℃或高于22℃生长缓慢，品质差。荠菜耐寒能力强，可忍受7.5℃短期低温，在2～5℃低温条件下，需10～20天通过春化，抽薹开花后品质下降。

（二）光照

荠菜对光照条件要求不太严格，在短日照条件下，营养生长良好。长日照条件下荠菜营养生长较差。

（三）土壤和养分

荠菜对土壤条件要求不太严格，但在疏松肥沃的土壤条件下，荠菜植株生长旺盛、品质好，避免在土壤板结、肥力瘠薄、地势低洼易涝的地块种植。因荠菜忌连作栽培，在种植中要做好轮作倒茬。在氮、磷、钾和中微量元素等营养均衡供应条件下产量高、品质好，所以在栽培中应以施用优质有机肥作为营养来源。

三、地块选择

荠菜生长势及适应性都比较强，选择地势高燥、疏松肥沃、湿润的壤土或黏壤土或棚室，并且杂草较少的地块种植。

四、高品质栽培技术

（一）整地施肥

整地时严格清除杂草和残根，每亩施用充分腐熟、细碎的优质有机肥 3 000 千克，翻耕耙平后筑成高畦，畦面宽 1 ～ 1.2 米，以利排水和灌水。

（二）播种

荠菜喜温和凉爽气候，耐寒性强，上海菜区以露地秋播为主，9 月 20 日前后播种。当年采收的荠菜种子有后熟休眠期，播种前需进行低温处理，打破休眠。种子直接（或用细沙拌匀）置于 2 ～ 7℃冰箱中，经 7 ～ 9 天低温处理后播种，3 ～ 5 天即可出齐苗。隔年的陈种子则不需催芽。播种时浇足底水，播前拌种子量 2 ～ 3 倍的细土或细沙，将种子均匀撒播在畦面上，用耙子轻轻覆土，稍踩实，并轻拍土面，使土壤与种子紧密接触，尽量做到定量匀播。每亩用种量 1.5 ～ 2.0 千克，播种后轻轻覆盖一层表土，如雨水较少每天要浇一次水，保持土壤湿润，确保齐苗。播种后需覆盖遮阳网，既可降温保湿，又可防止暴雨冲刷。全苗后及时揭除覆盖物。

（三）肥水管理

荠菜齐苗后有 4 ～ 5 片叶子时，要及时浇 1 次生物菌肥或生物有机肥，促使生长有力，以后每收 1 次追 1 次肥。

荠菜种植密度大，水分需求量也大，应小水勤浇、保持土壤湿润，但不要大水漫灌，出苗前每天喷水 3 ～ 4 次，出苗后，在早晨露水未干时，每天喷洒 1 次。如果雨水过多还要注意排水，以防烂根。出苗前每天喷水 3 ～ 4 次，出苗后宜在早晨露水未干时，每天喷洒 1 次。

（四）注意除草防虫

荠菜植株较小，易与杂草混生，除草困难，费工费时。生长期需要进行中耕除草，结合每次采收进行除草。拔草时要注意保护荠菜小苗，如发现荠菜苗根被连带拔动，可用手压实荠菜根。

（五）病虫害防治

荠菜虫害主要为蚜虫，平时要勤检查，勤防治。按照合理轮作制度进行种植，优先选用频振式杀虫灯、防虫网、黄色粘虫板、性诱剂等物理防治措施；也可结合每次采收后喷施药剂进行防治，可选用生物农药 5% 天然除虫菊乳油 1 000 倍液喷雾防治，也可用 20% 烯啶虫胺水分散粒剂（刺袭）

3 000 ~ 4 000 倍液防治，每隔 7 天防治 1 次，每亩用药量 7.5 ~ 10 克。

（六）适时采收

秋季播种后一般 30 ~ 35 天即可采收。荠菜植株矮小，塌地密生，挑收技术很高。根据上海虹桥乡菜农总结的经验，荠菜采收要精收细挑，采收可结合疏苗陆续进行，苗稀处可适当晚收，苗密处及早采收小苗。秋播荠菜一次播种可挑收 4 次、5 次，霜冻后停止挑收。挑收时要用小斜刀的刀尖均匀挑收，注意密处多挑，稀处少挑，还要防止挑得过深，连根带泥，挑得过浅则造成散叶。所以精致细挑，是促使荠菜健康生长保障产量的重要环节。

五、上市时间及食用方法

露地种植 10 月中下旬可上市至霜冻来临，一般可持续至元旦前后；保护地种植可在 1—3 月采收上市。最佳的食用方法是作为馄饨、水饺和小笼包的馅料，比较常见的是搭配鲜猪肉做成荠菜水饺，其挥发出的鲜香味会令人食欲大开。也可炒食、开水焯后凉拌做成菜羹，食用方法多样，风味独特。在我国南方地区荠菜蘑菇豆腐羹、荠菜炒年糕、荠菜大枣汤等菜肴也深受食客的欢迎。

第二十节　广西桂林马蹄

马蹄又名荸荠，属浅水生草本植物，桂林的马蹄如同阳朔山水一样蜚声国际，是我国的名特农产品。马蹄是广西人对荸荠的习称，相传于唐朝末年在桂林开始种植。据清嘉庆九年（1804年）临桂县志记载："荸荠一名乌芋，生水田中，临桂产者最佳。"现代文学家鲁迅在与友人信中曾提到"桂林荸荠，亦早闻雷名，惜无福身临其境，一尝佳味"，可见桂林马蹄久负盛名。桂林马蹄以拓木镇的种植历史最悠久，面积也较大，拓木镇的东山、卫家渡、窑头等村，所产马蹄以其个大皮薄，颜色暗红，肉质细嫩，晶莹无渣而著名，有"一东二卫三窑头"之称。桂林马蹄由梧州出口，远销我国港澳地区及新加坡等东南亚一带，并转口到美国、德国等国家，广泛受到世界各地消费者的欢迎。

桂林马蹄品质好，一是品种好，二是与环境条件以及土质和灌溉有很大关系。马蹄性喜温暖怕冻，宜在无霜期生长。桂林市地处低纬度，属中亚热带季风湿润气候，夏长冬短，四季分明，热量资源丰富，雨量充沛，土壤质地以沙壤土、壤土及黏壤土为主，水田土壤有机质含量高，而且水资源丰富，非常适宜种植马蹄。种植马蹄的地是肥沃的沙质壤土，用以灌溉的水是富含吸收性钙的漓江水，当地农民种马蹄时又施用大量优质有机肥和绿肥，此种环境条件下生产出的马蹄品质极佳，个大、皮薄、脆甜多汁，无渣、清香甘甜。

桂林马蹄食用部分为地下球茎，其球茎含淀粉、糖分和多种维生素，富含蛋白质、维生素 C、钙、磷、铁、胡萝卜素等元素，此外，马蹄含有一种特殊物质，荸荠英，对金色葡萄球菌、大肠杆菌等具有抑制作用，是夏秋治疗急性肠炎的佳品。另外，在医药上具有止渴、消食、解热、明目、化痰等功效。生食、熟食皆宜，除作果、蔬外，还可加工成马蹄罐头、制淀粉、造粉丝等，其系列产品在国内外市场上很受欢迎，是一种集食用药用价值于一体的绿色食品。

一、品种特性

桂林地区栽培的马蹄，球茎个形较大，皮薄，肉质细嫩，甘甜清脆，果渣少，是非常优良的地方品种。全生长期为 120 ~ 150 天，耐运输，抗病性较强。其株高 84 厘米，球茎横茎 3.4 厘米左右，纵茎 2.4 厘米，单球茎重 30 ~ 35 克。脐部稍凹，茎芽小，皮红褐色。品质细嫩多汁，干物质含量 29%，每 100 克产品（鲜重）含维生素 C 5.66 毫克，可溶性糖 5.79%，淀粉 9.28%，蛋白质 2.5%。一般亩产量 1 500 ~ 2 000 千克。

二、对环境条件的要求

（一）萌芽期

从母球顶芽萌动到芽长 2 厘米左右为萌芽期，适宜温度 15 ~ 25℃，一般需要 20 ~ 30 天。

（二）幼苗期

从萌芽抽生叶茎，到株高 10 ~ 15 厘米，抽生出叶状茎 4 ~ 5 根，该时期称为幼苗期，一般需要 25 ~ 50 天。

（三）分蘖分株期

从栽植到匍匐茎开始结球，此时期为分蘖成株期。高温长日照有利于分蘖和分株，25 ~ 30℃分株最为旺盛。一般单栽的母株可产生分蘖 30 ~ 40 个，分株 4 ~ 5 次。一般需要 90 ~ 120 天。

（四）球茎形成期

进入秋季以后，气温下降，日照变短，分蘖分株基本停止，地上茎绿色加深，分株中心抽生花茎、开花结果。同时，地下匍匐茎先端开始形成球茎，此时期需 70 天左右。

三、地块选择

马蹄的外观色泽能否长成棕红鲜亮的皮色，关键在于土壤的类型。选择黄沙土、黄泥土、红壤土田的马蹄呈棕红色，扁圆形，外形整齐，要求土层深 20 ~ 25 厘米。马蹄不宜连作，同一地块种植要间隔 3 年以上。否则不仅球茎不宜肥大，而且降低产品品质和产量。一般情况下在露地种植。

四、高品质栽培技术

（一）选种及育苗

马蹄是以地下球茎进行繁殖，为培育健壮的秧苗，种苗应选择芽粗硬而长，球茎扁圆而端正、无病、无伤、大小适中者为宜。一般球茎直径在 2 厘米左右即可，每亩用种量在 25 ~ 30 千克。

桂林地区一般采用夏季育苗，即夏至节气与小暑节气之间。此时气温较高，幼苗生长快，经过25天左右便可栽植于大田中。夏至开始浸种，用清水浸泡一周，然后育苗。苗床可选择有阳光照射的树荫下、地势平坦的地块。苗床整平后，撒一层石灰、然后铺一层腐熟堆肥，将球茎紧密地排入床内，上面盖水藻或青苔至平芽即可，然后淋水保持湿润。如遇高温干旱，每天应淋两次水，待苗高20～25厘米时即可移植大田。

育苗也可以在水田中进行，要精细整池，施入底肥，于立夏、小满排种。排种前先用清水浸种1～2天。排种距离每9平方厘米放一个种球，播种不宜过深，水层要浅，芽尖露出水面。以后随幼苗生长适当加深水层，一般保持3～5厘米，苗期不能断水。在此期间，根据幼苗生长情况，适时追施有机肥1～2次，全育苗期均需60～70天。

（二）定植

马蹄以球茎繁殖，向四周抽生匍匐茎，形成扁圆形膨大的球茎，这不仅需要大量的养分，还需要疏松的生长环境，因此必须施足腐殖质含量高的有机肥。早稻收获后应及时整地，抓紧犁耙田，每亩施入3 000千克猪粪、牛羊粪等腐熟细碎的有机肥，耙后再施入牛粪700～1 000千克，然后灌水后再耙平田面。

一般于大暑前后定植，在立秋前完成，否则栽植过晚会影响品质和产量。土壤育苗时，当苗高20～25厘米时定植。定植时先用平铲将秧苗及床土整块铲起，然后按球逐个掰开，尽量多带土，注意按住球茎栽入泥中，切勿捏住芽苗，以免折断，产生枯苗，如秧苗过长可以剪去顶端，保留20～30厘米，以免风吹摇动而影响成活。

在田中育苗时，可用双手将秧苗连泥全部托起，然后分苗带泥栽入田中。分苗时割去主芽弱苗，采用侧芽壮苗，每株留5～6条壮苗。如秧苗过高，也可以剪去顶端。栽植行距48～52厘米，株距23～29厘米，深度一般以3～5厘米为宜。并选择阴天或晴天下午进行，以免秧苗枯萎影响成活。

（三）田间管理

栽植后应保持5厘米左右的浅水层，到植株地下匍匐茎繁生之时，即栽植后30天，可加深水位至8～10厘米。高温干旱时还应再加深水位，此外，应在早晚往田中灌入凉水，以降低温度。从栽植到开始形成球茎，可发生分株3～4次，田间操作应在1次、2次分株期间（栽植后20天）进行，即除草耘田，将杂草踩入行间的泥土中，间隔10～15天耘田一次并结合追肥3～4次。

广西桂林地区的习惯，第一次追肥使用“火粪”（草皮灰2份，充分腐熟的粪肥1份），每亩200千克，逐棵施入；第二次追肥主要是踩青，每亩追施有机液体肥10千克，还可以加入一些石灰，加速绿肥腐烂分解；第三次追施腐熟牛粪1 000千克，硫酸铵5千克，促进块茎膨大。在封行之后，匍匐茎已大量发生，开始形成球茎，这时要严防人畜下田，以免踩断地下茎。秋分至寒露天气渐凉，水位应逐步降低，提高土温，抑制地上部生长，促进球茎的生长。霜降之后应排水露田，但须保持土壤湿润不裂，促进地下球茎迅速生长，随后即可进行采收。

（四）采收与贮藏

一般立冬、小雪以后11月下旬至12月为盛收期，此时马蹄球茎皮色呈紫红色，质脆味甜多汁，含糖量高，品质好，产量也高。桂林郊区多一次采收完毕，劳力缺乏或无贮藏条件的，也可以陆续采收到翌年清明之前。桂林郊区农民采用土法贮藏，本文介绍缸藏法和池藏法两种贮藏方法。

1. 缸藏法

马蹄采收后放在阴凉处摊晾，表面干爽后，选择无裂缝、破皮，无碰伤和无病害的球茎，轻轻放入干净的缸中，要加盖防止鼠害，于阴凉处存放即可。此种方法贮藏量较少，适合小面积种植的产品存放。

2. 池藏法

选择无阳光直射的阴凉屋角，旧泥砖砌成方池，大小依贮量而定。一般2米长，2米宽，2米高的池可贮3 000千克。贮藏时先将池底铺上30厘米厚潮湿的泥土，然后将晾干的马蹄轻轻放入池内，当马蹄放到池中1/3处时，池内应放入2～3个竹筒作为通气筒，通气筒的高度应超出池的高度，然后继续放入马蹄至距池门10～15厘米时止，最上面再盖潮湿的泥土或草皮泥，保持湿润。加木板盖严防老鼠偷食，贮藏期间要经常检查，发现萎蔫和败坏的马蹄应及时剔出处理。用此法贮量大，时间长。一般可贮到翌年5—6月。马蹄的耐贮性与采收期有关，农民认为下雪之前采收的马蹄较耐贮藏。

（五）病虫害防治

马蹄主要发生病害有秆枯病、枯萎病、茎腐病、灰霉病，主要虫害为白螟虫。以“预防为主，防治结合”为原则，种植田块应采取轮作，分开排灌，杜绝串灌、漫灌，以防病菌随流水扩散；生长期间随时检查，发现病株及时防治。

1. 综合防治措施

（1）推行轮作

与藕等作物进行轮作，特别是老产区实行3年以上轮作。

（2）加强田间管理

清除田间残萎枯茎。及时清理并集中烧毁田间遗留的荸荠茎秆，消灭越冬虫源；控制氮肥，增施磷、钾肥，提高植株抗病能力；注意排灌方式，做到排灌分开，防止串灌、漫灌，以防病菌随水流扩散。

药剂处理球茎和荠苗。用25%苯骈咪唑基（多菌灵）可湿性粉剂250倍液或50%甲基硫菌灵（甲基托布津）可湿性粉剂800倍液，在育苗前把种球茎浸泡18～24小时，定植前再把荠苗浸泡

18 小时，可控制病害。

2. 主要病虫害特性及药剂防治

（1）秆枯病

当地又叫“红叶病”，属真菌性病害，病原为荸荠柱盘孢，此病来势猛，扩展快，遇适温高湿时可使荸荠秆成片枯死倒伏，致使结小荸荠或不结，多年调查结果表明，发病率 20% 时，产量损失 50% 左右，发病率在 50% 时，产量损失 80% 以上。叶鞘被害多先发生于基部，初呈暗绿色水渍状不规则形病斑，后扩展到整个叶鞘，病部干燥后呈灰白色并现短条状黑色小点（分生孢子盘）。茎秆染病，初呈水渍状，梭形或椭圆形至不规则形暗绿色斑，病茎变软并凹陷，其上也生有小黑点。湿度大时病斑可产生浅灰色霉层。主要以菌丝体在病组织内越冬，分生孢子借风雨传播进行侵染。温度在 17 ~ 29℃，连续阴雨或浓雾、重露天气，利于该病发生流行。9 月中下旬开始发病，10 月为病害流行高峰期。若种植过密，通风透光差，早期氮肥施用过多或缺磷、钾肥，发病较重。

对已经出现病株的病情较轻的田块，可用速效的、内吸治疗性的杀菌剂，如氟硅唑（杜邦福星）乳油 4 000 ~ 8 000 倍液喷雾，每隔 10 ~ 15 天喷 1 次，连喷 2 ~ 3 次。对病情较重的田块，应每隔 3 ~ 5 天喷药 1 次，连喷 3 次，以后每隔 10 ~ 15 天喷药 1 次。应特别注意雨后及时补喷药。

（2）枯萎病

病原为尖镰孢菌荸荠专化型。此病是一种毁灭性病害，受害植株一般不结荸荠，整个生长季节均可发病，尤以成株期受害重，即 9 月下旬至 10 月为发病盛期。病菌以菌丝潜伏在荸荠球茎上越冬。苗期或成株染病茎基部初变褐，植株生长衰弱、矮化、变黄，似缺肥状，以后少数分蘖开始枯萎，终至全株枯死；根及茎部染病，变黑褐软腐，植株枯死或倒伏，局部可见粉红色黏稠物，即分生孢子座和分生孢子；球茎染病荠肉变黑褐腐烂。

当田间出现枯萎病症状时，可选用 50% 多菌灵（苯骈咪唑基）或 36% 粉霉灵悬浮剂或 50% 多霉灵（速霉灵）等药剂喷雾防治，每隔 3 ~ 5 天喷药 1 次，连喷 3 次。每亩用 1 ~ 1.5 千克多菌灵拌细泥 10 千克撒施效果较好。

（3）茎腐病

病原为新月弯孢霉。茎发病呈枯黄至褐黄色，病茎较短而细，发病部位多数在叶状茎的中下部。病部初呈暗灰色，后变为暗色不规则病斑，病健分界不明显，组织变软易折倒，湿度大时病部可产生暗色稀疏霉层。此病一般在 9 月上中旬生长季节旺盛时发病，10 月后病情缓慢或停滞下来。土质瘠薄，土层浅或缺肥，地势低洼，灌水过深易发病。

采用药剂处理马蹄球茎，可用 50% 多菌灵可湿性粉剂 600 倍液，在育苗前对种球茎浸泡 18 ~ 24 小时，在定植前再将荠苗浸泡 18 小时，同时剔除病弱苗。生长期及时检查，发现病株即行喷药。发病初期喷 50% 多菌灵可湿性粉剂800 ~ 1 000倍液，或80%402水剂2 000倍液，或65%代森锌/乙撑双（二硫代氨基甲酸锌）可湿性粉剂600倍液，或70%安泰生可湿性粉剂600 ~ 800倍液。喷药每隔7天1次，连喷2 ~ 3次，雨后补喷，才能有效地控制该病。

（4）灰霉病

病原为灰葡萄孢。主要发生在采收及贮藏期的荸荠球茎上，多在伤口处产生鼠灰色霉层，即病菌的分生孢子梗和分生孢子，被害球茎内部深褐色软腐。贮藏期湿度大发病重。该病菌以菌丝或分生孢子在荸荠的球茎及病残体上越冬，分生孢子借气流传播，从伤口侵入致病。

选用无病种球育苗。在育苗前先将球茎放在寡雄腐霉10 000倍液（取寡雄腐霉1克，加水10千克）中浸24小时，再催芽播种。田间发病初期，及时用药防治。可用50%速克灵可湿性粉剂2 000倍液，或用50%扑海因可湿性粉剂1 000 ~ 1 500倍液加70%甲基托布津可湿性粉剂1 000倍液，或40%多·硫悬浮剂700 ~ 800倍液喷雾。每隔7 ~ 10天喷1次，连续喷2 ~ 3次，若遇雨天，要及时补喷。对贮藏期球茎可用45%特克多悬浮剂3 000倍液喷淋，并结合冷藏，防病效果更好。

（5）白螟虫

白螟虫是主要虫害。成虫呈白色，大小与三化螟相近，老熟幼虫黄白色略带灰色。以幼虫蛀食茎秆，为害初期荸荠，茎尖部褪绿枯萎，自上而下逐渐变红转黄，茎秆变褐腐烂，最后全株枯死。在分蘖分株期受害，分蘖减少，在结球期受害，影响球茎膨大，产量减少。

俗称“马蹄钻心虫”，发生高峰期在9—10月，是影响马蹄产量的主要害虫。防治方法：在低龄幼虫高峰期，选用2.5%溴氰菊酯乳油喷雾；也可用95%杀虫丹400 ~ 500克，混10千克细泥沙撒施。

五、上市时间及食用方法

马蹄耐贮藏性好，从10月下旬至翌年4—5月均可上市供应。食用方法多样，可生食、熟食、制作罐头、酿酒，还可加工马蹄粉或做成蜜饯食品。马蹄是桂林人宴请宾客时做各种菜肴的配料，桂林地区做肉丸时，都放入一些去皮的碎马蹄，别具风味。另外，可以做银耳马蹄糖水、蔓越莓马蹄糕、虾仁炒马蹄、桂花荸荠、马蹄香梨柠爽、甘蔗马蹄水等，这些都是非常受欢迎的菜肴。另外，马蹄也可药用，主治热病伤津烦渴、小便不利等症。

第二十一节　广西荔浦芋头

荔浦芋，又名香芋，起源于野芋头，属天南星科，原产于印度、马来半岛和我国的海南等热带沼泽地带。广西荔浦，经多年栽培，成为著名的荔浦芋，至今已有600多年的历史。荔浦芋历史悠久，且久负盛名，自元、明、清以来，就成为广西地方官吏朝贡皇家贵族的宝物，也成为广西少数民族地区人民的喜食蔬菜。

荔浦芋原名为槟榔芋，因为芋身呈槟榔花纹而得名。据记载，荔浦芋头自清朝康熙四十八年（1709 年），由福建漳州一带传入荔浦，首先栽于县城城西关帝庙一带，并向周边辐射种植，在荔浦市特殊的地理环境条件下，受环境小气候影响，逐渐形成了地方名特优产品，品质优于其他地方芋头，很早就在周边县对荔浦产的槟榔芋称之为荔浦芋。

荔浦县具有独特的气候和土壤条件，产出的荔浦芋肉质细腻，煮熟的芋头松软芳香，具有特殊的风味。荔浦芋营养丰富，含有粗蛋白、淀粉、各种维生素和无机盐，具有补气养肾、健脾胃之功效。既是制作饮食点心、佳肴的上乘原料，又是滋补身体的营养佳品，为全国广大食客所喜爱，成为天下第一美食名吃之一——荔浦芋头。除此之外，荔浦芋也和其他芋一样，含中草药的材料。有的药书称芋为“土芝”。据有关药书记载：“芋味甘、辛、平，治疗多种疾病。”

荔浦芋是广西荔浦县的传统名优特产，是荔浦县的农业品牌之一。2005 年，国家质检总局批准对“荔浦芋”实施地理标注产品保护；2019 年 11 月，荔浦芋入选中国农业品牌目录。荔浦芋头不仅畅销全国，还出口东南亚、日本以及欧美等国家，市场前景非常广阔，深受国内外消费者青睐。

一、品种特性

广西荔浦芋头是全国有名的芋头品种，通过对荔浦芋进行提纯复壮，改善荔浦芋品质，现所生产的种苗不仅保持了原来荔浦芋的品味，还大大增加了产量。广西荔浦芋头以芋头个大而闻名，母芋单个重达 1 000 ~ 1 500 克，植株高 150 厘米，每株子芋 5 千克以上。适宜于有机质丰富、排灌条件良好的园地栽培，3 月下旬至 4 月初催芽，4 月中下旬定植，10—11 月采收，每亩产量可达 4 000 千克。

二、对环境条件的要求

荔浦芋喜高温多湿的环境，在 13 ~ 15℃以上开始发芽，生长期要求 20℃以上的温度，球茎在 27 ~ 30℃时发育良好。生长初期，根系较浅，不耐干旱，种芋发根后，新生植株逐渐膨大而成为“母芋”，其后随着植株的生长，不断形成新的球状茎，即鲜芋，在适宜环境下不断分蘖,而成为“子芋”“孙芋”等。芋根为须根，但不太发达，分布在沙壤土层 24 ~ 27 厘米，在生长的中后期，保持和延长叶片的寿命，可为球茎的形成提供更多的养分。

荔浦芋比较耐阴，不需要太强的光照，高温干旱会使叶片枯死。生长期内需要充足的水分，比较适合在潮湿地区栽培，生长中后期以畦沟有蓄水 10 ~ 15 厘米深为宜。耐肥性强，适应有机质丰富的肥沃、深厚、排灌良好的园地栽培。

三、地块选择

荔浦芋头作为一种多年生草本植物，在栽种过程中有着严格的土壤要求，适宜在松散、通气、肥沃的土壤环境里成长，基于此，想要提升品质，在土地选择方面需要充分重视土层厚度、透气性以及疏松性。据荔浦芋农经验，在黏质土稻田上栽培，肉质致密而芳香；沙质土稻田上栽培，则肉质较松软，风味略逊，但母芋较长且大。另外，要选择弱酸性以及中性土壤，同时防止将其放置在废气、废水、废物等环境中，避免芋头受到污染。

四、高品质栽培技术

（一）种芋准备、选种与播种

种芋以表皮黄褐色，肉质灰白色，并有明显的紫红色槟榔纹为主，其口感香浓，品质优良。在4月中下旬选择头大尾小、顶芽充实不受伤的单个子芋重50克作种。把青头芋、长柄芋等畸形芋头、病芋头挑出，拔去种芋上的毛，将顶芽外侧芽去掉，晾晒一天，切去有病的伤面。种芋选好后直播。等行种植，行距80厘米，株距40厘米。可按80厘米开沟，深25厘米，浇水造墒，沟内播种，株距40厘米，放上种芋，芋芽向上种植，每亩栽植密度在2 000株左右，覆土10厘米厚。

（二）施肥管理

全生育期内追肥3次。荔浦芋生长期长，第一次中耕追肥一般在有3 ~ 4张叶片时进行，先铲除杂草，在离芋株约20厘米远的地方开穴施肥，施生物有机肥800千克后盖土。并在芋苗基部壅上少量土补坑，第二次追肥在5 ~ 6张叶片时追肥施入芋株周围，生物有机肥500千克施后壅土平坑。第三次在8月上旬，生物有机肥500千克，施在芋株周围，并将垄间土壅上芋株基部并盖住肥料筑成高垄，垄高在20 ~ 25厘米。

（三）水肥管理

科学、合理进行浇水，芋头种植对于浇水的要求较为严格，芋头喜欢在潮湿的环境中生长，不适宜干旱环境，在干旱情况下芋头的叶子会逐渐变黄，抗性下降，引发严重的病虫害。但是过于潮湿的环境也会对芋头的根系发育带来影响，而且品质下降，黏而不粉，味淡且容易腐烂。因此，在芋头的幼苗期就要保证种植土壤的见干见湿，确保根系的茁壮成长。在芋头的发棵过程中，要保持垄沟有水，调控好浇水的次数，每5天浇1次水，确保土壤的湿润度，到雨季时期，还需要及时采取开沟排水措施；收获前1个月，畦沟蓄水全部排干。

关于培土的工作，通常情况下，针对生长过程中的芋头一般要进行3次培土。每次培土以由薄到厚为原则。第一次小培土，出现2 ~ 3片叶，清明节期间进行；第二次中培土，出现5 ~ 6片叶，生长加快，培土厚度8 ~ 10厘米；第三次大培土，厚度15 ~ 20厘米。此时株高 80 ~ 100 厘米，正值 7 月中旬，高温多雨，芽苗生长快，也称之为“冲秋期”。每次培土都要与施肥和除草紧密结合。

（四）病虫害防治

病虫害的防治措施，是为了保障在种植期间增产提质、实现无公害管控，需要科学、合理掌控农药的使用量，有效的病虫害防治措施包括生物防治以及物理防治，如果特殊情况需要使用农药，务必要选择药性低的农药试剂轮换使用，坚决禁用高毒农药。

1. 主要病害

（1）芋疫病

芋疫病是一种低等真菌性引起的病害，会为害到叶片、叶柄的发育，发病高峰期在每年的 4—8 月，此时气温高、空气环境湿潮、天气晴雨不定，因为过密的种植导致通风受阻，大量施加氮肥时有很大概率引发此种病害，导致出现严重的病种以及田块连作问题。

防治措施：重在预防，在发病高峰期前的 3 月底喷药，可以喷施保护性杀菌剂代森锰锌，也可代森锌分别添加杜邦抑快净（52.5% 噁酮 · 霜脲氰）、易保（68.75% 噁酮 · 锰锌）、疫霜灵、霜脲锰锌、烯酰吗啉、霉多克等其中一种交互使用，7 天左右喷施 1 次，一直到 8 月初停止喷药，喷施农药时加高效农用有机硅或消抗液等农药助剂以提高药效，喷药应避开雨天进行。

（2）软腐病

软腐病是一种细菌性病害，主要为害叶柄底部、地下茎部位，在完整生长过程中都有发病的可能性，特别是在连作地块、低洼地、施加没有腐熟的农家肥以及施肥过头的地块较为严重。

防治措施：做好肥水管理的工作，不要过多施加氮肥及没有腐熟的有机肥，采取有效措施消灭地下害虫，第一时间消除病株，并于病穴和其周边挥撒生石灰。还可以使用 20% 碧生（噻唑锌）、可杀得 3000（46% 氢氧化铜）、地菌灵、农用链霉素进行灌根处理，于每年 4—8 月施肥。

2. 主要害虫

（1）红蜘蛛

芋头虫害主要为红蜘蛛，可用 1.8% 阿维菌素 3 000 倍液防治。

（2）斜纹夜蛾

斜纹夜蛾世代重叠发生，成虫具备趋光性特点，因此可以选择装置频振式杀虫灯进行夜间诱杀，也可以使用斜纹夜蛾诱捕器进行捕杀。幼虫 3 龄前喜欢进行群集为害，大龄的幼虫会选择在傍晚或阴天出动，因此可以在 3 龄前傍晚时喷药。药剂防治可选择奥得腾（35% 氯虫苯甲酰胺）水分散剂或 20% 茚虫 · 灭幼脲，于傍晚或日出前喷施。

（3）地下害虫

在播种时施入 3% 辛硫磷颗粒 20 千克防治地下害虫。或在施肥的同时采取施加辛硫磷、茶麸的方法，或选择使用敌百虫进行灌根处理。

（4）蚜虫

在出现芋蚜点片为害时采取喷药防治措施，可用25%噻虫嗪（阿克泰）水分散粒剂5 000 ~ 6 000倍液、80%烯啶・吡蚜酮虬虫啉等进行防治。

（五）适时采收

适期采收是保证芋头品质的重要因素。如果采收太早，芋头还不够成熟，且水分太多不适合进行贮藏以及输送，会严重影响品质。一般在霜降、立冬前后，地上部分的叶片开始变黄，叶柄开始下垂，也可以称之为倒苗，此时只留下3 ~ 4片叶，此时即可采收，芋头的品质最好。

通常每年10—11月采收上市，在晴天露水干后进行采收。针对留种芋一定要在充分成熟后才可以进行采收，采收前先把地上部去除，等到切口干燥愈合以后选择晴天完成采收。芋种要选取无病、无伤口，重量为50克的球茎，再经过1天的晾晒然后贮藏，贮藏时等到芋头自然风干就可以倒放芋头，放1层芋头，覆盖1层细沙，可单层或多层码放，还需要去除损伤或有病芋头，防止传染，最佳贮藏温度在10 ~ 15℃。

五、上市时间及食用方法

每年10—11月上市，经贮存后可以延续供应到5月。芋洗净即可煮食也可把芋切成片晒干，或碾成芋粉做面条、面糕、芋馒头、芋点心等，也可把芋粉同其他粮食混合食用。

第二十二节　湖北保安水芹菜

保安水芹菜是湖北省黄石市大冶市保安镇的特产。水芹菜属于伞形科、水芹菜属，多年水生宿根草本植物。原为生长在保安湖边的这种湖草，因为救过老街上许多患过头晕目眩和手脚麻木疾病的人，便被保安人当蔬菜类的植物移至农田里培植。后来，人们为了纪念这种能给人治病，生长在水里的湖草对人有“情”，由生吃演变为熟吃，且生熟都能当菜，日子一久，人们便称这种湖草为“水芹菜”。独特的地理位置，适度的日照时间，加上传承的种植技术，使得保安水芹菜更是以其口感嫩脆、淡雅清香，纯天然的绿色食品享誉一方。2013年8月，“保安水芹菜”成为黄石第一个被国家工商总局认定的中国地理标志证明的商标农产品。

湖北保安湖以水产资源丰富而著称，其独特的地理位置、适度的日照时间，加上代代相传的种植技术，使得纯天然绿色食品保安水芹菜以口感嫩脆、淡雅清香而享誉四方。保安镇属丘陵地带，地势南高北低，东连三山湖，西通梁子湖，北接保安湖，属典型的亚热带气候，四季分明，光照充足，雨量充沛，自然条件优越。保安水芹菜种植区域多为排灌方便的湖田湿地，土壤肥沃，保肥保水性能好，且境内水系发达、水质优良，特殊的自然生态环境造就了保安水芹菜独特的品质。保安水芹菜含有多种微量元素和蛋白质，营养价值很高，具有一定的食疗功效，经常食用有降血压、降血脂、清热、利尿等保健功效。近年来，保安镇每年种植水芹菜近万亩，主要销往鄂州、武汉、台湾等地。

一、品种特性

保安水芹菜为伞形花科，水芹属多年生水生宿根草本植物。最早的保安水芹菜均为野生水生蔬菜，现在我们所品尝到的保安水芹菜均是人工驯化栽培，所有用种均经过提纯复壮，其一致性好，品质优良。其基生叶有柄，柄长约10厘米，基部有叶鞘。叶片轮廓三角形，1～3回羽状分裂，末回裂片卵形至菱状披针形，长2～5厘米，宽1～2厘米，边缘有牙齿或圆齿状锯齿。茎上部叶无柄，裂片和基生叶的裂片相似，较小。其根从没入土中和接近地面茎的各节向地下丛生30～40厘米的须根，茎上还有细小的分枝。茎有地上茎和匍匐茎2种，都比较细长，2种茎的各节都能生根，茎中空或者被薄壁细胞充填，茎上部白绿色，下部因在深水中浸泡通常呈白色。茎长40～80厘米，粗0.5～1.0厘米。以食用嫩茎和叶柄为主，生拌炒食皆可，口感脆嫩、味道鲜美，闻起来还有一股淡淡的清香。

二、对环境条件的要求

（一）温度

水芹菜喜欢生长在凉爽的环境中，这是我们都知道的，因为小时候印象中水芹菜就是生长在河边的。所以水芹菜比较耐寒，不能在高温的环境下生长。水芹菜适宜的生长温度为12～24℃，如果在温度30℃以上，或者是低温5℃以下，则会出现生长缓慢的情况。

一般而言，水芹菜地上部分抗低温能力相对比较强，可以在-5～0℃的低温下生长。地下部分如果温度过低的话，那么必须在深水层才能生长，否则也会产生植株冻死的现象。

（二）水分

水芹菜常年都生长在浅水田之中，喜欢水，不耐干旱。所以其喜欢生活在河沟、水田旁，这些地方种植较为适宜。其生长河水深度在5～20厘米，前期要求水层比较浅，在3～6厘米就可以了，之后随着水芹逐渐生长，就需要加大其灌水量。以后以大部分叶片露出水面10厘米为佳。

水芹的种植气候条件，温度一定要适宜，不同生长阶段水分要求不同。气温降低到0℃以下，就可以适当地灌水，从而达到保温防冻的目的。需要注意的是，水芹菜虽然生活在水中，但是怕大水。如果长期被水漫过，会导致叶片功能迅速衰退，从而影响其产量和品质。

（三）光照

水芹菜是一种喜欢阳光的植物，种植的地方需要阳光长期对其进行照射，所以不能有遮阳物对其遮挡阳光。但是过强的光照会影响其产量和品质，春、夏季长日照，有利于植株茎秆迅速进入生长阶段，然后相继开花结果。冬季日照则比较短，有利于水芹菜茎叶的生长，从而增强其商品属性。

三、地块选择

保安水芹菜喜凉爽，忌炎热干旱，生长在河沟、水田旁，以土质松软、土层深厚肥沃、富含有机质、保肥保水力强的黏质土壤为宜。前茬最好为浅水藕、春玉米、早大豆等茬口。一般在露地水田种植。

四、高品质栽培技术

（一）整地施肥

播种前7天，每亩施优质有机肥4 000千克和氮、五氧化二磷、氧化钾含量各15%的三元复合肥15千克，然后在田块四周筑好高田埂，灌上薄水层。

（二）选种催芽

8月中下旬将种芹茎秆用稻草捆好，每捆扎2道，直径约25厘米。然后将种茎堆放在树荫下，上面盖上稻草或其他水草，也可用遮阳网遮阳。每天9：00时前，16：00时后各浇清水一次，保持湿润。经7天左右，待种茎叶腋长出嫩芽，发出新根后即可播种。

浅水排种水芹菜的适宜播种期在9月上中旬。将催芽后的种茎茎部端朝田埂，梢端向田中间，芽头向上排种。排种的间距约8厘米，每亩用种量约250千克。

（三）水肥管理

待幼苗长到2～3片叶时，每亩追施有机速溶肥20千克，促进植株尽快旺长，以后每隔20天左右每亩用氮、磷、钾含量为15%的有机肥30千克，一般追肥3次。排种后待水芹菜充分扎根后可排干田水，轻搁一次，以后要逐步加深水层至30厘米，确保植株顶端露出水面15厘米左右即可。入冬以后，水芹菜停止生长，注意灌水保暖，防止受冻。水芹菜苗齐时气温较高，田间水生杂草生长迅速，封行前要及时拔除杂草2～3次，防止杂草与之争肥争水。

（四）田间管理

一般于11月中上旬，当苗高达25厘米左右时，结合清除杂草和混合肥料，进行田间整理，一是移密补稀，使田间分布均匀；二是拣高提低，使田地群体生长整齐，高度一致。同时，采用深埋入土的办法进行软化，提高水芹的品质。用两手将所有的植株采挖起来，就地深栽一次，每穴10～15株。入土的深度取决于植株的高度，地上部留10多厘米。其余全部栽入烂泥中，使其在缺光的条件下逐渐软化变白。在深埋时，两手五指伸开夹住植株根部直接埋入土中，要求不歪不卷根，这是提高水芹菜品质的重要措施。

（五）病虫害防治

1. 防治原则

保安水芹菜病虫害少，应按照“预

防为主、综合防治”的植保方针，坚持以农业防治、物理防治、生物防治为主，化学防治相结合的防治原则，正确选用高效、低毒、低残留农药，并交替使用，严格执行安全间隔期，做到无公害、标准化生产。

2. 病虫害防治

保安水芹菜的主要病害是斑枯病和锈病，虫害主要是蚜虫。斑枯病可选用70%代森锰锌可湿性粉剂600倍液或58%甲霜·锰锌可湿性粉剂500倍液或72%霜脲·锰锌可湿性粉剂800倍液等喷雾防治；锈病可选用15%三唑酮可湿性粉剂1 500倍液、25%丙环唑乳油3 000倍液等喷雾防治；蚜虫可选用生物农药藜芦碱（护卫鸟）600倍液喷雾防治；也可选用10%吡虫啉可湿性粉剂1 500倍液喷雾防治。

（六）适时采收

采收时间和标准在不同地区而不同，不需进行深埋软化的地区，在11月中下旬就可以上市，经过深埋软化的上市时间适当推迟。同时可根据市场需求，价格较高时上市，尤其应在元旦、春节两大节日大量上市。

五、上市时间及食用方法

11月下旬至翌年2月上市。保安水芹菜其嫩茎及叶柄质鲜嫩，清香爽口，可生拌或炒食。芹菜叶中所含的维生素C比茎多，因此吃时不要把能吃的嫩叶扔掉。其幼嫩的基部叶片辛辣，可与其他蔬菜一起做沙拉或当作香料，还可作为盘菜的装饰。

第二十三节　江苏如皋黑塌菜

江苏如皋黑塌菜又名如皋塌棵菜、趴趴菜，是十字花科芸薹属白菜亚种的一个变种，因塌地生长而得名。如皋黑塌菜种植历史悠久，清乾隆十五年（公元1750年）编修的《如皋县志》记载：“九月下种，十月分畦，冬后经霜更酥软，邑人呼为塌棵菜。初春嫩薹蔬茹皆胜，四月收子榨油，香美不亚麻油。”目前，黑塌菜是江苏如皋地区的传统特色蔬菜品种，也是江苏如皋市冬春季小白菜主栽品种之一，在江苏南通及周边地区都有种植。秋季播种、冬春上市，以稍带苦味的墨绿色叶片为产品，尤以经霜冻后肥嫩鲜美而著称，被视为白菜中的珍品。2013年获得国家农产品地理标志，2015年入选农业部《全国名特优新农产品目录》。

如皋地处长江三角洲北翼，毗邻上海，是世界六大长寿乡之一。中国科学院南京土壤研究所开展土壤微量元素与长寿关系的研究发现，如皋之所以寿星众多，与当地土壤的微量元素含量息息相关，土壤中的硒有抗衰老、防癌变的作用；锌能维持细胞膜稳定性，提高免疫功能；硼影响人体钙、维生素D、氨基酸或蛋白质等营养成分的代谢。土壤中微量元素的含量及其组合正好适合人体，通过食物链，长寿区的人们长期从环境中获取这些微量元素，抗衰老能力更强。

如皋独特的自然环境条件和栽培方式形成了如皋黑塌菜的特有品质，其株型平展，塌地生长，叶片粗纤维含量低，味甜鲜美、质地柔嫩、清香爽口，富含膳食纤维、维生素 B_1、维生素 B_2、胡萝卜素等营养物质，其中维生素 C 和钙含量极高，每 100 克鲜叶中含维生素 C 高达 70 毫克，钙 180 毫克，被视为青菜中的珍品，又被称为维生素菜。如皋黑塌菜不但深受当地人喜爱，上海、南京、苏州、无锡等长江三角洲周边大中城市消费者对如皋黑塌菜也情有独钟。

一、品种特性

如皋黑塌菜株型平展，塌地生长，开展度 20 ~ 35 厘米，单株质量 200 克左右；叶片卵圆形，叶色墨绿，叶面平滑、有光泽；短缩茎，叶柄宽而短、绿白色；根系发达、分布较浅、再生能力强；性耐寒，在我国长江流域可露地越冬；香味浓厚，经霜冻后叶片含糖量增加、叶厚质嫩，风味尤佳。一般亩产量 2 000 千克左右。

二、对环境条件的要求

（一）温度

黑塌菜喜冷凉气候条件，耐寒性强，一般晚秋栽培。生长最适宜温度为 18 ~ 20℃，能耐 -8 ~ 10℃低温；在 25℃以上的高温及干燥气候条件下，植株生长弱、品质差。

（二）光照

黑塌菜在种子萌动及绿体植株阶段，均可接受低温感应而完成春化。黑塌菜对光照要求较强，红光促进植株生育干物质增加，绿光则生育受抑，阴雨弱光易引起徒长，茎节伸长，品质下降；长日照可促进花芽分化及发育。

（三）水分

土壤水分不足，生长缓慢，组织硬化粗糙，如加上高温天气，易发生病毒病；水分过多，易影响根系发育，土壤长期积水，则发生沤根，植株萎蔫死亡。

（四）土壤和营养需求

黑塌菜对土壤适应性较强，以富含有机质、保水保肥力强的黏土或冲积土栽培为佳；适宜的土壤 pH 以中性偏酸为宜；由于黑塌菜以叶片和叶柄为产品，且生长期短而生长迅速，要求以氮肥为主，钾肥次之，生育期间还要求适量的微量元素硼。

三、地块选择

选择水源充足、水质优良、水利设施配套齐全，地势平坦，排灌方便，土层深厚，土质疏松，富含有机质，保水、保肥性好的沙夹壤土田，土壤pH值6 ~ 8为宜。前茬避免十字花科作物。

四、高品质栽培技术

（一）苗床准备

1. 苗床选择

选择土壤疏松、保水保肥能力强、排灌方便的田块。

2. 整地施肥

播种前 7 ~ 10 天，每亩撒施腐熟粪肥 1 500 ~ 2 000 千克，然后多次耕翻，深度 20 厘米，精细整地，做到松、细、平。

播种前不足底墒，整地耙平做畦，畦宽 2 米，沟宽 30 厘米，沟深 25 厘米，并做到沟系通畅。

（二）播种育苗

1. 播种

9 月中下旬播种，露地育苗。选用新鲜、饱满的种子。一般每亩播种 0.5 ~ 0.75 千克，苗床面积与大田面积为 1 ∶ 10。播种应掌握匀播与适当稀播，播后覆盖 0.5 ~ 1 厘米厚的细土，踏实畦面、盖上遮阳网。

2. 苗期管理

播种后应根据天气、土壤墒情，及时浇水，出苗前保持土壤湿润。一般播后 2 ~ 3 天即可出苗，齐苗后可揭开遮阳网。齐苗后视墒情再补水，当第二片真叶伸展后，每亩苗床施有机液肥 5 千克。2 叶 1 心时进行第一次间苗，以后再进行 1 ~ 2 次，防止徒长，结合间苗进行除草；幼苗在 4 ~ 5 片真叶时定植，苗龄 30 天左右，定苗间距 7 ~ 8 厘米。定植前浇透水。

（三）定植

1. 整地施肥

选择土质疏松的田块，施足基肥，每亩施腐熟有机肥 2 000 ~ 2 500 千克，深耕 20 ~ 25 厘米，旋耕后耙平开沟做畦，畦宽连沟 2 米，沟深 25 厘米；每 30 米开一条腰沟，四周开围沟，沟宽 30 厘米，深 30 厘米，畦高 15 厘米，畦宽 120 厘米，做到畦面平整，略加施压。

2. 定植

一般在 10 月中下旬定植，苗龄 25 ~ 30 天、秧苗 4 叶 1 心时选择健壮苗移栽。起苗前 1 天浇足水（湿润深度 10 厘米）。一般要求下午起苗，剔除劣苗，按大、小苗分别移栽，株距 25 厘米、行距 30 ~ 35 厘米。移栽深度以第一片真叶在地表以上为宜，培实四周土壤。移栽后及时浇好活棵水，以后视天气浇定根水 1 ~ 2 次。

（四）田间管理

1. 肥水管理

浇水施肥以保持土壤湿润为宜。在施足基肥的基础上，移栽活棵后每亩施含氮、磷、钾 15% 的有机液肥 10 千克。入冬后减少水肥供应，可在田间覆盖稀疏稻草以减轻霜冻为害。

2. 中耕除草

多与施肥结合进行。植株封行前，浇施肥水后疏松表土，以保墒除草。

（五）适时采收

定植后 45 天左右可开始采收，经霜冻后叶片含糖量增加、叶厚质嫩，风味尤佳。根据市场需求也可采收至翌年 2 月，以后随着气温回升，如皋黑塌菜开始抽薹，品质下降。采收时应贴土面将植株铲下，过深易带土，过浅易掉叶降低产量。采收后去除黄叶，按规格大小分级整理后包装上市。包装选择整洁、牢固、美观、无污染、无异味的包装容器。运输如皋黑塌菜为绿叶蔬菜，最适宜贮藏温度为 0 ~ 2℃。

（六）病虫害防治

1. 防控原则

坚持“预防为主，综合防治，以农业、物理防治为主，化学防治为辅”的防控原则。

2. 常见病害

病害主要有霜霉病、黑斑病，虫害主要有蚜虫、黄曲条跳甲、菜青虫、斜纹夜蛾、小菜蛾等。

（1）黑斑病

后期多发病，主要为害叶、叶柄、茎、角果等，叶片感病，初生灰褐色至黑褐色稍隆起的小斑，后扩大为黑褐色圆形斑，具同心轮纹，湿度大时，病斑上长出黑色霉；叶柄、茎染病生椭圆形或纵行的黑色条斑。

（2）白斑病

黑塌菜整个生育期均可被害，初在叶片口出现白色至灰白色或黄白色圆形小病斑，后逐渐扩大为圆形或近圆形，边缘半绿色，中央灰白色至黄白色，病部稍凹陷变薄，易破裂，湿度大时，病斑背面产生浅灰色霉状物，严重时病斑融合，致使叶片枯死。

（3）菌核病

菌核病又称菌核性软腐病。黑塌菜生育期均可发病。生产上以生长后期和留种田块发病较多，苗期染病多在近地面外形成黄褐色水浸状病变，后致病部湿腐，长满白色絮状菌头，形成叶腐或茎腐致幼苗腐烂或枯死，病部出现黑色鼠粪状菌核。

（4）病毒病

病毒病先在新长出的嫩叶上产生明脉，后出现斑驳，病叶多畸形，植株矮扁，结荚少，种子不实粒多，发芽率低。

3. 防治方法

（1）农业防治

合理安排轮作，避免与十字花科蔬菜连作；及时清理田园，晒垡消毒；培育壮苗，合理肥水管理。

（2）物理防治

育苗期蚜虫、黄曲条跳甲采用黄板诱杀。一般每亩用规格为 25 厘米 ×30 厘米黄色诱虫板 30 张或 20 厘米 ×25 厘米黄色诱虫板 40 张，高度为离地 30 ~ 35 厘米。

（3）化学防治

①农药的安全使用

农药使用应符合国家安全生产的要求，不同药剂交替使用，严格控制用药量和安全间隔期，采收前 15 天停止用药。配制农药时做到随配随用，剩余农药应及时进行无害化处理。

②病害防治

霜霉病可选用40%三乙膦酸铝可湿性粉剂150～200倍液或80%烯酰吗啉水分散粒剂1 000～1 500倍液喷雾防治；黑斑病可选用58%甲霜·锰锌可湿性粉剂500倍液或43%戊唑醇悬浮剂2 000～3 000倍液喷雾防治。

③虫害防治

蚜虫可选用生物农药藜芦碱（护卫鸟）800倍液或1.5%天然除虫菊素800倍液喷雾防治；也可选用10%吡虫啉可湿性粉剂1 500倍液喷雾防治；黄曲条跳甲可选用2.5%高效氯氰菊酯乳油2 000～3 000倍液或1.8%阿维菌素乳油2 000倍液喷雾防治；菜青虫、斜纹夜蛾、小菜蛾可选用苏云金杆菌生物杀虫剂（商品名护尔3号）600～800倍液喷雾。或选用茶核·苏云菌悬浮剂1 000倍液喷雾防治。

五、上市时间及食用方法

如皋黑塌菜一般在12月初霜冻后至翌年2月上市，随着黑塌菜深加工取得突破，特别是冷冻保鲜技术的成熟，原先只能在冬季上市的黑塌菜，如今一年四季均可品尝到。如皋黑塌菜的食用方法有多种，可炒食，也可做汤，还可以凉拌，清炒香气扑鼻、鲜美肥嫩，炖汤汤色晶莹透亮、宛如碧翠，是如皋长寿老人冬天饭桌必不可少的佳肴。

第二十四节　江苏白蒲黄芽菜

黄芽菜在植物学分类上属于十字花科、芸薹属、芸薹种、大白菜亚种、花心大白菜变种。白蒲黄芽菜是江苏南通如皋的特产，已有240年以上的历史，清乾隆《如皋县志》便有记载，主要产地在白蒲镇及周边乡镇，品种为本市地方特色品种“瓦盖头”，因其营养丰富、叶质柔嫩、风味独特而声名远扬，又因其白皮包心，顶叶对抱，包心紧实，黄化程度高等品种特性而得名“白蒲黄芽菜”。

黄芽菜营养价值很高，据分析，每100克黄芽菜可食用部分含蛋白质4.8克，脂肪0.3克，糖10克，粗纤维1.7克，胡萝卜素0.37毫克，此外，还含有核黄素、硫胺素、尼克酸、抗坏血酸，以及钙、磷、铁等。白蒲黄芽菜煮则汤如奶汁，炒则嫩脆鲜美，且可贮藏，为冬季常备蔬菜，除供应本市及邻近县（市）外，还远销沪、浙、闽等省（市）。2016年8月，“白蒲黄芽菜”获国家地理标志产品商标。

一、品种特性

黄芽菜著名品种有“六十日”“菊花心”“瓦盖头”“大包头”“小包头”等，以如皋市地方特色品种“瓦盖头”品质最佳。该品种株型紧凑，白皮包心，顶叶对抱，包心紧实，黄化程度高。株高35厘米左右，植株展开幅度45厘米左右，叶球高28厘米左右，横径17厘米左右，单株重 2.5 ~ 3 千克。生长期 100 天左右，每亩产量 4 000 千克左右。

二、对环境条件的要求

温度

黄芽菜喜欢冷凉气候，它对外界温度的要求是随着生长的不同阶段而逐渐降低的。在发芽至幼苗期，最适宜的温度是 20 ~ 26℃，到真叶生长 15 片以上进入发育盛期时，适宜温度为 17 ~ 20℃；到开始包心充实期，适宜温度为 3 ~ 14℃。如果包心充实期温度降至 -5℃时易发生冻害现象。

三、地块选择

选择水源充足、地势平坦、排灌方便、土层深厚、土质疏松、富含有机质、保水、保肥性好的壤土或沙壤土田块，土壤 pH 值以 7 ~ 8 为宜，前茬作物以非十字花科作物为宜，前茬作物宜选择茄子、南瓜、冬瓜、蒜、韭菜等，这些地的土壤通透性好，病虫害少，有利于黄芽菜生长卷合结球。

四、高品质栽培技术

（一）苗床准备

苗床选择土壤疏松、保水保肥能力强、排灌方便、前茬未种过十字花科蔬菜作物的田块。整地施肥每亩撒施充分腐熟有机肥 3 500 ~ 4 000 千克，然后多次耕翻，精细整地，做到松、细、平的标准，苗地整成畦宽 1 米、沟宽 0.5 米的高畦。

（二）播种育苗

1. 播种

8 月下旬播种，播种前先浇足水或腐熟稀粪水，选用新鲜、饱满的种子。一般每亩播种量 0.75 ~ 1.0 千克，苗床面积与大田面积为 1 ： 15。播种要均匀，并适当稀播，播后覆盖 0.5 ~ 1.0 厘米厚的细土，踏实畦面。

2. 苗期管理

播种后应根据天气、土壤墒情，及时浇水，出苗前保持土壤湿润。一般播后 2 ~ 3 天即可出苗，齐苗后视墒情再补水，使发芽整齐。幼苗 1 ~ 2 片真叶时第一次间苗，3 ~ 4 片真叶时第二次间苗，间苗与中耕、除草结合进行。每次间苗后施 10% 腐熟粪水提苗，并注意苗期蚜虫等病虫害防治工作。

（三）定植

1. 整地施肥

黄芽菜的整地做畦工作要做得早、做得精细。在前作收获就进行第一次翻耕，深度 7 ~ 8 厘米，待土晒白后打碎耙翻，再行复耕。这样能得到阳光充分的暴晒，提高土壤肥力，使黄芽菜主根粗大，侧、须根粗而多，产量高。在园地翻耕晒白整畦后按行距开沟条施做基肥，一般每亩大田施用 4 000 千克充分腐熟细碎的有机肥、过磷酸钙 25 千克；禁止施用未腐熟的有机肥，若有机肥源不足可施用生物有机肥 3 000 千克。畦高 15 厘米，畦宽 120 厘米，做到畦面平整，略加施压。

2. 定植

掌握苗龄25天左右（有5～6片真叶），于16：00时后或阴天定植。采用双行种植，株距45～50厘米，每亩种植2 000～2 200株。移栽前一天苗畦要浇透水，便于起苗和带土移栽。定植不宜太深，以子叶贴近畦面为度，防止浇水时泥土淤心或积水引发软腐病。覆土不要用手压实，边栽边浇即可。定植3～4天后要及时查苗补苗。

（四）田间管理

1. 肥水管理

浇水施肥以保持土壤湿润为度。在施足基肥的基础上，移栽活棵后在株边浇0.3%尿素2次并结合治虫防病；莲座初期每亩追施中农富源有机液肥15千克左右，结合灌水，保证莲座叶迅速而健壮生长；结球期需要养分和水分最多，在结球初期和中期各追施1次肥，每亩每次施氮、磷、钾含量15%的中农富源（其中氮为7%、磷为3%、钾为5%）有机液肥15～20千克。叶球生长坚实后，应停止灌水，防止因水分过多而导致叶球开裂、腐烂及降低产品质量和产量。

2. 中耕除草

结合施肥进行中耕除草。植株封行前，浇施肥水后疏松表土，以保墒除草。

（五）病虫害防治

黄芽菜主要病虫害有病毒病、软腐病、蚜虫、菜青虫、甜菜夜蛾等。按照“预防为主，综合防治”的植保方针，坚持无害化治理原则。注重合理轮作，晒垡消毒，中耕除草，及时清洁田园。

在霜霉病防治上，发病初期用72%霜脲·锰锌（克霜氰）500～600倍液，或90%乙磷铝（霜露）800倍液加高锰酸钾1 000倍液，每隔6～8天喷施1次，共喷2～3次。软腐病可用20%龙克菌可湿性粉剂1 000倍液或72%农用链霉素可溶性粉剂3 000～4 000倍液，于莲座期和结球初期喷雾防治。蚜虫用10%吡虫啉可湿性粉剂1 500倍液喷雾防治；菜青虫、甜菜夜蛾用生物农药苏云金杆菌（商品名护尔3号）600～800倍液喷雾或Bt乳剂200～300倍液喷雾防治。

（六）适时采收

一般在霜冻前采收，12月上旬根据市场需要适时采收上市，收获时贴地表将菜铲起，在田间晾晒1～2天，以利于冬贮，分期上市销售。

五、上市时间及食用方法

一般12月上旬至翌年2月上市。可煮汤也可炒食，用黄芽菜做成的常见菜肴有黄芽菜炒年糕、黄芽菜炒肉丝、黄芽菜烧素鸡、黄芽菜炒鸡肝，煮汤则如奶汁，炒则嫩脆鲜美，且耐贮藏，为冬季常备蔬菜。

第二十五节 江西蕹菜

蕹菜又名空心菜、竹叶菜，属旋花科，原产我国热带多雨地区，东南亚各地分布最广。我国长江流域和沿海各省都有种植，以华南和华中栽培最盛。江西蕹菜栽培历史悠久，以茎粗、叶大、纤维少、优质高产而闻名遐迩。湖南、福建、湖北、上海、北京等省（市）大量引种江西蕹菜。近年来，江西每年要为外地提供蕹菜种子约 15 万千克。

蕹菜以幼嫩的茎叶供食用，营养丰富，是人们喜爱的一种大众蔬菜，经测定 100 克鲜菜中含钙 147 毫克，居叶菜首位，含脂肪 0.3 克，名列叶菜前茅；含蛋白质 2.3 克，热能 23 千卡，仅次于苋菜；含碳水化合物 3.9 克，低于雪里蕻，居叶菜的第二位；其他养分含量也很丰富，含磷 31 毫克、铁 1.6 毫克、胡萝卜素 1.9 毫克、核黄素 0.17 毫克、抗坏血酸 13 毫克。

一、品种特性

江西的蕹菜有两种类型：即大叶旱蕹菜（子蕹）和水蕹（藤蕹）。大叶旱蕹又分白花与紫花两个品种。耐旱力比水蕹强，适宜旱地栽培，但也可水生。水蕹也可在水源充足的旱地进行栽培，品种有 3 个：白花、紫花和水蕹。

（一）旱蕹白花种

叶长心脏形，茎叶肥大，淡绿色、花白色、质地柔嫩，品质佳。

（二）旱蕹紫花种

叶长心脏形，茎叶肥大，叶淡绿色，茎与花带淡紫色，纤维较多，品质较差，抗逆性强。

（三）水蕹

叶细小呈短披针形，茎叶浓绿色，品质脆嫩油滑，质量最佳，比旱蕹较耐寒，怕干旱，对水肥需求量较高。既可在水塘、水沟、水田中栽植，也可旱栽，在江西只能扦插繁殖。

二、对环境条件的要求

蕹菜性喜高温潮湿，对环境的要求不严，只要在水源充足，连续 45 天平均温度在 18℃以上的地区都能生产。蕹菜耐肥，不耐旱，不耐寒，在三伏天气温高达 40℃生长不受影响，但不耐低温，遇霜后茎叶枯死。

三、地块选择

蕹菜性喜有腐殖质而潮湿的土壤，它分枝性强，不定根发达，生长迅速、栽培密度大，采收次数多，丰产而耐肥，所以必须选择向阳、肥沃、水源方便的田地种植。

四、高品质栽培技术

（一）整地做畦

于 3 月下旬去掉中棚，清理前茬植株残体，每亩施用腐熟细碎的优质有机肥 3 000 千克，深耕土壤，每棚做 2 条畦，中间起宽 40 厘米、高 20 厘米的畦埂，棚内两边起 15 厘米高的埂，平整畦面待播。

（二）播种

将蕹菜种子按行距 25 厘米条播在畦上，每亩用种量 12 千克左右。播种后喷水至土壤湿润，覆膜保湿，种子萌芽出土后再揭膜。一般在3月至8月上旬播种，4月下旬至10月上市。春播在清明前后，正值低温多雨天气，容易烂种，故应采用塑料薄膜覆盖和小棚栽培。

（三）田间管理

1. 温度管理

种子萌芽前注意将地表耕层温度保持在25～30℃；子叶展开至4～5片叶的幼苗期，温度保持在20～25℃；茎叶生长期温度控制在25～35℃。5月中下旬夜温稳定在20℃左右时揭去棚膜；7—8月高温季节在棚顶加盖遮阳率65%的遮阳网降温。

2. 肥水管理

蕹菜生长至株高15厘米左右时开始灌水，一般在清晨或傍晚进行，保持水层深5～10厘米。采收前3～5天停止灌水，采收后注意及时排水，使残留根茬露出水面，以免水淹形成腐烂。每采收1次即追肥1次，一般每亩追施氮、磷、钾含量15%的中农富源有机液肥15～20千克。

（四）适期采收

适期采收是获得优质的关键，采用小棚栽培的可在3月播种，4月下旬至5月上旬上市。水蕹菜2月育苗，4月扦抽、5—10月上市。在苗高18～21厘米时结合定苗、间苗上市，行株距10～15厘米。当蔓长至25～35厘米时开始第一次采摘，第一次采摘茎基部留2～3个节，以促进萌发较多的侧蔓。第二次采摘将茎基部下的第1～2个节采下，第三次采摘将基部留下第一个节采下，以达到茎基部重新萌芽。不可留节过多，否则发生的侧蔓过多，营养供应分散，影响品质和产量。在生长采收过程中及时疏去过密的侧枝，并去除部分老株，这样做以后采摘的茎蔓可保持粗壮，一般每年可采收4～5茬。

（五）病虫害防治

1. 主要发生病害及防治方法

蕹菜主要病害有白锈病、褐斑病、轮斑病、病毒病。

（1）白锈病

白锈病是蕹菜最常见的一种病害，发病率高，为害也比较严重。在发病时为害的主要是蕹菜的叶子、叶柄和嫩茎，影响蕹菜的产量和质量，严重时会导致绝收。发病初期，蕹菜的叶片表面会出现淡黄色的绿斑，随着病情加重，叶片会慢慢变成褐色。在叶片发病部位的背面，相对会有隆起的白色圆形或不规则图形的小斑，病斑处有黏液。

白锈病可在发病初期喷洒3%氨基寡糖素（金消康2号）+含氨基酸水溶肥料（禾命源抗病防虫型）450倍液，也可用20%多菌灵可湿性粉剂600倍液或50%甲基硫菌灵（甲基托布津）悬浮剂800倍液防治。

（2）褐斑病

褐斑病对蕹菜的侵害主要是叶片，在染病初期，叶片上有黄褐色的小点，随着病情加重，小点会慢慢变成暗褐色，最后变成灰白色，形成圆形或椭圆形的坏死斑点。当空气潮湿时，蕹菜的叶片表面会形成茸状霉层，这种茸状霉层染病不严重时比较稀疏，严重时会在整个叶片上连成一片，导致叶片枯黄坏死。

（3）轮斑病

轮斑病对蕹菜的侵害也主要是叶片、叶柄和嫩茎。染病初期在蕹菜叶片上形成褐色小点，随着病情加重会慢慢扩大，后形成圆形或椭圆形的红褐色，有明显圆轮状的小点，到后期在斑点中间有小黑点。发病特别严重时叶片被染病形成的斑点汇合，形成大的不规则斑点。空气干燥的情况下斑点会破裂，最后导致叶片枯死。

（4）病毒病

病毒病发生后侵害的是整株蕹菜，只是心叶被侵害症状比较明显。染病后蕹菜植株会变矮、叶片变小、叶质变粗，生长受到阻碍。病毒病是多种病毒侵害造成的，可以经过汁液和种子传播。田间种植时不当操作和病虫害活跃时期比较容易发病。

（5）主要防治方法

①对园地进行清洁

在蕹菜收获后，要及时对园地进行清洁处理，主要清理地上的蕹菜枯叶和生病的蕹菜残体。在冬季进行地块深耕时，可以利用深耕加速蕹菜残体的腐烂，也能杀死部分越冬的幼虫和蛹，能降低病害发生概率。

②加强肥水管理

在种植时合理施肥，同时增加腐熟有机肥的施加，并对蕹菜叶面适当喷撒肥料，可以促进植株的生长，提高蕹菜的抗病力。在降雨过后要及时清理阴沟里的水，降低田园的湿度，以预防病虫害的发生。

③合理轮作

蕹菜种植时要与其他非旋花科进行轮作，最佳轮作时间是 2 ～ 3 年，这种轮作方式对白锈病的预防效果特别好。

④化学药剂防治

蕹菜发生病虫害的初期，可用 72% 锰锌・霜脲可湿性粉剂来喷洒，以防治白锈病；可用 50% 多菌灵悬浮剂，或 60% 多菌灵盐酸盐可溶性粉剂来防治褐色斑病；可用寡雄腐霉 20 克 / 亩进行综合病虫害的防治。褐斑病发病初期，可选用 77% 氢氧化铜（可杀得）悬浮剂 700 倍液等喷雾防治，每 7 ～ 10 天喷施 1 次，连续防治 2 ～ 3 次。

2. 主要虫害及防治方法

（1）斜纹夜蛾

斜纹夜蛾是一种杂食性和暴食性的害虫，寄主范围比较广，可以对多种蔬菜产生为害，尤其对水生蔬菜为害最严重。发病时斜纹夜蛾的幼虫会将蕹菜的叶片咬食成洞，同时排出的粪便对蔬菜造成污染。

（2）甘薯麦蛾

甘薯麦蛾主要是通过幼虫吐丝对蕹菜进行啃食，为害的主要是蕹菜的叶片、幼芽和嫩茎。侵害方式主要是将叶子卷起来咬成小洞，严重时蕹菜的叶片只剩下叶脉。甘薯麦蛾一年有3～4代的发生概率，蛹会在蕹菜残株上过冬，第二年会继续对蕹菜进行侵害。甘薯麦蛾的成虫趋光性比较强，白天时会潜伏，晚间会在蕹菜嫩叶背上产卵，在卷叶上化蛹，因幼虫活动比较活跃，所以会转移到其他植株上活动。甘薯麦蛾在每年的7月和8月，温度比较高的时候发病率高，容易大面积发病，所以要注意重点防治。

（3）防治方法

①灯光诱杀

蕹菜种植时的虫害防治，按照每2亩地安1盏杀虫灯，在成虫发生多的时期每天夜里开灯诱杀。灯大概要离地面70厘米，每2天要进行一次接虫袋和高压网的清理，以利于灯光诱杀害虫效果。

②糖醋液诱杀

斜纹夜蛾对糖醋的趋向性比较强，可以用糖醋对成液体对其进行诱杀。具体比例是糖6份、醋3份、酒1份、水10份和敌百虫晶体1份，混合后进行搅拌，放于钵中，晚上放到田里，注意钵高于蕹菜10厘米，每亩放3个钵即可。

③性信息诱杀

性信息诱杀可以用废瓶子，在距离瓶子底部2/3处的东南西北4个方位分别剪开2厘米×2厘米的孔，在孔的里面挂一个斜纹夜蛾的诱芯，放在正对孔口处，在瓶子内装上适量的洗衣粉水。将诱捕器放到离地面大概50厘米的位置，斜纹夜蛾的诱芯需要每30天左右更换一次，这种性信息诱杀法对防治斜纹夜蛾的效果非常好。

④生物药剂防治

在害虫孵卵—卵盛化期—幼虫长到1龄或2龄时，进行农药喷洒，主要用含活芽孢100亿或150亿的苏云金杆菌可湿性粉剂对水100～300克进行稀释，每亩大概用稀释700倍左右的液体进行喷洒即可。在阴天或全晴天时的傍晚进行农药喷洒，这种生物药剂对斜纹夜蛾和甘薯麦蛾的防治效果非常好。

五、上市时间及食用方法

蕹菜从叶腋抽生嫩梢的分枝能力很强，可以进行多次采摘，供应期4—10月。以其嫩茎叶供食，富含蛋白质，碳水化合物和多种维生素，其嫩梢可炒食，做汤或凉拌，是近年餐桌的上品蔬菜之一。

第二十六节 上海青浦练塘茭白

茭白学名叫“菰”，别名茭瓜、茭笋、菇首，禾本科作物，是我国特产水生蔬菜。在我国3 000多年前的《周礼》中，就有了关于茭白的记载。上海青浦练塘茭白因其优越的自然条件盛产的茭白品质极好，至今已有近千年的历史，自20世纪50年代练塘地区开始大规模种植茭白后，练塘茭白的名声越来越响。练塘茭白被列为上海郊区的一宝，享有“华东茭白第一镇”之称。2008年10月，“练塘茭白”成为上海首个获得国家地理标志产品保护的蔬菜品种。

练塘为上海市青浦区的一个古镇，

处于太湖流域淀泖洼地，亚热带季风性气候，气候温和，日照充足，四季分明，无霜期 247 天，雨日约 120 天，年均降水量在 1 000 毫米以上。练塘地区地势低洼、湖泊众多、水质优良、土壤肥沃、污染少，其得天独厚的农业生态环境和自然生产条件非常适合水生蔬菜生长。练塘茭白生产地主要处于黄浦江上游水源保护地范围内，干净优良的水质确保了练塘茭白优良的品质。练塘茭白的茭肉洁白、口感鲜嫩，营养丰富，富含蛋白质、核黄素、纤维素、硫胺素和抗环血酸以及人体所必需的钙、磷、铁等微量元素。练塘茭白具有“鲜、甜、嫩”的特点，入口香糯，味道清甜，具有丰富的营养，纤维素含量较高，人们经常食用有清理肠胃之保健功效。

一、品种特性

茭白是禾本科作物中少数几种可作为蔬菜食用的品种。当茭白主茎及早期分蘖抽生的花茎受到黑粉菌的寄生和刺激后，其先端数节膨大充实，形成肥嫩的肉质茎，作为蔬菜食用。茭白在生产上采用无性繁殖方法，品种内变异容易固定，因此可在某一品种内按照不同生产目标进行定向选育形成不同品系。但无性繁殖方式容易导致茭白种性退化，需生产者加强选留种以保持其种性。

练塘茭白品种资源较为丰富，目前推荐品种有青练茭、小发稍、大白茭、小青茭、张马茭、杭州茭等适合本区生产的地方特色品种。

（一）青练茭

青练茭为夏秋兼用型双季茭优良品种，是练塘地区的主栽品种，茭型较大，单茭重 80 ~ 95 克，口感香糯，属中熟品种。夏茭采收期为 5 月中旬至 7 月中旬，亩产量 2 200 ~ 2 500 千克：秋茭主收期为 9 月上旬至 11 月初，亩产量 1 700 ~ 2 000 千克。

（二）小发稍

单季茭型品种，茭型稍小，单茭重 65 ~ 76 克，品质较好，属早熟品种，定植当年 10 月上中旬每亩可采收 400 千克左右带娘茭，主收期为翌年 5 月，亩产量 2 200 ~ 2 500 千克。

（三）其他品种

练塘镇茭白产区在茭白长期定向选育过程中，培育出了品质优、茭型大、高温季节孕茭率高的品系，如大白茭、小青茭、张马茭、杭州茭等。练塘茭白品种优化和茬口的合理搭配，使采收期从原来的 5 月初至 10 月底加长至 4 月中旬至 12 月初，上市期增加了 2 个多月，茭白品质也有明显提高。

二、对环境条件的要求

（一）萌芽生长

长江流域茭白一般在惊蛰前后开始萌芽生长，以 10 ~ 20℃温度最为适宜，最低温度不能低于 5℃。这时的田水以 3 ~ 5 厘米浅水为好。在适宜的条件下，植株每 10 天左右抽生一片新叶，至谷雨前后长有 5 ~ 6 片叶时开始分蘖。

（二）分蘖期

茭白分蘖期适宜温度为 20 ~ 30℃，适宜的水层深度为 8 ~ 10 厘米，过深过浅都会抑制分蘖的生长。

（三）孕茭期

两熟茭类一年有两次孕茭期，萌发较早生长较快的分蘖和分株，谷雨到小满便开始孕茭；萌发较迟生长较慢的分蘖和分株，要到处暑秋分前后开始孕茭。一熟茭类不论萌发早迟都要到处暑白露后气温较凉日照变短时才能孕茭。孕茭期气温以 15 ~ 25℃为宜，10℃以下或 30℃以上都不利于孕茭。孕茭期田水深以 15 ~ 20 厘米为宜，过深会引起茎下部节间薹管拔长，茭肉缩短；过浅茭白变青老化，品质下降。

（四）停止生长

孕茭后，气温降到 15℃以下时，分蘖基本停止，体内养分向地下部集中，形成分蘖芽和分株芽；气温降至 5℃以下，地上部分枯死，以分蘖芽和分株芽在土中越冬，这时要求有浅水层或土壤呈潮湿状态，阳光充足可促进植株养分的制造和积累，利于越冬和第二年生长。

三、地块选择

练塘地区属于长江三角洲冲积平原，土壤多为由湖河淤泥沉积而成的沃土，俗称“青紫泥”。土壤质地为黏壤土，有机质含量≥ 2%，土层厚度 >1 米，pH 值 6 ~ 7。土壤中有机质和铁、锌等微量元素的含量极为丰富。

四、高品质栽培技术

（一）选留种

选留种是保障茭白品质和产量的重要环节。由于茭白种性因受到本身变异和黑穗菌变异的双重影响，易引起退化，生产上如不重视选留种会产生雄茭和灰茭，影响产量。雄茭表现为生长势特强，株高、叶长显著超过一般植株，寄生的黑穗菌趋于衰退，花茎中空、细长，不再孕茭；灰茭生长势和株高无明显变化，但花茎变短，孕茭部位低且不露白，肉质茎内部全部或大部分充满灰粉，不能食用。

因此，生产环节中必须抓住有利时机，做好茭白“三定三选”工作。“三定三选”一般在秋季进行，入选种株要求植株生长整齐、长势中等，蔓管短、分蘖性强，每墩茭白有效分蘖 16 ~ 20 个，分蘖紧凑，孕茭率高，采收期集中，茭肉肥壮白嫩，具有本品种特征特性，无雄茭、灰茭。“三选”即初选、复选、定选。初选是在第一次正常采收茭白以后、即将开始第二次采收时，青练茭在 9 月上旬、杭州茭在 10 月上旬，选择符合种株要求的茭墩做好标记；复选即全面细致检查已做标记植株，淘汰杂种或变异株；定选是茭白采收结束时再观察茭墩，剔除灰茭、病株。从初选到定选，入选率一般为 70%。

（二）培育种苗

在选定茭白种墩的基础上，12 月上中旬割除定选种墩的地上部枯叶，取茭墩的一半，将近地面的地上茎连同地下根茎带土挖起。选择移植方便、排灌便利、地势平坦的田块作苗床，移苗前每亩施农家肥 2 000 千克、三元复合肥 20 ~ 30 千克，精细整平，高低一致。将种墩排列在苗床田，种墩间留 4 ~ 6 厘米空隙，墩面保持水平状态，使灌水后苗床田水位深浅一致。冬春季苗床定植后，不断水，气温低于 0℃时灌深水防冻，气温回升后保持浅水位。夏季定植在 3 月下旬或 4 月上旬分苗，株行距 30 厘米 ×30 厘米，单株定制。萌芽后与秧苗生长中期各追肥 1 次，每亩苗床施三元复合肥 10 ~ 15 千克。苗期要做好除草、防病治虫工作。

（三）定植及茬口搭配

1. 适期定植，保证茭白的孕茭期处于最利于孕茭的气温条件下

近年来，我们为保证茭白获得高产稳产，重视用地与养地相结合，通过与水稻轮作，探索出了多种茬口模式：一是 3 月下旬 4 月上旬定植青练茭，秋季收获秋茭，翌年夏季收获夏茭，6 月上中旬在正处于收获期的夏茭田株行间栽植青练茭种苗，秋季收获秋茭，第二年夏季收获夏茭，后茬种植水稻。二是 5 月下旬至 6 月中旬定植杭州茭，秋季收获秋茭，翌年夏季收获夏茭，后茬种植水稻。

2. 水分管理

刚移植的茭田保持 3 ~ 4 厘米浅水层，促进活棵；茭苗活棵后到分蘖前期，浅水勤灌，保持 5 ~ 6 厘米水位，便于提高地温，促进分蘖和发根；分蘖后期水位逐步加深至 10 厘米左右，此时气温已升高，茭白开始旺盛生长，需水较多，但不可灌水过深，否则会闷住发芽；大暑节气，气候炎热，水位加深到 12 ~ 15 厘米，以利降低地温，同时具有控制无效分蘖及减少病虫害发生的作用。若植株生长过旺，可排干水，搁田 2 ~ 3 天，既可抑制地上部旺长，又可促使根群发达。孕茭期可加深到 20 厘米左右（但不能超过茭白眼），以保证茭肉洁白、肥嫩。秋茭采收结束后，12 月排干田间积水搁田，整个冬季以水保温防冻。茭白全生育期水浆管理应与茭白追肥相结合。追肥时应保持薄水层确保追肥效果，特别是茭白孕茭期。

（四）肥料管理

茭白追肥应采用早期促、中期控、后期猛的追肥方法。

早期促：茭白定植 7 ~ 10 天施催苗肥，每亩施氮、磷、钾含量 20% 黑咖啡有机肥 50 千克，隔 10 天左右再施 1 次重肥，每亩施用氮、磷、钾含量 20% 黑咖啡有机肥 50 千克，促进分蘖和生长，尽早形成大苗。

中期控：当茭白植株长到一定高度和分蘖到一定数量后停止追肥，使叶色褪淡，防止生长过旺影响孕茭。

后期猛：当大部分大的分蘖进入孕茭期，追施1次重肥做催茭肥，每亩施用氮、磷、钾含量20%黑咖啡有机肥50千克，促进孕茭肥大。此次追肥应及时，施用过早，尚未孕茭会引起植株旺长，不能达到早熟的要求；施用过迟，又赶不上孕茭的需要，达不到高产要求。

（五）病虫害防控

1. 主要发生病害

练塘茭白种植过程中，主要病害为胡麻斑病和锈病。

（1）胡麻斑病

①特征

茭白胡麻斑病是茭白的重要病害之一，主要为害叶片。发病初期叶上散生许多芝麻粒大小的病斑，黄褐色，周围有时有轮纹；发生严重时互相连成不规则的大病斑，使茭白的产量和品质受到严重影响。

②发生规律

上海地区夏季高温、多雨，非常有利于茭白胡麻斑病的发生。

③防治技术

生产实践表明，增施钾肥可防治胡麻斑病的发生。另外25%苯甲丙环唑乳剂1 250倍液对茭白胡麻斑病防效显著，且药效持久安全，持效期14天以上，是防治茭白胡麻斑病的理想药剂。在茭白胡麻斑病发生前或发生初期，采用喷雾法均匀喷雾，每隔5～7天用药1次，连续施药3次。

（2）锈病

①特征

茭白锈病是由冠单孢锈菌引起。该病害主要为害叶片和叶鞘，发病初期在叶片和叶鞘上散生橘红色隆起小疱斑，即夏孢子堆。夏孢子堆破裂后散出锈黄色粉末状夏孢子。随着侵染数量的增加，产生狭长条至长梭形锈黄色疱斑，边缘具有黄色晕环。大量的病斑引起叶片坏死，导致叶片枯萎。

②发生规律

茭白锈病病菌主要以冬孢子在病残体上越冬；翌年在茭白生长期间，冬孢子萌发产生担孢子，担孢子借助风力传播到茭白田间作为初侵染源。适宜的温度和湿度有利于茭白锈菌萌发和侵染。潮湿和温度在4℃以上会促进病原菌的萌发和侵染。侵染后10～12天会产生最初的病斑。

③防治技术

当田间出现零星病斑时，开始进行药剂防治。防治药剂可选用25%苯醚甲环唑（世高）水分散粒剂1 500倍液、40%腈菌唑可湿性粉剂2 500倍液、70%甲基硫菌灵（甲基托布津）可湿性粉剂800倍液、70%代森锰锌可湿性粉剂800倍液、50%多菌灵可湿性粉剂800倍液或20%三唑酮（粉锈宁）可湿性粉剂1 000倍液（在孕茭前使用），轮换使用。开始防治后，每隔7～10天喷施1次，连续喷施2～3次即可。注意孕茭期慎用杀菌剂，避免杀菌剂对茭白黑穗菌产生抑制作用，导致雄茭产生。施药时应喷细雾，并喷湿茭白叶片的正、反两面，以提高防治效果。

2. 防病措施

防治策略要以综合防治为主，结合化学防治。

（1）选留优质种墩

选用优质和抗病性较强的种墩，如青练茭、小发稍等优良品种，从无病田块选留种苗，从源头阻断病原体。

（2）彻底清除病原体

在茭白采收结束后，排干田水，割除茭白残茬，铲除田边杂草。茭白种植时尽量实行轮作，对难以轮作的田块，要注重病害的防治。对上茬发生病害的田块要在冬闲期间重点消毒杀菌。

（3）降低土壤酸度

多年种植于偏酸性严重的田块，易加重茭白病害的发生。调节土壤酸度是防止病害发生的有效措施之一。可在早春移栽前施生石灰 100 ~ 150 千克 / 亩，施后保水 5 天以上，能改善土壤质量，提高茭白抗病性。

（4）合理密植，降低湿度

株行距控制在 80 厘米 ×100 厘米或宽窄行 40 厘米 ×（60 ~ 100）厘米，密度为 1 800 ~ 2 300 株 / 亩，每株用苗 2 ~ 3 株，基本苗数 3 500 ~ 4 500 株 / 亩。

（5）合理施肥和灌溉

避免偏施氮肥，适当增施磷、钾肥，提高茭白抗病能力。配施适量的锌、硅、硼等微肥。科学灌溉，在分蘖前期浅水灌溉，促蘖早发；中期发足苗后搁好田，控制无效分蘖，防止植株生长过旺；盛夏高温季节，活水串灌，以利孕茭。

（六）适时采收

当茭白心叶缩短、肉质茎显著膨大，抱茎叶鞘即将开裂露出 1 ~ 2 厘米的白色茭肉时为“露白”期，“露白”期是茭白采收适期。过期不采，茭白迅速变青变老，品质变劣，甚至变成黑褐色而不能食用。早期采收气温较高，茭白老化快，3 ~ 4 天采收 1 次；后期气温较低，可 6 ~ 7 天采收 1 次。采收时秋茭于薹管处拧断，夏茭可连根拔起，再削去薹管，留叶鞘 40 ~ 50 厘米，切去叶片即可打包销售。

五、上市时间及食用方法

“练塘茭白”从 4 月持续到 12 月上市。茭白适用于炒、烧等烹调方法，切丝、切块、切片均可，也可做配料和馅心，还可与各种荤素菜肴搭配，常见的菜肴有“酱烧茭笋”“茭笋肉片”“蟹肉茭白烧卖”等。“练塘茭白”切丝、切块、切片均可，蒸、煮、炒、拌俱佳，又能与各种荤素菜肴搭配，是一种“全能”烹调型美味蔬菜品种。

第二十七节　云南丘北辣椒

丘北辣椒是云南省丘北县驰名中外的名优特产，丘北辣椒始种于明朝后期，至今已经有 350 多年的历史。经长期的环境驯化和人工选择，形成了丘北辣椒个小细长挺直、果皮油亮光滑、色泽鲜艳、浓香醇正的优良品质。目前丘北辣椒种植已形成了规模，主产区在丘北县树皮乡等乡镇，加工后的辣椒产品畅销美国、加拿大、日本、韩国、新加坡、墨西哥等10多个国家和地区，在国内外享有很高的声誉。1983年12月获得国家对外经济贸易部颁发的优质出口荣誉证书；1999年11月丘北县树皮乡荣获“中国辣椒之乡”的荣誉称号；2010年全乡辣椒发展到了14.6万亩，成为树皮乡人民脱贫致富的主要产业。2015年获农业部农产品地理标志。

丘北县辣椒主产区在树皮等乡镇，该地区年平均气温15℃。海拔1 521 ~ 2 000米，无霜期为265天，土壤类型多为红土和黄红土，较适宜辣椒生长。2018年丘北县辣椒种植面积达到了53万亩，丘北辣椒属于典型的干制线椒，椒果直挺细长，果皮油亮鲜红，光滑不皱缩，香而不辣，油脂和维生素含量高。丘北辣椒果肉含有脂肪13.1%、蛋白质11.98%，有机酸和辣椒素均有一定的含量。另外，每100克辣椒含维生素C 89 ~ 185毫克、脂肪13.1克、蛋白质11.98克、辣味素0.18克、有机酸0.42克、胡萝卜素3.21克、色度2.87万 ~ 3.83万度，此外，还含钙、磷、镁等微量元素。丘北辣椒的色、香、味独具特色，有特殊的营养价值和药用价值，因其富含辣椒素而具有促进食欲，帮助消化、温中下气、散热除湿、治呕吐、止泻痢、消食杀虫、促进秃发再生等功能。

一、品种特性

丘北辣椒属一年生草本茄科作物。株高50 ~ 80厘米，开展度50 ~ 70厘米。植株分枝较多，一般每株分枝可达6 ~ 8枝，单株结果100 ~ 400个，全生育期175 ~ 180天，亩产100 ~ 300千克。干椒果实细长，呈线形，果皮鲜红色或暗红色，单果重0.7 ~ 1.0克，果长5 ~ 13厘米，果径0.4 ~ 1.2厘米，果形微弯，向上微尖，果面油亮光滑，有凹凸，品质香辣，辣而不烈，营养丰富。全生育期180天左右，一般3月播种，5月定植，9月收获。

按照果实着生状态分为3个品种：掉把椒、冲天椒、杧果椒。掉把椒为主栽品种，面积占丘北辣椒总面积的90%以上，其余两个品种少数混在掉把椒中。

（一）掉把椒

果顶向下，辣味中等，含油量较高，籽多，坐果率高，产量高，是丘北地区主栽品种，面积占丘北辣椒总面积的90%以上。

（二）冲天椒

果顶向上，辣味最强，含油中等，籽多，果实最小，产量低于其余两个品种。

（三）杧果椒

果顶向下，果实较粗大，辣味差，含油量低，籽粒少，皮薄。

二、对环境条件的要求

（一）温度

喜温，不耐寒。发芽适宜温度25～32℃，幼苗期白天生长适宜温度25～30℃，夜间20～25℃，低温17～22℃。盛果期适宜温度25～28℃，35℃以上高温和15℃以下低温，均不利于果实生长发育，容易发生落花落果。

（二）光照

丘北辣椒对光照度要求中等，丘北地区紫外线强烈，如果长期高温、干旱、强光条件下容易发生病毒病，所以要适宜密植进行遮光。

（三）水分

丘北辣椒不耐旱也不耐涝。由于根系不发达，所以要经常浇水，土壤干旱水分不足，容易引起落花落果。适宜空气湿度为60%～80%。

（四）土壤及营养

对土壤要求严格，中性和微酸性土壤都可以，不同时期要求氮、磷、钾配合比例不同。幼苗期和初花期氮、磷、钾要均衡，以免氮肥过多引起徒长；结果盛期注意增施磷、钾肥，越夏种植后期要增施氮肥，以促进生成新生枝叶。

三、地块选择

辣椒属于须根系作物，根系不发达，既不耐旱也不耐涝；对土壤的要求十分严格，在中性和微酸性土壤中都可以种植；应选择地势高、土层深厚、排水良好、土质疏松肥沃的地块，前茬种植非茄果类蔬菜的地块为宜。

四、高品质栽培技术

（一）品种选择

丘北辣椒主栽品种掉把椒，为农家品种，可以选留种进行下一年种植。选择分枝能力强、挂果率高、果实色泽鲜艳、无病虫害，具有丘北辣椒特征特性的优质单株留种，选择植株中下部充分成熟、无病虫害、色泽鲜艳、果形好的果实。

（二）播种育苗

1. 种子处理

播前晒种1～2天，可提高种子发芽率。可采用温汤浸种消毒，将种子放入50～55℃热水中浸泡25分钟，不断搅动，保持水稳定，浸泡后立即将种子捞出，放入温水中冷却。也可进行药剂处理，把种子放入1%高锰酸钾溶液中浸泡5分钟或100倍液的福尔马林溶液中浸泡20分钟，可有效防治辣椒疫病、病毒病、立枯病等。

2. 播种

春茬辣椒移栽一般在5月底至6月初，因而播种期为3月20日至4月5日最佳，保证移栽时苗龄达到50～55天。有条件的最好选择集约化育苗方式，采用50穴的塑料穴盘，育苗专用基质，在适宜的温度、光照条件下培育适龄壮苗。

普通苗床育苗方式，每平方米苗床

用种量为 10 ~ 15 克，分 3 次均匀撒于畦面上，播后用木板轻压，使种子与苗床土壤结合紧密，能更好地吸收水分。畦面均匀覆盖 1.5 ~ 2 厘米厚无病虫源的沙质田园土，再覆盖 1 层松毛或 3 ~ 4 厘米长的稻草。

3. 苗期管理

播种后浇 1 次透水，以后根据天气情况 5 ~ 7 天浇 1 次水，在播种至出苗阶段要保持充足的水分，以保证齐苗。移栽前 10 ~ 15 天适量控制水分，以促进根系生长。

4. 壮苗标准

辣椒壮苗的标准是苗龄 50 天左右，株高 15 厘米，茎粗 0.4 厘米，6 ~ 10 片真叶，叶色深绿、根系发达、无病虫害。

（三）定植

1. 施足底肥

每亩用充分腐熟、细碎的优质农家肥 3 000 ~ 4 000 千克，2 千克硫酸锌与农家肥充分拌匀后做基肥。禁止施用未腐熟的有机肥，肥源不足的地块可购买生物有机肥，每亩用量 2 500 ~ 3 000 千克。

2. 适时移栽

树皮乡干旱少雨，属于典型的“雨养农业”，大田移栽应在立夏至小满节气内完成，即 5 月中下旬雨水下透后及时进行移栽。移栽前 10 天用 50% 多菌灵可湿性粉剂 1 000 倍液或寡雄腐霉 20 克 / 亩对秧苗进行喷雾，使幼苗不带病菌移栽。做到合理密植，株行距为（25 ~ 30）厘米 ×40 厘米，每亩种植密度以 5 500 株左右为宜，定植时辣椒根系避免与肥料接触，以免烧根，影响成活率。移栽后 5 ~ 7 天进行查苗补齐，保证全苗。

（四）田间管理

1. 中耕除草

定植 15 ~ 20 天进行第一次中耕除草，做到浅锄松土，以 5 ~ 8 厘米为宜，有利于促进根系生长；第二次在旺长期进行，以 8 ~ 12 厘米为宜，并适时培土，防止倒伏，同时做好排水防涝工作，做到墒面无杂草，地面无积水，促进辣椒的正常生长。

2. 适时追肥

一般生育期进行 2 ~ 3 次追肥。第一次在移栽后的 15 ~ 20 天结合第一次除草进行施肥，每亩施用中农富源生物有机肥 20 千克，肥料距茎秆 4 厘米为宜，避免肥害，以促进早生快发；第二次和第三次在果实生长期进行，每亩用中农富源生物有机肥 35 千克，施肥后可进行第二次中耕除草。

根据辣椒长势，进行叶面肥喷施，可选用 0.5% 尿素或 0.3% 磷酸二氢钾混合喷施，每 7 天喷 1 次，整个生育期喷 2 ~ 3 次。

（五）病虫害防控

在病虫害的防治方面本着“预防为主，综合防治”的方针，强化有害生物综合防治技术的应用，本着低投入、高产出的原则，从菜田生态系统的总体观念出发，在加强植物检疫的同时，协调运用农业、生物、物理和化学等综合技术措施，创造有利于蔬菜生产的良好生态环境，以生产达到安全、营养双重质量标准的综合治理。

1. 主要病害及防治措施

苗期以猝倒病、立枯病为主；成株期以疫病、病毒病、白粉病为主。

（1）猝倒病

发病初期可用寡雄腐霉 20 克 / 亩、64% 噁霜·锰锌（杀毒矾）可湿性粉剂 500 倍液，隔 7 ~ 10 天喷 1 次，连续用药 2 ~ 3 次。

（2）立枯病

发病初期可喷淋 20% 甲基立枯磷（利克菌）乳油 1 200 倍液、36% 甲基硫菌灵（甲基托布津）悬浮液 500 倍液、15% 噁霉灵水剂 450 倍液，每隔 7 ~ 10 天喷 1 次，连续 2 ~ 3 次。

（3）疫病

可选用 58% 雷多米尔可湿性粉剂 600 倍液、25% 嘧菌酯（阿米西达）悬浮剂 100 倍液、77% 氢氧化铜（可杀得）可湿性粉剂 800 倍液、69% 安克锰锌可湿性粉剂 800 倍液、72.2% 普力克（霜霉威）水剂 600 倍液。隔 7 ~ 10 天防治 1 次，连续防治 2 ~ 3 次。

（4）病毒病

应避免蚜虫人工操作传播，一旦发现立即用药剂防治，发病初期可用 20% 病毒 A 可湿性粉剂 500 倍液、1.5% 植病灵乳剂 1 000 倍液、高锰酸钾 1 000 倍液，每 7 天喷 1 次。连续喷 2 ~ 3 次。

（5）白粉病

在发病初期喷 40% 硫黄胶悬剂 500 倍液、25% 粉锈宁可湿性粉剂 1 500 ~ 2 000 倍液、寡雄腐霉 20 克 / 亩。隔 7 ~ 10 天喷 1 次，连喷 3 次。

2. 主要害虫及防治方法

害虫主要以烟青虫、棉铃虫、棉尖象等为主。防治害虫主要选用生物制剂 Bt 乳剂 200 ~ 400 倍液、1.8% 阿维菌素乳油 3 000 ~ 4 000 倍液、5% 抑太保乳油 2 500 倍液喷雾。以上任选一种进行喷雾。禁止使用剧毒农药。发现幼虫也可人工扑杀。

（六）适时采收

辣椒通常有 80% 以上的果实红熟时就可以采收，分株拔起，10 株左右捆成一把，挂晒晾干后分级。

五、上市时间及食用方法

一般要在 10 月果实风干后上市，可用作炒菜调料，也可用于加工制作辣椒红油、辣椒圈、糊辣椒面等。

第二十八节　江苏海门香芋

海门香芋是江苏南通一带海门地区的稀有蔬菜，原产于江苏南通一带的海门、通州、启东及上海崇明等地。海门香芋种植历史悠久，我国早在清代中期就从美洲引入，经长期实践与改良，现已成为海门地方特色蔬菜品种。因海门气候、土壤适宜香芋繁殖生长，香芋逐渐成为当地备受欢迎的蔬菜，海门香芋形似马铃薯，味浓香，因马铃薯在上海地区叫洋山芋或洋芋，香芋因此得名。

海门地处长江下游，系冲积平原，土壤类型主要为潮土中黄夹沙土，土壤pH值为7.8～8.2，平均值为8。属北亚热带季风气候区，四季分明，雨水充沛，光照较足，土地肥沃，自然环境独特。全市年平均气温15.9～16.7℃，年均降水量1 048毫米，其中夏季降水量占到50%以上，全市年日照总时数2 120小时左右，年均无霜期238天。境内沟河与长江相通，年平均最高潮位、最低潮位分别为5.50米、0.62米，地下水深度距地表平均0.8米，年平均水温17.6℃，水源充足，水质清澈，pH值为7.44，符合3类水以上的灌溉条件。海门肥沃的土壤、丰沛的雨水和适宜的气候条件十分适合香芋生长，既黏又沙的土壤质地决定了海门香芋干香可口、酥而不烂的独特风味，为香芋产业的发展创造了优越条件。

2015年海门香芋获农业部农产品地理标志。农产品地理标志产品鉴评专家认为“海门香芋质地致密，有豆的清香，入煮不糊，粉而不散，入口清香微甘，食后回味悠长”。经测定，100克鲜海门香芋含蛋白质5.7克、淀粉21.8克、氨基酸总和3.834%。香芋的食用部位为球状块根，外观似小马铃薯，直径2～4厘米，表皮黄褐色，其肉似薯类，但味道似板栗，甘而芳香，食后余味不尽。香芋营养丰富，色、香、味俱佳，曾被誉为“蔬菜之王”。海门香芋以块茎供食，味清香，富含粗蛋白、淀粉、聚糖（黏液质）、粗纤维和糖，营养丰富，具有补脾、清热解毒等功效，深受上海市民青睐。

一、品种特性

香芋是豆科土栾儿属中的栽培种，多年生草本植物，植株蔓生，晚熟，作一年生栽培，全生育期220天左右。香芋的食用部位为球状块根，外观似小马铃薯，直径2～4厘米，表皮黄褐色，香芋侧根（又称“筋”），从种子上发出，长到一定时候形成根，每一节上可发育成1～2个小香芋块根，块根再辐射出多条侧根，侧根上再形成根节，如此反复不断延伸。茎蔓无限生长，右旋攀缘向上缠绕；蔓长2.6～3.0米；每单株约有4条蔓。茎蔓圆形，直径0.11～0.15厘米，呈绿色。

二、对环境条件的要求

海门香芋喜高温多湿的环境，适宜生长温度27～30℃，比较耐阴，不需要太强的光照，高温干旱会使叶片枯死。生长期内需要充足的水分，比较适合在潮湿地区栽培；耐肥性强，以有机质丰富的肥沃、深厚、排灌良好的沙壤土地块为宜。

三、地块选择

宜选择平坦、排灌通畅、有机质含

量高、土质疏松、通透性好的沙壤土。生产环境需符合《绿色食品 产地环境技术条件（NY/T 391-2000）》的要求。

四、高品质栽培技术

（一）种子选择

海门香芋大小块茎均可作种，但直径在1.9厘米左右的块茎最适宜留种，要带侧根，左右各一条根且分开，留侧根长2～3厘米。

（二）做畦播种

1. 整地做畦

入冬后深耕冻垡，翻耕深度20～25厘米。春季15天播种前整地做畦。畦宽1.8～2.0米，畦高10厘米，畦间隔35厘米。东西做畦,南北行播种，可增加抵抗台风的能力。

2. 播种时间

耕作层10厘米温度稳定，通过10～12℃时播种，一般4月中旬为适宜播期。

3. 种植密度

行距50厘米，穴距10厘米。每亩种植密度13 000株左右，每亩播种量一般为65千克左右。

4. 播种方法

通常是开行点播，即播后盖土平畦。播种深度为6～8厘米，若播种过浅、块茎膨大后露出泥面，会导致块茎裂皮或形成“粗皮”。每穴播一块种茎，侧根横向伸展，大、小规格的种茎应分畦播种，播后15天左右出苗。

（三）肥料管理

1. 基肥

每亩施用生物有机肥2 000千克，整地时施于行间。基肥不能与种子直接接触，防止造成块茎表皮粗糙。

2. 追肥

当藤蔓爬到架顶时，每亩用有机固体肥料15千克对水浇施作为追肥。

（四）水分管理

在栽培过程中有两个时期耕层土壤水分不能缺少：一是在出苗时；二是在7月下旬至8月下旬。遇到干旱时应浇水，但是适宜灌跑马水，不宜灌水量过多，若干旱会影响产品的产量和品质。

（五）植株管理

藤蔓开始倒伏时用芦秆或小竹竿及时搭架。每穴旁（行间）插一根立杆，插入地表深度10厘米左右，架高1.5～1.8米，每行7根，2行14根顶部捆成一把成丛状组合。各组合间用连杆捆扎成一体，以增强抗台风能力。

（六）病虫害管理

海门香芋病虫害防控坚持“预防为主，综合防治”的方针。海门香芋主要病害为疫病；虫害主要有甜菜夜蛾、蚜虫等。因香芋叶面光滑，喷药时许多药液会滑落下来而影响效果，必须在喷药时加入有机硅、消抗液、展着剂和渗透剂等农药助剂才会产生效果。

1. 芋疫病

芋疫病属真菌性病害。病原菌在病残株的组织上或土壤中越冬，产生孢子借风雨和气流传播，多在高温多湿天气发生和蔓延，严重时引起叶片枯死和球茎腐烂。

芋疫病的防治关键是做好防病工作，尤其是雨多发季节，在台风雨前后及时喷药保护，防治效果可事半功倍；发病初期用64% 噁霜·锰锌（杀毒矾）可湿性粉剂500倍液或用58% 甲霜·锰锌可湿性粉剂600倍液喷药防治，交替使用，5～7天1次，连续防治2～3次。

2. 蚜虫

蚜虫是香芋的主要害虫之一，发生时主要集中在芋叶背面及叶柄，吸汁为害。发生时可选用生物农药0.5% 藜芦碱（护卫鸟）600倍液喷雾防治；也可选用1.5% 天然除虫菊素800倍液，或1% 印楝素1 000倍液喷雾防治。交替用药，每间隔7天防治1次，连续2～3次。

3. 斜纹夜蛾

斜纹夜蛾是香芋的重要虫害，在香芋的整个生长期均会发生，尤其是夏季高温季节容易暴发，严重影响香芋生产。

优先采用物理防治，每20亩左右装一盏双波灯诱杀害虫，另外，每亩设置30块黄板诱杀蚜虫。如虫害较重还需采用喷药防治，防治要掌握在幼虫孵化期和3龄期前，药剂选用苏云金杆菌生物杀虫剂（商品名护尔3号）600～800倍液喷雾防治，也可选用25% 灭幼脲悬浮剂600倍液喷雾防治。连续喷药2～3次，交替用药，喷药时间应选择在傍晚。

（七）适时采收及贮藏

香芋采收一般在霜降后，地上部全部枯萎后开始采挖，采挖的块茎可直接上市或在冷凉干燥的环境贮藏。采收量较少时可在室内堆藏，量较大时采用穴藏，选择排水良好的高地挖穴，贮藏环境要干燥、冷凉。贮藏时放一层块茎后撒一层疏松细土，再放一层干稻草或麦秸，再覆盖一层土。

留种块茎不宜提早采挖，并要带侧根贮藏，于翌年2月前将茎剪好，左右各留长2～3厘米，贮藏待播。

五、上市时间及食用方法

上市时间在每年10月下旬至翌年4月。去皮后的香芋块茎可以红烧、清煮、煲汤或与荤菜搭配。有豆的清香，久煮不糊，粉而不散，入口清香微甘，食后回味悠长，深受消费者喜爱。上海名菜有香芋烧竹鸡、香芋烧茶干、凉拌熟香芋等。

第二十九节　江苏太湖莼菜

莼菜又名尊菜、马蹄草、水菜、水葵，属睡莲科，自古以来是我国江南名菜，也是太湖的特产，享有“水中碧螺春”美誉。莼菜原本为野生，明万历年间开始人工培植，并被列为“贡品”。莼菜原产于中国太湖沿岸的浅水湖滩、河道、山间池塘以及沼泽区，是经过民间采集、销售、自生自繁的野生蔬菜。自太湖围垦以来，野生莼菜面积大幅度减少，后来在各级政府和领导的重视帮助下，才得以恢复和发展。2002 年 12 月，国家质量监督检验检疫总局正式批准太湖莼菜为地理标志保护产品。

太湖莼菜的叶片呈椭圆形、深绿色，主要食用部位是嫩梢和初生卷叶，莼菜的幼叶与嫩茎中含有一种胶状黏液，食用时清凉可口、细嫩润滑，是风味独特的珍贵蔬菜。莼菜的营养价值很高，经过江苏省农业科学院食品研究所分析，莼菜含有丰富的蛋白质、糖类以及矿质元素和各类氨基酸。人体不能合成的 8 种氨基酸中，尤其是谷氨酸、天门冬氨酸、亮氨酸等是构成人体血浆蛋白质的主要成分，因此，食用莼菜具有一定的养血作用，对促进胃液分泌、保护肝脏有一定的作用。据《中药大辞典》记载，莼菜，人们经常食用还具有“清热、利水、消肿、解毒、治热痢、黄疸、疔疮”等保健功效。

一、品种特性

太湖莼菜为水生宿根多年生草本植物，蔓生水中，地下茎白色，匍匐于水底泥中，地上茎分枝多且细长，随水位上涨不断伸长，长约 1 米，节间长 10 ~ 15 厘米，每节生有叶片。茎上部各节，于水中则不生根。叶片漂浮水面，呈椭圆形，光滑，正面绿色，叶背暗红色。初生卷叶附有透明的黏液胶状物质。莼菜生产上采用无性繁殖，每年完成一个生长发育周期，其生育期长达 200 天，冬季休眠，一般每亩每年产量 300 ~ 500 千克，高者可达 600 千克。

二、对环境条件的要求

（一）温度

太湖莼菜喜温暖，必须在无霜期内生长。最适温度为 20 ~ 30℃，春季 15℃以上开始萌芽，气温超过 35℃基本停止生长，入秋后气温下降至 15℃又停止生长，进行休眠，冬季可耐 -10℃低温环境。

（二）光照

莼菜性喜温暖且喜阳光，不宜与莲藕等作物混种以防遮阳。

（三）水分

莼菜以 0.7 ~ 1.0 米深含有矿物质的泉水、活水和无污染的水最宜，水质好，其透明胶质层厚，产品质量高。死水、污水容易长青苔、感染病害形成烂叶，胶质上易污染，产品质量差。

（四）土壤及养分

要求生长区域水底土壤平坦，水质洁净，富含有机质，淤泥土为最好，厚度达 20 ~ 30 厘米，土壤 pH 值以 5.5 ~ 6.5 为宜，肥料要求以氮、磷肥为主，钾肥适量即可，不耐肥。

三、地块选择

纯菜要求湖底平坦，土壤肥沃，含

有机质多的淤泥；水质以流动澄清的湖水为好，忌猛涨猛落。要求肥沃疏松的土壤厚 20 ~ 30 厘米,水深 0.7 ~ 1.0 米，含有机质 2% ~ 3%，pH 值 5.5 ~ 6.5。莼菜可室外种植，也可架设大棚，开展设施保护地进行栽培。

四、高品质栽培技术

（一）品种选择

太湖莼菜有红梗及黄梗两个品种，两者叶片形状基本相似，而茎色有红、黄之分。红梗品种抗逆性较强，黄梗品种抗逆性稍差，目前太湖地区多种植红梗品种。种植者可根据市场需求，选择适应太湖地区的加工品种，如红叶红萼、红边绿叶、红叶绿萼等品种。

（二）定植

莼菜除了炎夏和寒冬以外，其他时间都可以种植。一般多采取春种，清明前后挖取地下匍匐茎或粗壮老龄的水中茎排种，也可用休眠芽扦插。种茎选择无病虫害且不少于 2 节的茎，可以进行条播和穴播。

大棚定植种苗的密度原则上要稍大于常规大田种植密度。条播即根据种量和采收年限可以单根顺长排列，行距 50 ~ 100 厘米；双根顺长栽培、首尾相接，株行距 1 米；也可穴植双根十字排列，越冬休眠芽穴栽的株距 20 厘米。一般每亩种植 600 穴。

（三）温度管理

太湖莼菜喜温暖，最适温度为 20 ~ 30℃，开春前 20 ~ 30 天闭棚。当棚内水温超过 10℃且气温超过 30℃时，开南门通风降温；随水温和气温进一步升高，可适当通风降温；外界气温稳定在 25℃以上时，将裙膜松绑后压入土中，并将其揭至肩纵拉杆处固定。秋季气温降至 15℃以下时，放下顶膜、固定裙膜，仅敞开南门通风。

（四）水位管理

水深随着植株不同生长时期而异。春季萌发阶段或移栽初期，水位 10 ~ 20 厘米，以后随棚内水温上升，在晴天中午灌水，每次水位上升 1 ~ 2 厘米；在开门通风之前，棚内水位不超过 30 厘米；旺盛生长阶段水位 50 ~ 70 厘米；秋季停止采收后，水位逐步回落至 30 厘米，冬季休眠阶段，保持水位 10 ~ 20 厘米。

（五）施肥管理

1. 基肥

每年冬春萌芽前每亩施草塘泥 1 500 千克或腐熟饼肥 50 千克、过磷酸钙 50 千克。

2. 追肥

莼菜移栽当年基肥充足则一般不需追肥，但土壤贫瘠或基肥不足，发现叶小、发黄、芽细、胶质少时应及时追肥。一般每亩追施生物有机肥 200 千克，或腐熟麻渣或花生等饼肥 50 千克，与黏性河沙搓成汤团状泥团，塞入水下纯菜穴土中，使其逐渐溶解，供植株缓慢吸收。水质透明度宜保持在 40 厘米以上，以清洁、微流动的活水更佳。如为静水池塘，应经常换水以增加水中氧气。

（六）病虫害防治

莼菜主要被青苔（水绵）、水藻、螺虱、蝌蚪等为害，病害有烂叶病（也称叶腐病）、黑节病、黑叶病、根腐病等。以预防为主：如采用流动水或经常换水；不使用未经腐熟的有机肥；移栽前用生石灰清田；生长期及时清除水绵和杂草；发病初期及时剪除病叶、病枝，并集中深埋或销毁。叶腐病结合萍摇蚊防治进行，当发现莼菜田水体内有萍摇蚊幼虫时，及时用 2.5% 溴氰菊酯乳油和 2.5% 高效氯氟氰菊酯微乳剂 40 ～ 50 毫升 / 亩对水 50 千克 / 亩水面喷洒。菱角萤叶甲用 90% 晶体敌百虫 800 倍液或 2.5% 溴氰菊酯乳油 2 000 ～ 2 500 倍液 30 千克 / 亩，连喷 2 ～ 3 次，每隔 5 ～ 7 天喷 1 次；交替施用、喷匀喷足。绿藻或青苔（称为水绵）防治，即用 20% 异硫氰酸烯丙酯（辣根素）水乳剂 100 000 倍液水面均匀喷洒。

因莼菜叶面光滑，喷药时许多药液会滑落下来而影响效果，必须在喷药时加入有机硅、消抗液、展着剂和渗透剂等农药助剂，使绝大多数药液落到叶面才会产生效果。

（七）适时采收

露地种植莼菜，一般在 4 月上旬至 10 月下旬。设施种植莼菜采摘时间比露地莼菜采摘时间提前 15 ～ 20 天，一般从 3 月中旬开始至 10 月中下旬。每年于清明前后，平均气温 15℃以上，地下茎开始萌芽，没有露出水面的嫩叶甚美，称“春莼菜”；随着气温上升，生长加速，立夏到芒种阶段，气温达 24℃左右，萌芽力最旺盛，可一直采收至 10 月中下旬，称“秋莼菜”；处暑后气温下降，萌芽力逐渐减弱，逐渐停止生长，采收到此结束，霜降后植株在水中休眠越冬。

采摘时宜用小木船或菱桶、盆进入莼菜田，将采收的嫩茎、嫩芽放于桶中。初次采摘的嫩梢，涩味重，不加工。此后各新梢开始分枝，每采一次，又分枝一次，可不断采摘。生长旺盛季节应及时采收。露地种植，暴雨或大风导致湖水混浊，胶质上有泥浆，降低莼菜品质，所以大雨后 2 ～ 3 天选择无风天气采摘。采收后及时进行漂洗、去除杂质，浸入净水中保存，时间 1 ～ 2 天。需加工的莼菜应当日采收当日加工。

五、上市时间及食用方法

每年 4 月上旬（清明）至 10 月下旬（霜降）可采摘莼菜嫩梢供食用。太湖莼菜烹调可分为鱼羹、肉汤、素食三大类。其中以鲫鱼、鲈鱼、黑鱼做羹最为有名，历代许多文人墨客都赞美有加，司马光曰：“莼羹紫丝滑，鲈脍雪花肥。”肉汤可用家禽、火腿、排骨煨汤，其中以鸡汁莼菜汤质量最高。它采用白嫩鸡丝、红火腿丝、翠绿莼菜做成，使人爽神悦目、味美。

素食以豆腐、面筋、腐竹、素鸡、蘑菇和莼菜炒食或做汤，配姜末、胡椒粉，其鲜嫩、清香别有一番风味。另外，用番茄丝、蘑菇丝和笋丝做成的斋菜“三丝莼菜汤”，也颇受欢迎。

此外，莼菜的根茎也可食用，是度荒食物之一，太湖渔民在自然灾害期间挖出莼菜根茎，磨成粉煮食，味如豆沙。

第三十节 江苏如皋白萝卜

萝卜又名莱菔，属植物界十字花科萝卜属，一、二年生草本。如皋白萝卜种植历史悠久，相传唐太和年间，本地寺庙僧侣就曾用自种的萝卜雕刻成莲花、佛手、宝塔、灯笼等作为供品。早在1750年《如皋县志》上已有关于如皋萝卜的详细记载："萝卜，一名莱菔，有红白二种，四时皆可栽，唯末伏秋初为善，破甲即可供食，生沙壤者甘而脆，生痔土者坚而辣。"现在的如皋白萝卜就是经产地农民几百年的精心选育和栽种培育而成的具地方特色的萝卜良种，如水果型萝卜"百日籽"是如皋的长寿食品之一，深受人们的喜爱，还有加工型萝卜"捏颈儿"。用它为原料经精细加工而成的"如皋萝卜干"，是久负盛名的江苏特产，历来远销国内外市场。

如皋地区位于长江三角洲上海都市圈内，东濒黄海，南临长江，有着优越的气候条件，土壤质地为沙壤土，土壤肥沃，浇水条件和水质都较好，适合萝卜种植。当地农民栽培萝卜历史悠久，经验丰富，萝卜产量高，品质佳。白萝卜脆嫩多汁，味道鲜甜，富含维生素C、胡萝卜素和蛋白质以及钙、磷、铁等营养元素；萝卜中的淀粉酶和芥辣油，食后可消滞解腻，生津开胃，增食欲，助消化，是以蔬代果的好品种。据考证中医认为经常食用萝卜还具有清火，降气、宽中，止咳化痰，解烟毒、抗癌等保健功效。所以，如皋群众总喜欢在冬春季节每天食用几根萝卜来祛病强身，保健益寿。民谚也有："晚上萝卜早上姜，无需医生开药方"的趣谈。"如皋萝卜赛雪梨""烟台苹果莱阳梨，不及如皋萝卜皮"，这些广为流传的民间谚语，形象生动地说明了如皋萝卜嫩、脆、鲜、甜四大特色。如今，如皋萝卜凭着自身皮薄、肉嫩、多汁、味甘不辣、木质素少、嚼而无渣等优点已经蜚声海内外。

此外，加工的腌制品"如皋白萝卜干""如皋萝卜皮"等产品已畅销日本、韩国，以及东南亚的新加坡等近20个国家和地区。用如皋萝卜腌制如皋萝卜条，相传始于唐大和年间（公元827—835）。中华人民共和国成立后，如皋酱醋厂继承和发扬了传统工艺生产的"东皋牌"萝卜条，形似橘片，色泽黄橙，芳香独特，咸中带甜，具有香、甜、嫩、脆的特色。1983年获对外经济贸易部"荣誉证书"和江苏省优质食品奖，1985年获全国出口产品优良荣誉奖状。

一、品种特性

如皋白萝卜因种植年代久远，现已分化成"漏天青""捏颈儿"和"百日籽"3个主要品种。如皋白萝卜根形端正，白皮细尾，皮薄易剥，肉粉白色，叶黄绿色，多为花叶，生长期功能叶14片左右，叶丛半直立，开展度小，适于密植，宜秋冬栽培。这3个白萝卜品种有明显的区别特征。

加工型萝卜“漏天青”，根卵圆形，根颈部（约占根长的1/5）露出土面，呈浅青绿色。根形指数1.5，单根重0.2 ~ 0.3千克，8月上旬播种，11月上旬收获，每亩产量3 000千克左右。因其折干率较高，萝卜味较浓，常用来加工成咸片。

加工型萝卜“捏颈儿”，肉质根圆锥形，全入土，根形指数1.4，单根重0.15 ~ 0.2千克。其根头与肉质根之间有长0.4 ~ 1厘米、粗0.5 ~ 0.8厘米的未膨大的下胚轴，形似“脖颈”。最佳播种时间为8月上中旬，最佳采收时间为11月。每亩产量2 500千克左右。该品种皮薄嫩脆、味甜，是加工萝卜干的主要原料。

水果型萝卜“百日籽”，根近圆形，全入土，耐寒性强，不易受冻和空心，最佳播种时间为9月上中旬，最佳采收时间为11月中旬至翌年2月下旬，其肉质根在10月底至翌年2月底这段气温较低时期，其品质可“赛雪梨”。单根重0.15 ~ 0.2千克，每亩产量2 400千克。该品种品质最佳，肉质脆嫩无渣，味鲜甜爽口，多为生食用。春节前后上市，深受市民青睐，享有“赛雪梨”之美称。

二、对环境条件的要求

（一）温度

属于半耐寒性蔬菜，适宜生长温度为5 ~ 25℃，幼苗期适应性较强，能耐25℃以上的较高温度，也耐 -2℃的低温，茎叶生长温度15 ~ 20℃。

（二）光照

喜光作物，营养期间光照充足，光合作用强，物质积累多，肉质根膨大快，品质好产量也高。光照不足则物质积累少，肉质根膨大速度慢，品质差，产量低。

（三）水分

幼苗期需水少，应保持一定的土壤湿度，适宜肉质根膨大的土壤湿度为65% ~ 80%；空气湿度为80% ~ 90%，空气湿润有利于提高品质。

（四）土壤与营养

对土壤要求较为严格，适宜在土层深厚、土壤肥沃、疏松透气的轻壤土或沙壤土的地块种植，不适宜土质黏重、土壤瘠薄和板结的地块种植，萝卜吸肥能力较强，施肥应以有机肥为主，并注意氮、磷、钾的配合，其氮、磷、钾吸收比例为2.1：1：2.5。以钾最多，氮次之，磷最少。根部膨大期，要增施钾肥，促进肉质根的膨大。

三、地块选择

选择地势平坦、土层深厚、土质疏松、富含有机质、排灌方便、保水、保肥性好的沙壤土田块，土壤pH值7 ~ 8为宜。前茬以玉米、大豆为好。

四、高品质栽培技术

（一）整地与施肥

1. 清洁田园

在前茬拉秧后，及时清除前茬作物的残株、烂叶和杂草后，运出地外的指定地点，进行臭氧消毒或高温堆肥等无害化处理。因为作物残株和杂草往往会藏有许多病菌、害虫和虫卵，是发生病虫害最主要的传播源，只要不随便乱扔，及时清除后运到指定地点进行无害化处理，若确实找不到合适的处理地点，可以就地堆放用废旧农膜盖严，每立方米注射 20 毫升 20% 辣根素水乳剂，然后密封 20 天左右，也能起到杀菌灭虫的作用。田园残株处理好了就会有效避免病虫害的传播。

2. 施肥

萝卜是直根性蔬菜，生长期较短，需肥量大而集中，要求结合整地施足有机肥作为基肥。每亩施用充分腐熟、细碎的有机肥 3 500 ~ 4 000 千克，必须避免施用未经腐熟的有机肥，不仅起不到为作物提供营养的作用，还会烧苗、沤根和招致地下害虫。若有机肥源有困难可以购买以羊粪为原料制成的生物有机肥，每亩施用量 2 500 ~ 3 000 千克。深翻细耙后做成宽 2 米的龟背式畦，畦沟宽 15 ~ 20 厘米，深 20 ~ 25 厘米，达到土层深厚、疏松肥沃、排水良好的要求。

（二）播种

江苏如皋地区适宜在 8 月下旬至 9 月下旬播种。其他地区根据当地气候特点来确定播种期。要根据消费者的需求和食用方式来选用品种。及时播种，每亩用种 0.75 ~ 1 千克，采取穴播或条播的方式。穴播按照行距 40 ~ 45 厘米，穴距 10 ~ 12 厘米，每穴点 2 粒种子；条播按照行距 40 ~ 45 厘米开沟后播种，覆土不宜过深，一般沙壤土覆土厚度 1.5 ~ 2 厘米，壤土地块覆土厚度应再薄些。播种覆土后稍加镇压，使种子与表层土壤结合紧密，有利于出苗健壮。也可覆盖一层玉米秆或遮阳网，以促进齐苗、全苗。出苗时应及时揭除玉米秆或遮阳网。

1. 及时间苗和定苗

如皋白萝卜生长期间需间苗 2 次，在第一片真叶展开时，进行第一次间苗，2 ~ 3 片真叶时第二次间苗，拔除细弱的幼苗、病苗、畸形苗；3 ~ 4 片真叶时至破肚时定苗。每穴选留一株健壮的幼苗，幼苗间距根据不同品种来定，“漏天青”苗距为 12 ~ 14 厘米，每亩种植密度 11 000 ~ 12 000 株；“捏颈儿”和“百日籽”苗距为 10 ~ 12 厘米，每亩种植密度 12 000 ~ 13 000 株。定苗时及时松土，同时清除干净田间杂草。

2. 适时追肥

若基肥施用数量充足不需再追肥，只叶面喷施肥料即可。若基肥数量不足，需进行二次追肥，于 2 片真叶和 5 ~ 6 片真叶时进行。追肥以有机液体肥料为主，不宜施用化学肥料。每次每亩随水追施氮、磷、钾含量为 15% 的中农富源有机液体肥（其中氮含量为 7%、磷含量为3%、钾含量为5%）10千克左右。经两次追肥后，萝卜即开始膨大，一般不再追肥。少数植株长势仍较差的田块，每亩可再追施中农富源氮、磷、钾含量为15%的（其中，氮为5%、磷为2%、钾为8%）有机液肥10千克。也可在5片真叶期，开穴或开沟追施充分腐熟的花生饼、芝麻渣（制作香油的下脚料）等饼肥，每亩施用量100千克左右。

3. 合理浇水

萝卜根系弱而叶面积大，耕层缺水会抑制根茎的膨大，使辣味变浓，还容易空心，影响其产量和品质；若耕层水分过多，又会引起叶部徒长，产量下降；在根茎膨大期若供水不均匀，则容易发生裂根现象。因此要根据不同生长时期，合理浇水灌溉。一般在萝卜“破肚”前应控制浇水，以促进根系生长，使直根深入土层；“破肚”至第二叶环展开期，以畦面不发白不浇水为度，适当控制浇水，可防止叶丛徒长。随着萝卜膨大速度加快，应均匀地加大浇水数量，以保持土壤湿润。安装滴灌或微喷等节水灌溉方式，能节省灌水用工；避免用常规渠灌方式的滴、跑、漏和蒸发而造成的水资源浪费；还有利于作物的生长。

4. 中耕除草

在幼苗期和前期追肥和浇水后应及时中耕松土和除草，以改善萝卜根际土壤环境，防止土壤板结，同时避免杂草来同作物争夺养分。如皋当地菜农都用一种特制的3厘米宽的小锄进行除草松土。

（三）适时采收

一般作加工的“捏颈儿”和“漏天青”萝卜，在肉质根已充分膨大，叶片颜色开始转淡变成黄绿色时，要抢晴天集中采收，削去根头、根尾，洗净后晾晒加工；用于鲜食上市的“百日籽”萝卜，在叶片颜色转淡、肉质根充分膨大时开始采收，可从11月底至翌年3月陆续采收上市，用清水洗去萝卜表面的泥土，留2厘米的叶柄，去除其余的叶片。

留种的萝卜均采用大株留种法。即在采收时精心选择表皮光滑而洁白，根痕小，尾细，根形端正，具品种特性，且无病虫害的植株作种株，随种按株行距30厘米×40厘米挖穴栽入土中，要深栽并踩实以防冻害，冬季寒冷年份要在留种田覆盖一层玉米或其他作物的秸秆来防寒。

五、病虫害防治

如皋白萝卜抗病性较强，生长期间一般很少发生病害。主要病虫害有病毒病、软腐病、蚜虫和青虫类害虫等。按照“预防为主，综合防治”的植保方针，坚持无害化治理原则，及时清除病株和死株，集中深埋或烧毁。

（一）蚜虫

在晚秋季节易遭蚜虫为害，可利用颜色来减轻田间虫口密度，蚜虫有害怕银灰色，喜欢黄色的习性。选用银灰色农膜条悬挂田来趋避；悬挂粘虫黄板或黄色粘虫条带来诱杀蚜虫的成虫。适时浇水，避免干旱这样不利于蚜虫的迅速繁殖。还可在田间释放天敌七星瓢虫来控制虫口密度。发生较严重时选用0.5%藜芦碱（护卫鸟）水剂800倍液或5%天然除虫菊素1 000倍液喷雾防治，也可选用10%吡虫啉可湿性粉剂1 500倍液喷雾防治。

（二）青虫类害虫

主要为甘蓝夜蛾、甜菜夜蛾和菜青虫，生活习性是白天躲在土坷垃下面或阴暗处，夜间出来觅食为害，优先选用在田间安装太阳能诱虫灯，夜间开启来诱杀成虫。为害严重时需要喷药防治，但是防治时机非常重要，在白天喷施农药往往没有效果，只有在夜间或清晨露水未干时用药才有效。可选用生物农药苏云金杆菌（护尔3号或Bt）可湿性粉剂500倍液或苦参碱·除虫菊酯1 000倍液或25%灭幼脲三号悬浮剂600倍液喷雾防治。

（三）软腐病

可用77%氢氧化铜（可杀得）可湿性粉剂500倍液喷雾防治。

（四）病毒病

一是避免在幼苗生长期间形成高温、强光和干旱的环境。二是种子容易携带病毒，播种前用10%磷酸三钠浸种20分钟，捞出后用清水冲洗干净，在阴凉处晾干后播种。三是苗期治虫防病毒。常通过蚜虫、飞虱、叶蝉等昆虫传播病毒，所以要及时防治上述昆虫。四是避免形成伤口，病毒侵染力较弱，只能通过微伤口侵入寄主，在中耕松土、间苗等田间操作时要选在下午叶片柔软时进行，能避免形成伤口。五是加强田间栽培管理，适时播种，培育壮苗，促使植株生长健壮，提高植物抗病毒病的能力。六是药剂防治，田间出现病株时可用金消康4号（抗病毒——中国农业科技下乡团推荐）2 000倍液喷雾。连续喷4次，每5 ~ 7天用药1次。还可选用20%码啉胍A（病毒A）可湿性粉剂500倍液或1.5%植病灵乳油1 000倍液喷雾防治。

六、上市时间及食用方法

如皋白萝卜一般于11月底至翌年3月陆续上市。可以生食，炒食，做药膳，煮食，或煎汤、捣汁饮，或外敷患处。烹饪中适用于烧、拌、做汤，也可作配料和点缀。萝卜种类繁多，生吃以汁多辣味少者为好，平时不爱吃凉性食物者以熟食为宜。另外，也可用如皋萝卜腌制如皋萝卜条、萝卜皮，这是一种很有名的小咸菜，如皋地区特产，腌好以后的萝卜皮味道独特，韧性十足，咸中带甜，具有香、甜、嫩、脆的特点，能下饭也能配粥，深受各阶层消费者的喜欢。

第三章　栽培过程中疑难问题和生理病

一、番茄

（一）番茄裂果形成原因和预防

河北省徐水县菜农王先生反映说，近几年我们蔬菜生产合作社的106栋温室番茄，裂果现象非常普遍，已严重影响产品的商品率，使产量和产值都受到损失，问是什么原因造成的？怎么来避免？

近几年裂果现象在番茄生产中比较常见，出现裂果会严重影响产品的商品价值和种植者的经济效益。尤其是果皮薄的苹果青、粉红甜肉、强丰（77-94）等传统口味番茄品种，更容易出现裂果现象。据2013—2016年笔者在北京市和河北省21个番茄生产点的调查结果显示，番茄平均裂果率在18.3%，最高裂果率达41.2%，最低裂果率达6.2%。目前番茄果实裂果主要有纵裂果、纹裂果、顶裂果3种类型，不同类型的裂果现象形成的原因也不同，为防止裂果的产生，下面就番茄不同裂果类型的形状和形成原因分类叙述，并提出在生产中预防裂果的技术措施。

1. 裂果的类型和形成原因

（1）纵裂果

果实侧面有一条由果柄处向果顶部走向的弥合线，轻者在线条上出现小裂口，重者形成大裂口，有时胎座、种子外露。形成主要原因是幼苗在花芽分化期遇到12℃以下的低温条件，特别是苗期夜温低于8℃更加严重；另外果实膨大期施用氮肥过多，影响钙肥的吸收也会产生纵裂果。

（2）纹裂果

纹裂果是指在果柄附近的果蒂面上或果顶以及果实侧面发生条纹状的裂纹，按裂纹形状具体又分为3种类型。

①放射状纹裂

以果蒂为中心向果肩延伸呈放射状开裂，从绿熟期开始先出现轻微裂纹，转色后裂纹明显加深、加宽。形成原因：受高温、强光、干旱等不良环境的影响，会使果蒂附近的果面产生木栓层，果实糖分浓度增高，久旱后突然浇水过多或遇到大雨，植株迅速吸水，使果实内的果肉迅速膨大，渗透压增高，将果皮胀裂。

②同心圆状纹裂

以果蒂为中心，在附近果面上发生同心圆状的细微裂纹，严重时呈环状开裂，多在成熟前出现。由于果皮老化，植株吸水后果肉膨大，老化果皮的膨大速度不能与果肉的膨大速度相适应，果肉会将果皮胀破，从而形成同心轮纹。同心圆状裂果和果实侧面的裂果多发生在果实表面因露水等潮湿的情况下，这时果面上的木栓层吸水而产生裂纹。

③混合状纹裂果

放射状纹裂与同心圆纹裂同时出现，混合发生，或开裂成不规则形裂口的果实。正常接近成熟的果实，虽然果皮未老化，在遇到大雨或浇大水后，果肉变化过于剧烈，果皮也会开裂而形成混合状纹裂果。

（3）顶裂果

果实脐部及其周围果皮开裂，有时胎座组织及种子随果皮外翻裸露，受害果实很难看，严重失去商品价值。由畸形花花柱开裂造成，有时柱头受到机械损伤也可造成。一般花柱开裂的直接原因是开花时缺钙，这种情况在低温季节或在大棚中定植过早时尤其严重。钙不足的主要原因是蔬菜对钙的需要量比一般作物多，一般土壤中盐基性钙数量较充足，且吸收的钙和作物体内的草酸结合成草酸钙。但如果钙的吸收少时，草酸便成为游离态而使心叶、花芽受损害产生顶裂果。此外，施用氮肥过多、夜温过低、土壤干旱等情况下，也会阻碍作物对钙的吸收，裂果症状会加重。

2. 生产中防止形成裂果的技术措施

（1）尽量选择不易裂果的品种

一般果型大、果皮薄的品种比中小果型品种更容易开裂。若种植苹果青等传统口味品种，应采取带果柄采收的方式，能有效避免采收后裂果的现象。

（2）栽培中适量施用氮肥和钾肥

果实膨大期植株吸收氮肥与钾肥比例为 1∶1.83，应避免施用氮肥过多，钾肥供应不足，并适当施用钙、硼等微肥，同时尽量增施有机肥，做到平衡施肥，促进根系伸长良好，可缓冲土壤水分的剧烈变化。

（3）科学浇水

根据天气情况、土壤质地、含水量和植株长势适时适量均匀浇水，防止土壤过干和过湿。一般在晴天温度高时、保墒差的沙壤土、植株正值果实膨大期浇水要勤一些，反之间隔时间要长一些。尤其防止土壤水分急剧变化对果实产生的不良影响。降雨时温室和大棚的通风口要封严避免落进雨水。

（4）调节适宜的光照和温度

育苗期间保持充足的光照，调节适宜的温度，夜间气温不能低于 13℃，开花坐果期白天气温在 23 ～ 30℃，夜间在 15 ～ 18℃。番茄果实最好不要受太阳直射，一定要保留果实上面的 2 ～ 3 片叶片，摘心不能过早，打底叶不能太狠。夏季晴天 11：00—15：00 时在棚顶覆盖遮光率 60% 的遮阳网，以避免果实受强光直射。

（5）尽量采取自然授粉方式

大力推广采用熊蜂辅助授粉和振荡授粉器辅助授粉的自然授粉方式来提高坐果率，使用振荡授粉器辅助授粉还有减轻劳动强度、节省操作时间、增加口感和产量的作用。在室内温度低于 18℃和高于 30℃时可选择“丰产剂二号”等对产品安全、畸形果出现少的生长调节剂喷花或蘸花来提高坐果率，并且喷施时浓度要适宜，根据不同室内温度条件配制不同的浓度，在室温 25℃时每袋（8 毫升）对水 1 千克；并保证喷施质量，呈细雾状喷出，在花开放 2/3 时效果最佳，做到不重喷、不漏喷。

（6）避免损坏花柱

在绕秧、绑蔓和整枝、打杈操作时要注意避开花朵，以防损伤花柱。

（7）适时补钙

植株出现缺钙症状时，可采用 0.5% 浓度的氯化钙叶面喷施，并且避免土壤过分干旱而影响钙素的吸收。

（二）番茄筋腐病的发生和预防

北京市大兴区庞各庄镇俊堂瓜菜合作社的张先生问，我们合作社许多菜农种植番茄着色不匀，红黄色相间，切开病果，可见果肉中有一圈茶褐色的黑筋、果肉发硬、口感差，是怎么回事？如何预防？

经现场观察是一种生理病害“筋腐病”所致，其发生症状在全国各地都很普遍，据笔者 2014—2017 年在河北、山东、山西、宁夏等 10 个省（市）85 个生产点的 113 个棚室调查结果，发病率为 53.6%。

1. 发病时间与主要症状

保护地番茄的筋腐病一般在第 1 ~ 2 穗果的转红期发生，主要症状是果实着色不匀。轻者果形无明显变化；重者靠胎座部位的果面凸起，呈红色，靠种子腔的部位凹陷，仍呈绿色，个别果还呈茶褐色。切开病果，可见果肉中一圈维管束呈茶褐色、发硬，完全失去了商品价值。近几年此病发生较普遍，发病率一般在 20% ~ 30%，个别严重棚室可达 40% ~ 60%。

筋腐病与病毒病的果实症状有些类似，但仔细观察仍有较大区别，患筋腐病的植株生长很旺盛，一般用肉眼看不出茎和叶有任何病状，但茎解剖后，能观察到离根部 20 厘米处的茎输导组织遭破坏，呈褐色；而感染病毒病的植株，往往顶部叶片表现花叶，严重时病叶皱缩、畸形，茎上有坏死条斑。患筋腐病的病果只是在绿熟果转红期表现症状，果实着色不均匀，转红的部位发软，呈茶褐色的部位发硬；而病毒病在果实发育的全过程中均可发生，使整个病果变硬、果肉脆，严重的呈褐色。这两种情况在保护地种植时可混合发生。

2. 发病原因

（1）保护地番茄生育期光照时数不足

据多年来对气象因子与发病率相关性的调查和分析，认为光照时数与发病率关系极为密切。4—6 月的日光照时数每天如超过 8 小时，其发病率较低，而少于 7 小时，则发病率较高，可达 40% 左右。

（2）土壤中氮、钾肥料比例失调

氮与钾的供应比例失调（氮多、钾少），或土壤缺钾致使钾肥供应不足，使植株光合产物运转受阻，果实内的代谢作用紊乱，导致筋腐病的发生。另外，经常施入未腐熟的人粪尿或其他有机肥料，也会加重筋腐病的发生。

（3）土壤含水量过高，持续时间过长

据调查，番茄地土壤含水量经常处于饱和状态时，筋腐病发病率较高，可达20%～30%。

（4）品种的差异

调查结果显示，番茄果型偏大、果皮厚、果肉硬的品种，筋腐病的发病率则更高。

3. 预防措施

（1）改善生长发育条件

增强其光合作用，种植适宜的密度，特别注意行距不要过小，应采取大小行种植方式，其中大行间距应大于1米。

（2）加强水肥管理

要保证做到土壤含水量适度，并在增施腐熟优质农家肥的同时，根据需肥规律和土壤养分的含量，及时调整氮、磷、钾肥和微肥的施用量，以保证各元素之间比例协调，在番茄膨果期氮、磷、钾吸收比例为1∶0.3∶（1.5～1.8），尤其要保证钾肥充足的供应，促使植株营养代谢平衡。

（3）选用适应性强的品种

尽量不选用果型偏大，果肉硬的品种，预防筋腐病的发生。

（三）如何防止番茄的落花落果

番茄在种植过程中经常有落花落果的现象，对产量影响较大，怎么来避免？

1. 形成的原因

（1）温度不适宜

当生长温度白天高于35℃，夜间温度高于22℃或夜温低于15℃时，都能造成花粉发芽受阻，不能受精，子房枯萎而落花。

（2）空气湿度不适宜

当空气相对湿度低于45%，柱头分泌物少，干缩，花粉不发芽；但空气湿度超过75%，花药不开裂，花粉不能散出，也不能授粉结实，果柄处形成离层，造成落花。

（3）土壤干旱

土壤过于干旱，使植株生长量减少，甚至停止，花粉失水，引起落花或落果。

（4）光照不足

遇连阴天时，光合产物很少，花朵和幼果因营养不足而脱落。

（5）营养不良

多表现在上层果穗，当下层果穗坐果较好，由于追肥不及时，花果间营养竞争失调，上层花朵养分供应不足，就会造成“瞎花”现象或者脱落。此外，茎叶徒长可能造成下部瞎花或落花。

2. 防止落花落果措施

（1）栽培技术措施

首先改善田间生长小气候，调整适宜的温度、湿度，保护地白天温度23～30℃，夜间温度15℃左右；冬季勤擦洗棚膜，夏季覆盖遮阳网，改善光照条件；适时浇水，加强通风换气，使其大部分时间都在适宜的条件下生长和发育；采用科学的施肥方法，本着“少吃多餐”和氮、磷、钾平衡施肥的原则，在每穗果膨大期都要追施氮、磷、钾含量均衡的有机液肥一次，调节营养生长与生殖生长的平衡，使植株生长健壮。

（2）适时进行辅助授粉

振荡授粉，利用手持振荡授粉器在晴天8：00—11：00时对已开放的花朵进行振动授粉，促使花粉散出，落在柱头上授粉、受精。还可采用在棚内熊蜂辅助授粉的方法，来提高坐果率，这种属于自然授粉结实方式，结出的果实内有种子，口感品质好。

（3）化学方法

采用促进坐果的生长调节剂：目前常用的生长激素有4种：第一种是“果霉宁”，不仅能促进坐果，还有防治灰霉病的作用。第二种为防落素或番茄灵（PCPA），使用不当易发生药害。第三种为“丰产剂二号”，是有机和无机混合产品，对促进番茄的坐果方面效果显著，处理后果实迅速膨大，不宜出现畸形果，并且使用后产品安全，能达到绿色食品的要求，但有机产品不能使用。第四种是2，4-D，若使用不当，容易产生药害而形成尖顶畸形果实，生产上不提倡使用。

使用方法：有蘸花和喷花两种方法，蘸花是取溶液涂到柱头或花柄节处，花上不要存留过多药液，喷花用喷雾器喷细雾状到初开的花朵上。处理时遇畸形花应摘除。

注意事项：不要开一朵处理一朵，这样会造成果实大小不齐。只处理已开和初开的花朵，不要处理花蕾，避免药害。不要沾到叶片上，避免药害。当室温20～25℃期间处理最好，避开中午空气过干或清晨气温过低的时间。要严格按照规定浓度处理。不同温度季节可略做调整，温度高时稀释的浓度要低。

（四）番茄脐腐病的预防

河北省永清县菜农张女士问，我家种植温室番茄出了不少脐腐果，喷了几次钙肥但还有发生，问怎么办才好？

形成原因：番茄脐腐病属于生理病害，形成原因与缺钙或钙吸收不足有关，但要注意做具体分析：一是北方土地多不缺钙，但不能过度控水，使植株出现干旱，造成钙吸收受阻；二是注意补充硼肥，硼缺乏时会使钙吸收不足。还有硼元素供应不足时，即使土壤中钙含量很丰富也不会被大量吸收，也会引起钙元素吸收不足，从而形成脐腐病。

预防措施：首先要科学浇水，保持土壤不干旱，尤其是坐果期以后要保持土壤水分供应，以促进植株对钙元素的顺利吸收；其次在生长期间叶面喷施钙肥和硼肥结合进行，一般往年发生脐腐病严重的棚室要液面喷施硼肥和钙肥3～5次，并穴施或随水追施硼砂2～3次，每次每亩用量1千克。

（五）番茄植株徒长的预防

山东德州市的菜农李先生问，我家种植的番茄秧子长势很好，果却很小，而且长得很慢，是怎么回事？

番茄的产品器官是果实，而且是生理成熟的果实才可食用，所以它必须完成有性繁殖过程，因而存在着生育平衡问题，一旦平衡失调，就会引起植株徒长现象。即在生产中常常出现的营养生长过旺，植株徒长，造成落花落果，或果实发育受阻，形成僵果，严重影响早熟性和产量的现象。

徒长植株表现为茎叶粗大、花序细小、茎秆下细上粗。轻者第一花穗果实发育受阻，出现僵果，严重者第一穗开花、坐果均迟于第二穗，上层果大于下层果，植株呈现“头重脚轻”株型，更严重者整穗落花，不结果实。其最终结果是影响早期产量、产值和总产量。

植株徒长产生原因：一般生产上采用的多数品种都是无限生长类型，从遗传角度来看，就具有营养生长比较旺盛的特点，如果栽培时控制措施采取不适当，非常容易发生不同程度的徒长，即疯秧现象，对开花、坐果、果实发育和产量带来影响。从实际生产角度来看，容易引起徒长的两个原因是幼苗定植过早和浇催果水过早。

原因之一：小苗定植。一般定植时，如果幼苗生育状况未达到现蕾水平，定植后营养面积扩大，水分充足，根系得以自由生长，而此时植株正处于营养生长为主导的阶段，极易徒长。

预防办法：尽量采用大一点的壮苗定植，早春茬可以培养现蕾的大苗定植，这样定植缓苗后很快进入开花期，生殖生长加强，第一花穗及时坐果是防止徒长的有利因素。万一受到条件限制，不得不小苗定植时，则需要在定植时控制浇水量，可按穴浇水，避免大水灌溉，这样可以限制根系扩展，然后加强中耕、保墒，待植株现大花蕾，即将开花时方可进行沟灌，以后进入正常管理。

原因之二：浇催果水过早。徒长的另一个原因是第一穗果未达3厘米大小，植株尚未由营养生长为主向生殖生长为主转变，如果早浇水，必将导致营养生长过旺，发生徒长。生产上常因定植时苗整齐度差，大多数植株需要浇水时，少部分植株尚未开花，结果照顾了多数，影响了少数，造成徒长。

预防办法：育苗时经常调整大小苗位置，使定植时幼苗的生育状况整齐一致；若定植时仍有大小苗，应分别定植，区别管理。尽量掌握好催果浇水追肥时机，既缓苗后至坐住果前不浇水，待第一穗果长至核桃大小时再浇水追肥，并且要氮、磷、钾肥按比例配合施用；还要做到控温不过高，控水不过多，控氮不多用，有徒长苗头时可以喷矮壮素或较高浓度的甲壳素和爱多收等调节剂来控制植株旺长。

（六）如何防止蔬菜幼苗徒长

河北省永清县菜农王女士问，番茄苗长得细高，看着不壮实，别人说是徒长了，怎么来预防？

防止幼苗徒长的方法主要如下。

一是播种密度不宜太大，以免出苗后幼苗拥挤。同时，出苗约有30%后及时拆除地面覆盖物。

二是及时间苗、假植和定植。普通苗床育苗方式的在出苗后应及时间苗，一般应间苗2～3次；在秧苗“2叶1心”时即应进行分苗，分苗的密度不要过密，以6～8厘米为宜。

三是加强光照和通风透光，控制温、湿度。在阴天多雨季节和光照时间短的季节应在育苗棚安装补光灯来人工补光，在秧苗出土后、分苗前和分苗缓苗后以及定植前均应进行通风、降低温湿度，加强低温锻炼，控制秧苗的过度生长。

四是合理进行肥水管理。营养土的制备中，应该注重磷、钾肥用量，控制氮肥用量。苗床内严格控制水分和追肥，需要追肥时，不能偏施氮肥。

五是及时排稀秧苗。茄、瓜类定植前20天左右，秧苗常常出现过度拥挤现象，此时应适当移动秧苗，使大小秧苗分开，并扩大单株的生存空间。

六是利用生长调节剂控制徒长。在高温季节育苗为防止幼苗徒长，除了采取上述措施外，可用“施乐时”浸种，还可用0.2%波尔多液（等量式）喷雾来预防徒长。

二、黄瓜

（一）冬季温室黄瓜“花打顶”如何解决

山东省寿光市菜农刘女士问，种植的两棚日光温室黄瓜，最近十来天瓜条不见长，秧子顶部皱缩一大堆花和幼瓜，几天也摘不下来瓜，是怎么回事，如何解决？

“花打顶”形成原因：冬季温室黄瓜的花打顶或瓜打顶的现象，即缩头不长的症状，是植株营养生长受到严重抑制，主要是由于低温、光照不足和干旱等原因造成的，不能满足植株和瓜条生长所需要的条件。

解决的措施：第一要采取增光保温措施。可采取草苫上面加盖覆一层农膜，极端低温时，棚后墙体上悬挂500瓦的碘钨灯或经常擦棚膜以增加透光率等措施，使棚室内温度和光照条件满足黄瓜植株营养生长和生殖生长的需求；第二是及早摘除植株生长点附近的花蕾和幼瓜；第三是科学追肥和浇水，并结合喷施磷酸二氢钾400倍溶液或海藻酸或腐殖酸等叶面肥，也可喷施0.004%芸薹素内酯（云大120）1 500倍液加细胞分裂素600倍液来促进生长。

（二）栽培中如何防止黄瓜瓜条弯曲

河北省馆陶县菜农季先生问，种植的温室黄瓜总是出现弯瓜的现象，怎么来避免？

黄瓜出现瓜条不顺直的现象，主要是由于营养供应不足；或不能满足光照、温度等生长条件；或田间管理粗放等原因形成的。要避免首先分析形成原因，主要有以下几条措施来预防。

一是及早吊蔓或搭架绑蔓，防止瓜条触地，在黄瓜植株生长期间及时进行绕蔓、去除黄叶等植株调整措施，不能使植株伸长受阻和叶片叠落影响光照而减弱光合作用。

二是加强田间管理促进植株健壮地生长发育，保证黄瓜瓜条有充足的营养；

在黄瓜盛瓜期，注意调节光照和温度条件，还要避免在强光、高温的条件下生长。

三是在幼瓜发生弯曲时，可在瓜顶端缚上小石块等重物坠直。也可用锋利消过毒的刀片，在瓜条弯曲的相反一侧的瓜柄处，轻划一刀，深度3.3毫米，通过暂时切断营养通路，来均衡整个瓜条的营养供应，克服瓜条弯曲现象，达到商品性好、售价高的目的。

四是在幼瓜伸长初期套上黄瓜专用的塑料袋能有效避免弯瓜的形成，每个成本仅0.1元左右。

（三）黄瓜味道发苦是什么原因，如何防治

山西省清徐县菜农吴先生问，我家种植的黄瓜有苦味，不好卖，怎么避免？

形成原因：黄瓜产生苦味是一种生理性病害，主要是由于苦味素在瓜条中积累过多所致，它能使人产生呕吐、腹泻、痉挛等中毒症状。受特定温度和空气湿度等小气候影响，主要集中在初花期的根瓜及盛花后期的瓜。发病原因主要有以下几种。一是根瓜期控水不当，或生理干旱，易形成苦味；二是施用氮肥数量偏多，或是磷和钾肥供应不足，极易造成徒长，在侧、弱枝上易出现苦味瓜；三是地温低于12℃，细胞的生理活动降低，使养分和水分吸收受到抑制，也能造成苦味瓜产生；四是温度高于32℃的时间过长，特别是超过35℃，呼吸消耗高于光合产物，营养失调也会出现苦味瓜；五是植株衰弱，由于光照不足以及真菌、细菌、病毒的侵染，或发育后期植株生理机能的衰老，也是造成苦味瓜的原因。

预防措施：一是及时摘除无商品价值的畸形瓜，二是平衡施肥，增施腐熟有机肥做基肥，在基肥中每亩施30～50千克的过磷酸钙，推广配方施肥技术，在盛花期和结瓜期遵循氮、磷、钾平衡施肥，按5：2：6的比例施肥，生长中后期叶面喷施3～5次0.3%磷酸二氢钾；三是避免土壤干旱，当气温较高、植株水分蒸发量加大，土壤水分含量较小时，易使植株发生生理干旱，要及时灌水。

（四）黄瓜出现瓜条颜色变黄，怎么办

天津市武清区菜农许先生反映，我家种植的大棚黄瓜出现瓜条颜色变黄，但叶片上没有病斑，是什么原因造成的，怎么来解决？

形成原因：经常到棚里观察，发现黄瓜叶片和瓜条上均无病斑，只是瓜条颜色呈淡黄色。这是由于黄瓜栽培中根系发育不良而导致的瓜条发黄。形成黄瓜根系发育不良主要有定植时地温过低、植株生长期间叶片偏少和肥料供应不足等。根系发育不良会影响整个植株的生长发育，使黄瓜得不到充足的营养，进而造成瓜条发黄。

解决方法如下。

一是改变种植时浇水方式。不少菜农在定植时往往是图方便先干栽后再浇

水，这样做的缺点是表层水量充足，根系在浅表层横向发展，但对根系向纵深下扎不利。若定植前先浇透水，然后闭棚升温，使 10 厘米地温达到 15℃时再定植，适宜的地温可诱导根系向纵深发展，同时先浇水还可避免降低地温，更利于根系生长和缓苗。

二是保护叶片，促进生根。根系所需要的养分多由中下部叶片提供，因此对下部叶片不宜过早摘除，每株应保留 16 片以上的功能绿叶，并且要严格控制叶部病害。

三是合理施肥，养根护根。在浅层适量施用基肥后再在定植部位开沟深施生物肥，可起到改善土壤、预防病害、促生新根和促使根系向纵深发展形成粗壮根系的作用。蔬菜进入结果期后营养生长与生殖生长同步，冲施肥料时在保证不伤害根系的情况下既要考虑到攻棵，还要注意攻果，因此不宜过多施用氮肥，应冲施适量优质的氮、磷、钾肥料。另外，若温度过高时，应减少化肥的用量，增施生物肥，以保证根系正常生长发育。

三、茄子

茄子烂果怎么办

茄子烂果是茄子上发生较重的一类病害，主要是果实上萼片以下出现部分腐烂及整果腐烂或掉果现象，使茄子失去商品价值，造成严重的经济损失，且防治难度较大。通过实地调查，发现当前茄子烂果主要有 3 种情况。

一是灰霉病引起的烂果。叶片边缘有“V”形病斑，湿腐，有灰色霉层；果实顶部或蒂部腐烂，有灰色霉层；茎秆腐烂后也有灰色霉层。这是茄子的灰霉病，高温高湿条件下发生重。防治措施：喷施 20% 二氯异氰尿酸钠可溶性粉剂、50% 啶酰菌胺（凯泽）可湿性粉剂等药剂可有效防止灰霉病的发生；适时放风，降低湿度；摘除染病的花蒂、花瓣、果实、叶片等，在喷花时可加入防灰霉病药剂。

二是细菌性软腐病引起的烂果。茄子以整个果实呈水烂状居多，有一股恶臭味，但果实不长毛，呈烂泥状，严重时会出现果实从植株上掉落的现象。这是茄子上发生较多的病害。防治措施：发生初期叶面喷洒 47% 春雷 · 王铜（加瑞农）可湿性粉剂 800 倍液，以及农用链霉素或新植霉素来防治。

三是缺素症引起的烂果。茄子果实未发现长毛现象，果实从萼片以下掉落，果皮不出现腐烂，仍有光泽，但掰开果实后发现果瓤已经变成褐色或黑色。这种情况是茄子由于缺乏硼、钙等营养元素引起的生理性病害。茄子缺乏硼钙等营养元素很多时候并非是由于土壤中缺乏硼、钙等营养元素，而是由于茄子植株吸收硼及钙营养元素不足而造成。防治措施：补充钙、硼等营养元素，合理浇水施肥，同时要养好根，要注意小水勤浇，土壤要见干见湿，避免过度干旱，保证茄子生长正常水分及养分供应。

四、甜辣椒

（一）甜椒结果少怎么办

北京市顺义区菜农王先生反映，他们合作社种植的23个大棚的甜椒结果太少，许多花开放后落了，问怎么解决？

经到棚里观察发现植株细高有徒长现象，落花落果严重。认为王先生合作社种植棚室甜椒坐不住果，是由于管理不善形成的“空秧”。其形成原因有两方面：第一，苗期遇到高温时间持续过长造成。定植后缓苗期一般为6～7天，在此期间要求密封大棚，不能通风，棚温维持在30℃左右甚至以上，尤其是夜间温度应超过20℃，有些菜农朋友为了加速缓苗，在夜间还要采取保温、防冻措施，致使夜间温度过高。形成缓苗期过长，大棚内高温高湿持续时间延长，容易引起植株在“假活”状态下发生徒长现象。第二，通风不及时。缓苗后要及时通风，否则，棚内温度高，土壤、植株蒸腾作用加强，棚内相对湿度将大大超过60%，第一个门椒坐不住，更加剧了植株的徒长，造成恶性循环，以致形成“空秧”。

预防措施：缓苗后，在保持棚内适宜温度的条件下，要根据外界气温变化来合理放风，以降低棚内湿度。初期保持28～30℃的棚温，以后慢慢降低棚内温度的标准，到开花坐果期，保持23～28℃即可。这样甜椒植株生长矮壮，节间短，坐果也多；加强水肥管理，甜椒叶片小，水分蒸腾量不大，定植时浇水不要过多，缓苗后到采收前，一般不大量浇水，能保证根系吸收需要和棚内空气湿润即可，否则，容易造成落花落果。待第一层果实开始收获时，要加强浇水、施肥，多追施有机肥，增施磷、钾肥，以利于甜椒丰产和提高果实品质。

（二）辣椒烂果怎么回事，如何防治

天津蓟县菜农朱女士问，种植的辣椒出现许多烂果，产量明显降低，问什么原因造成？怎么来避免？

辣椒烂果是一个发生较普遍的现象，严重影响产品的品质和产量。可以由许多种病害都能引起的共同症状，但病源不同，症状各异，防治方法也不一样，以下8种原因都能引起辣椒的烂果。

一是软腐病引起的烂果。发病初期果实呈水渍状暗绿色斑，后期全果软腐，具恶臭，果皮变白，干缩后脱落或挂在枝上，其他部位很少有症状。应选用47%春雷·王铜（加瑞农）可湿性粉剂800倍液，以及30%琥胶肥酸铜（DT）可湿性粉剂600倍液喷雾防治，7天喷施1次，连喷2～3次。

二是疫病引起的烂果。多数先从果蒂部染病，呈水渍状灰绿色斑，后迅速变褐软腐。潮湿天气，表面长出稀疏的白色霉层，病果干缩不脱落。其他部位如茎杈枝叶上，常有水渍状褐斑。可以喷68%精甲霜·锰锌（金雷）水分散粒剂100～120克/亩，7天1次，连喷2～3次。

三是灰霉病和菌核病引起的烂果。

灰霉病以门椒、对椒发病较多，在幼果顶部或蒂部出现褐色水渍状病斑，后凹陷腐烂，呈暗褐色，表面出现灰色霉层，其他部位症状较少。菌核病由果柄发展到全果，呈水渍状腐烂，浅灰褐色，其他部位也有相似的症状。湿度大时可用速克灵烟剂薰，湿度不大时可选喷速克灵、菌核净或50%腐霉利（速克灵）可湿性粉剂与70%甲基硫菌灵（甲基托布津）可湿性粉剂混合液（60千克水中两药各加50克），或40%菌核净可湿性粉剂与50%异菌脲（扑海因）可湿性粉剂混合液（60千克水中两种药各加50克），6天1次，连喷2～3次。

四是炭疽病引起的落果。接近成熟时易染病，初呈水渍状黄褐色圆斑，中央灰褐色，上有稍隆起的同心轮纹，常密生小黑点。潮湿时，病斑表面常溢出红色黏稠物；干燥时，病部干缩成膜状，易破裂露出种子。叶片染病，初为水渍状褪绿斑点，后变为边缘褐色，中部浅灰色的小斑。可选喷70%甲基硫菌灵可湿性粉剂800～1 000倍液或80%代森锰锌（新万生）可湿性粉剂，以新万生效果最好，7天1次，连喷2～3次。

五是绵腐病引起的烂果。果实受害腐烂，湿度大时，上生大量白霉。可喷30%琥胶肥酸铜（DT）可湿性粉剂600倍液或20%龙克菌可湿性粉剂1 000倍液，7天1次，连喷2～3次。

六是黑霉病引起的烂果。一般果顶先发病，也有的从果面开始，初期病部颜色变浅。果面渐渐收缩，并生有绿黑色霉层。可喷30%琥胶肥酸铜（DT）可湿性粉剂600倍液或58%甲霜灵·锰锌可湿性粉剂400倍液，7天1次，连喷2～3次。

七是日灼病引起的烂果。高温天气，果实向阳部分，受阳光直晒，使果皮褪色变硬，产生灰白色革质状斑，易被其他菌腐生，出现黑霉或腐烂。应及时浇水，采用遮阳网遮阴种植，改善田间小气候，均衡供水，减少该病发生。

八是脐腐病引起的烂果。果实脐部受害，初呈暗绿色水渍状斑，后迅速扩大，皱缩，凹陷，常因寄生其他病菌而变黑或腐烂。可在坐住果后叶面喷洒1%过磷酸钙或0.1%氯化钙。如病部变黑或腐烂，可以按照黑霉病或软腐病来防治。

五、胡萝卜

如何使胡萝卜不糠心

河北省围场县菜农李女士问我家种植的胡萝卜近几年总是出现糠心，不好卖，问怎么来避免？

形成原因：胡萝卜的糠心现象又叫空心，是由于肉质根中心部分干枯失水原因而形成的。主要是生长期的前后水分供应不均，如前期过湿，后期干旱；偏重施氮肥，早期抽薹，贮运时高温干燥均会引起糠心。

防治方法如下。

一是选择适宜的品种，以表皮、果肉、心轴均为红色的品种最受消费者的欢迎。

二是选择轻沙壤或壤土的地块种植，不宜在沙土地块种植。

三是在茎叶生长期适当少浇水，根茎生长期均衡供水，避免干旱。

四是调节适宜的贮存环境，尤其温度不能过高，水分适宜，避免在高温、干燥的条件下贮藏。

六、萝卜

（一）萝卜早期抽薹形成的原因和预防

河北省永清县菜农齐先生问我家种植的萝卜，萝卜还没长大就抽薹了，眼看不能卖钱我们全家都很着急，问怎么来避免？

萝卜在未长成根茎时抽薹，不能形成产量称为早期抽薹。

形成原因如下。

在种植过程中，造成早期抽薹的原因主要有3个方面。一是播种期过早，萝卜在种子萌动后和幼苗期均可通过春化阶段，而造成早期抽薹。那么具体在什么温度条件下通过春化阶段？在5～10℃温度条件下10～20天就能通过春化阶段；在1～5℃温度条件下，10天就能通过春化阶段。不同品种的感温性不同，北方品种冬性较强，比较适应低温的条件，出现早期抽薹的比例要少些；南方的品种冬性较弱，要求的低温条件较为严格，相对更容易通过春化阶段。二是萝卜的不同生育时期对低温反应的时间差别较大，如萌动的种子在5℃条件下需经过15～20天才能通过春化阶段，当2片真叶展开时，只需3～5天即可完成春化阶段。三是日照时数，当萝卜植株通过春化阶段后，在12小时以上的长日照条件下，可以加速抽薹。春化后如遇高温加长日照的条件，抽薹速度最快。温度越低，通过春化的速度越快；高低温变化反复，容易通过春化，温差越大，春化速度越快。在长江流域地区，冬暖而春寒的气候条件下，最容易引起早期抽薹。

预防早期抽薹的措施如下。

一是选择不易抽薹的品种。北方地区设施保护地春季种植，南方地区春季露地种植，都要选择冬性强的“白玉春”等品种。此外，应避免使用陈种子和不要将种子在高温条件下存放过久。

二是适期播种。在适宜生长的季节种植，春季气温连续5天稳定在10℃以上时再播种；具体播种期根据不同品种的特性和市场需求来安排。尽量将播种期安排在适宜生长的时间和季节。例如，北京平原地区春季适宜播种期：温室在2月上旬，春大棚在3月上中旬，露地在4月上旬；上海地区春季露地适宜播种期在2月中旬至3月下旬；山东适宜播种期在3月下旬至4月上旬。

三是播种后和苗期做好防寒保温。尽量避免在10℃以下的生长环境，最长不宜超过5天，尤其是早春季节气温和地温都较低，切忌大水漫灌。此外，采取增施有机肥、覆盖地膜、加强中耕松土等栽培管理措施，促进幼苗生长健壮。

（二）萝卜生产中怎么避免形成畸形根、分叉根和短根的现象

北京市平谷区菜农周先生问，我新建的2栋温室种植萝卜，萝卜都不顺溜，不仅分叉多，还有的长不长，是怎么回事？

萝卜根茎发育初期生长点受损或主根生长受阻，会促进侧根肥大，从而导致肉质根分叉或形成各种类型的畸形根茎，不能作为商品出售。

形成原因主要有以下5个方面。

一是耕层浅、土壤黏重板结；二是耕层土壤中有石块、姜石及前茬作物比较大的植株和根系残体等异物；三是施用未腐熟肥料或有机肥施用不匀，使种子播在粪块上，造成烧苗或虫卵滋生；四是地下害虫咬食或中耕除草操作过程中使主根受损；五是种子贮存过久，胚根受损等原因。

预防措施如下。

一是选择适宜的土壤种植。应在土层深厚、疏松、肥沃、排水良好的沙质土壤地块或棚室种植，不要选在土壤黏重、板结的地块或棚室种植。

二是精细整地。深耕30厘米以上，及时检出土壤耕层中的姜石、石块和前茬残株、根系以及地膜等异物，耙碎明暗坷垃，达到平整、疏松、无异物的标准，做成高垄种植。

三是施用充分腐熟、细碎的有机肥。撒施均匀，及时防治蛴螬、金针虫、蝼蛄等地下害虫。

四是选用新种子，中耕除草时深度适宜避免损伤主根。

（三）萝卜肉质根糠心形成原因和预防

北京市大兴区菜农贾先生反映他家在大棚种植的萝卜，拔萝卜时发现许多心都糠了，问怎么回事？

糠心严重影响品质，多出现在沙质过重的土壤，不同品种之间糠心程度也有差异。

形成原因如下。

一是在肉质根膨大期土壤供水不足，前期过湿，后期过干。

二是氮肥施用过多使叶片徒长，硼肥供应不足。

三是早期抽薹。

四是播种过早、密度大通风不良、采收过晚、采收时损伤、贮藏期间环境温度过高、干燥等原因，这些都能形成糠心现象。

预防措施如下。

一是不要在土壤过沙的地块或棚室种植，要选择肉质致密、干物质含量高、不易糠心的品种。

二是适期播种、合理密植。生长期间调节适宜的温度避免早期抽薹、及时采收。

三是平衡施肥。氮、磷、钾和微量元素肥料配合施用，尤其不要缺少硼肥和钾肥的供应，避免营养生长过旺。

四是科学浇水。肉质根膨大期要及时均匀浇水。

五是贮藏期间及时调节环境条件，

避免贮藏环境干燥和温度过高。

（四）萝卜裂根现象出现原因与预防

北京市大兴区张先生反映他种植的心里美萝卜采收时许多表皮开裂，问怎么避免？

萝卜在生长过程中或采收时根茎表皮开裂称为裂根现象，轻微时影响外观，严重时不能出售。主要有以下原因形成。

一是在根茎生长过程中水分供应干湿不匀，初期不足，肉质根组织老化，后期水分供应过大；还有前期干旱或缺水，而后突然浇大水或者下大雨，使根茎内部生长压力迅速增加而撑破表皮。

二是选择土壤不当，耕作粗放。

三是土壤中缺硼或硼供应不足，使表皮组织变脆。

四是冻害、病虫为害等也会形成裂根现象。

预防措施如下。

一是定苗后至采收前均匀浇水，最好采用滴灌或微喷等节水灌溉方式，既省工又浇水均匀，一定要防止土壤忽干忽湿。

二是平衡施肥。应以施用充分腐熟、细碎的优质有机肥为主，最好施用羊粪，少施用鸡粪，因鸡粪中含氮素高，钾肥偏少。每亩施用量 3 000 ~ 5 000 千克，追肥主要施用硼肥和钾肥，不过量施用氮素化肥。

三是选择土壤疏松、肥沃的地块或棚室种植，栽培过程中及时防治病虫害和冻害。

（五）萝卜口感差，有苦味或辣味重形成的原因与预防

山西曲沃县菜农纪先生问我家种植的心里美萝卜不好吃，不仅辣味重，有的还有苦味，卖不出去，是怎么回事？

萝卜辣味重和有苦味都是口感差的表现，但是辣味和苦味的形成原因不同。

辣味：是萝卜根茎中含辣芥油量过高造成，在播种期过早、气候干旱、天气炎热，肥水供应不足的栽培条件下容易产生。

苦味：是由于含氮的碱化物而造成，栽培过程中氮肥施用过多，磷、钾肥供应不足的原因造成的。

预防措施如下。

一是适期播种，尽量选择在气候温和、昼夜温差大的季节种植，如华北平原地区露地种植心里美萝卜在 8 月中旬播种比较适宜，使根茎膨大期在 9 月下旬至 10 月下旬。

二是保护地种植在栽培过程中及时调节适宜的温度和湿度，根茎膨大期均匀浇水，避免干旱。

三是平衡施肥，根据土壤测定结果来施用肥料，应避免氮肥过多，磷钾肥供应不足的现象发生。

七、大白菜

大白菜干烧心的形成原因与预防

北京市朝阳区菜农马女士问我种植 5 亩大白菜，外表看着很好，但客户买回家切开一看里边有一层一层的叶子干枯，许多卖出去的产品都退回来了，问

是怎么回事，怎么来预防。

属于大白菜干烧心也称为夹皮烂，是大白菜一种较常见的生理性病害。外观上无异常，但内部球叶变质，不能食用，消费者损失大。它不仅影响大白菜的产量和品质，而且入窖贮藏后也容易受细菌侵染，引起腐烂。在莲座期和包心期开始发病，受害叶片多在叶球中部，往往隔几层健壮叶片出现一片病叶。它的典型症状是外叶生长正常，剥开球叶后可看到部分叶片从叶缘处变白、变黄、变干，叶肉呈干纸状，病健组织区分明显。

发生原因如下。

一是气候条件。大白菜生育期的降水多少，尤其是莲座期的降水量多少，既影响空气湿度，又影响土壤的含水量及土壤溶液浓度的变化，在大白菜苗期及莲座期，降水量适宜或者是灌溉条件好的地块，干烧心发病轻，反之，降水少，灌溉条件差的较干旱的地块，则发病较重。

二是土壤理化性状。土壤盐碱化程度高的地块发病重，因为土壤含盐量高对植株吸收钙有抑制作用。

三是氮肥施用。大量施用氮素肥料，土壤又很干燥时，一方面会增加土壤溶液浓度，另一方面也因为土壤中微生物活动被抑制，部分铵态氮被根直接吸收，因而对钙的吸收产生不良影响而引起干烧心病。

四是其他原因。由于根系功能失调或其他原因，不能将钙素输送到正在生长的叶尖部，从而引起生理性障碍。土壤中活性锰的严重缺乏也能引起干烧心现象。

预防措施如下。

为了避免大白菜干烧心的发生，提高大白菜的产量和品质，除选用抗病品种、合理轮作、适期播种外，还应采取如下措施。

一是选好地块。要选择土地平整、土质疏松、排水良好的地块，尽量不选地势低洼易涝的盐碱地块。保证能均匀浇水，并且水质没有污染，南方酸性土壤地块应增施石灰，调整土壤酸碱度。

二是科学施肥。底肥以有机肥为主，化肥为辅。每亩施用充分腐熟细碎的有机肥 4 000 ~ 5 000 千克再施用硝酸铵钙 25 ~ 40 千克或过磷酸钙 30 ~ 50 千克，增加土壤有机质含量，改善土壤结构，增加耕层土壤中钙元素的含量，促使植株健壮生长。

三是合理浇水。大白菜生育期水分供应要均匀，遇干旱要及时浇水，宜实行小水灌溉，使土壤不干不涝，灌溉后要及时中耕松土，防止板结，改善土壤结构，阻止盐碱上升。切忌大水漫灌，以免田间受涝损伤根系，妨碍吸收。尤其是莲座期应注意土壤湿度的变化。雨水多的年份要适当中耕、排水。

四是适当补钙。土壤缺钙地块可在莲座期每亩随水施用硝酸铵钙 20 千克，还可叶面喷施绿得钙，既能促进大白菜生长、改善品质，又能有效防止大白菜“干烧心”的发生。通常自大白菜莲座期开始，每 7 ~ 10 天向心叶喷绿得钙 1

遍。施用时注意集中向心叶喷洒，连喷3 ~ 4 次。

八、其他方面

（一）蔬菜轮作有什么作用，轮作时应注意什么？

通州区菜农孙先生问，我从2004年开始种菜，连续几年种植黄瓜，发现不断增加肥料用量，但是产量越来越低，并且病害越来越重，问应该怎么换茬？

在同一块地上按照一定年限轮换栽培几种性质不同的蔬菜，是合理利用土壤肥力、减轻病虫害、减轻连作障碍，改善品质、提高劳动生产率的有效措施。实行蔬菜合理轮作，应注意以下几点：一是注意不同蔬菜对养分的需求不同，可以充分利用土壤养分；二是注意不同蔬菜的根系深浅不同，使土壤中不同层次的肥料都能得到利用；三是注意不同蔬菜对土壤肥力的影响不同，要把生长期长与生长期短的、需肥多与需肥少的蔬菜合理搭配种植；四是要注意不同蔬菜对土壤酸碱度的要求不同；五是要注意不同环境病虫害发生程度不同。同科蔬菜有同样的病虫害发生。不同科属的蔬菜轮作，可使病菌失去寄主或改变其生活环境，达到减轻或消灭病虫害的目的；六是要注意不同蔬菜对杂草的抑制作用不同。

每种蔬菜都有一定的轮作年限，如黄瓜、茄子一般间隔5 ~ 6年；番茄、辣椒、甘蓝、菜豆等间隔3年以上；菠菜、韭菜、葱等需间隔1年以上；根据我们多年田间试验结果推荐如下10种蔬菜轮作方式。

番茄－黄瓜－香葱轮作；番茄－叶菜－西葫芦－芹菜轮作；茄子－芹菜－黄瓜－甘蓝轮作；黄瓜－辣椒－叶菜轮作；嫁接黄瓜－青蒜－嫁接黄瓜轮作；西瓜－架豆－番茄轮作；叶菜－茄子－西葫芦轮作；甜椒－萝卜－芹菜轮作；黄瓜－香葱－番茄－叶菜轮作；番茄－青蒜－西葫芦轮作。

（二）有机肥施用不当会减产吗

北京市大兴区菜农周女士问，从鸡场买了点鸡粪回来，堆沤了10天左右因急着栽植下茬就用到地里了，不到一个月一看却发生烧苗了，问该怎么避免？

有机肥施用不当就会引起烧苗，尤其是未腐熟的有机粪肥，提醒菜农朋友在使用有机肥时需要注意以下问题。

一是生粪不宜直接施用。粪便中含有大肠菌、线虫等病菌和害虫，直接使用会导致病虫害的传播和作物发病，尤其不能用于种植鲜食类的蔬菜，如生菜、黄瓜、番茄等。未腐熟完全的生粪施到地里，当发酵条件具备时，在微生物的活动下，生粪发酵，当发酵部位距根较近或植株较小时，发酵产生的热量会影响作物生长，严重时会导致作物植株死亡。

二是有机肥不要过量施用。有些人认为有机肥料使用越多越好，实际过量使用有机肥料同化肥一样，也会产生为害。过量施用有机肥导致烧苗、土壤养分不平衡，导致作物硝酸盐的含量超标，农产品品质降低。

三是有机肥最好与生物菌肥搭配施用。在施肥时，如果单独施用化肥或有机肥或生物菌肥，都不能使蔬菜长时间保持良好的生长状态，这是因为每种肥料都有各自的短处：化肥养分集中，施入后见效快，但是长期大量施用会造成土壤板结、盐渍化等问题；有机肥养分全，可促进土壤团粒结构的形成，培肥土壤，但养分含量少，释放慢，到了蔬菜生长后期不能供应足够的养分；生物菌肥可活化土壤中被固定的营养元素，刺激根系的生长和吸收，但它不含任何营养元素，也不能长时间供应蔬菜生长所需的营养。化肥、有机肥、生物菌肥配合施用效果要好于单独施用，生产中要合理搭配使用各种肥料。新建设施菜田以快速熟化土壤为主，每亩施用羊粪、鸡粪或猪粪类的有机肥 3 000 ~ 5 000 千克；5 年以上的老菜田建议选用添加了秸秆的牛粪或商品有机肥，每亩施用充分腐熟有机肥 3 000 千克或生物有机肥 2 000 ~ 3 000 千克。

（三）如何防治土壤板结

河北省固安县菜农丁先生问，我种茄子最近土壤特别硬，茄子还总是不发苗，怎么避免?

随着蔬菜种植年限的延长和高强度种植，很多土壤都出现了板结、发硬的情况。这是因为长期的机械浅层旋耕作业的习惯，会在距地表 15 ~ 20 厘米处形成坚硬、密实、黏重的犁底层，阻碍植株根系生长和水分下渗。那么如何避免呢? 咱们农民朋友最好每隔 2 ~ 4 年用深松机，对土壤进行一次深耕，深度适宜在 25 ~ 35 厘米。这样可以打破犁底层，改善耕层土壤物理性状，增加透水性，还可以促进蔬菜根系发育。据测算结果，增加 3 厘米的活土层，每亩可增加 70 ~ 75 米^{3}的蓄水量；深耕松土作业可提高当季蔬菜产量 10% 左右。另外，多施用牛粪、羊粪和作物秸秆等堆制的有机肥料，会改善土壤理化性质，增加团粒结构，像山西省昔阳县大寨村在 20 世纪六七十年代通过深耕、施用作物秸秆和在作物生长期间多次中耕松土等措施，形成了“海绵田”，有效地促进了农作物的生长，使作物产量和品质都有显著的提高。

参考文献

鲍忠洲，严龙，1988. 太湖莼菜 [J]. 上海蔬菜（02）：34-35.

曹华，2017. 传统黄瓜品种——北京刺瓜 [J]. 蔬菜（05）：76-79.

曹华，2018. 传统品种——北京黑茄子 [J]. 蔬菜（02）：76-80.

曹华，2019. 二十四节气话种菜 [M]. 北京：中国农业出版社 .

曹华，2019. 老北京传统口味蔬菜——北京秋瓜保护地栽培技术 [J]. 农民科技培训（03）：27-30.

曹华，李红岭，徐进，等，2017. 恢复北京老口味蔬菜挖掘传统文化 [J]. 蔬菜（06）：55-59.

曹华，刘士勇，李红岭，等，2016. 传统品种‘苹果青’番茄栽培技术 [J]. 农业工程技术，36（34）：50-53.

曹华，刘士勇，齐艳，等，2016. 传统蔬菜品种——北京秋瓜 [J]. 中国蔬菜（12）：92-94.

曹华，刘士勇，齐艳，等，2016. 传统蔬菜品种——核桃纹大白菜 [J]. 中国蔬菜（11）：97-98.

曹华，齐艳，李红岭，等，2016. 北京传统蔬菜品种的恢复与种植效果 [J]. 中国蔬菜（11）：7-10.

陈康恩，2019. 芋头高产栽培技术探析 [J]. 农业与技术（20）：115-116.

陈思本，张雨杰，2017. 海门香芋早熟栽培技术 [J]. 上海蔬菜（05）：28-29.

陈新军，田春雨，2017. 青麻叶系列大白菜栽培技术 [J]. 天津农林科技（06）：9-10.

程玉静，袁春新，唐明霞，等，2018. 荠菜高产栽培技术 [J]. 农业开发与装备（11）：198-199.

耿银贵，2013. 新野县结球甘蓝优质高产栽培技术 [J]. 河南农业（23）：35-36.

古松，夏江明，2019. 农产品地理标志保护产品——保安水芹菜 [J]. 长江蔬菜（02）：28-30.

纪国才，李正家，高中强，等，2016. 胶州大白菜种植技术 [J]. 中国蔬菜（6）：88-90.

孔庆东，刘玉平，李双梅，2001. 广西名产——桂林马蹄 [J]. 长江蔬菜（11）：44.

李浩宇，杨大强，张忠新，等，2016. 太湖莼菜设施早熟栽培技术 [J]. 现代农业科技（07）：73-74.

李建，黄冬梅，沙宏锋，等，2016. 如皋黑塌菜优质高效生产技术规程 [J]. 长江蔬菜（21）：29-31.

李云，赵水灵，王绍祥，等，2010. 干制丘北辣椒高产栽培技术研究 [J]. 辣椒杂志，8（03）：44-47.

廖明志，1987. 江西蕹菜 [J]. 长江蔬菜（04）：32-33.

刘忠堂，2015. 荔浦芋头栽培技术 [J]. 基层农技推广，3（07）：92.

龙开华，李取福，王金福，2011. 丘北辣椒无公害生产技术 [J]. 云南农业（07）：14-15.

彭碧云，张瑀琳，2012. 荔浦县芋头种植的气候条件分析 [J]. 安徽农学通报（下半月刊），18（12）：178，201.

曲香远，周淑叶，高成功，等，2008. 马家沟芹菜优质形成与环境因素的关系 [J]. 蔬菜（05）：9.

桑继峰，2009. 太和香椿的特征特性与丰产栽培技术 [J]. 农技服务，26（07）：108-109.

沈菊红，王言平，曾宪凯，2017. 练塘茭白及主要病害防治技术 [J]. 现代农业科技（08）：123，125.

王清鹏，虎凯，周明理，等，2018. 农产品地理标志保护产品——新野甘蓝 [J]. 长江蔬菜（22）：31-33.

肖淑徽，1988. 桂林马蹄高产栽培技术 [J]. 长江蔬菜（02）：17-18.

徐位坤，孟丽珊，1981. 桂林马蹄的营养成分测定 [J]. 广西植物（01）：6.

杨宝玺，2008. 沙窝萝卜无公害栽培技术 [J]. 农业科技通讯（11）：152-153.

张存信，1991. 天津名产——青麻叶大白菜 [J]. 蔬菜（03）：27.

张德纯，2018. 河北玉田包尖白菜 [J]. 中国蔬菜（04）：75.

张德纯，2018. 天津沙窝萝卜 [J]. 中国蔬菜（02）：92.

张德纯，2019. 海门香芋 [J]. 中国蔬菜（07）：102.

张德纯，2019. 马家沟芹菜 [J]. 中国蔬菜（01）：97.

张德纯，2019. 青浦练塘茭白 [J]. 中国蔬菜（12）：36.

张德纯，2019. 太湖莼菜 [J]. 中国蔬菜（08）：111.

张美珍，王同，2018. 章丘鲍芹高产栽培技术 [J]. 江西农业（04）：20.

朱晶华，韩明，2012. 白蒲黄芽菜无公害栽培技术规程 [J]. 农业科技通讯（12）：205-206.

朱来志，尚玉侠，祁庆龙，1981. 安徽太和香椿 [J]. 安徽农业科学（04）：91-95.

附　录

附录 1　全国农产品地理标志登记汇总表（截至 2020 年 4 月 30 日）（蔬菜类）

序号	年份	产品名称	所在地域	证书持有人名称	产品类别	登记证书编号
1	2008	章丘大葱	山东	章丘市大葱研究所	蔬菜	AGI00013
2	2008	房县香菇	湖北	房县经济作物技术推广站	蔬菜	AGI00015
3	2008	武隆高山辣椒	重庆	武隆县蔬菜产业发展办公室	蔬菜	AGI00019
4	2008	彭阳辣椒	宁夏	彭阳县红河辣椒专业合作社	蔬菜	AGI00026
5	2008	贺兰螺丝菜	宁夏	贺兰县农牧局乡镇企业培训服务中心	蔬菜	AGI00028
6	2008	芮城花椒	山西	山西省芮城县花椒产业协会	蔬菜	AGI00029
7	2008	长子大青椒	山西	山西省长子县椒王蔬菜营销合作社	蔬菜	AGI00031
8	2008	洮南辣椒	吉林	洮南市辣椒产业协会	蔬菜	AGI00039
9	2008	阿城大蒜	黑龙江	哈尔滨市阿城区金源绿色农畜产品协会	蔬菜	AGI00041
10	2008	呼兰大葱	黑龙江	哈尔滨市呼兰区兰河街道办事处社区服务中心	蔬菜	AGI00042
11	2008	武隆高山白菜	重庆	重庆市武隆县蔬菜产业发展办公室	蔬菜	AGI00051
12	2008	武隆高山萝卜	重庆	重庆市武隆县蔬菜产业发展办公室	蔬菜	AGI00052
13	2008	江津花椒	重庆	江津区农业技术推广服务中心	蔬菜	AGI00053
14	2008	应县胡萝卜	山西	应县南河种镇绿色蔬菜开发中心	蔬菜	AGI00073
15	2008	江永香芋	湖南	湖南省江永县桃川洞名特优新产品开发区管理委员会	蔬菜	AGI00078
16	2008	华容芥菜	湖南	华容县蔬菜加工行业协会	蔬菜	AGI00079
17	2008	汉中冬韭	陕西	汉中市农业技术推广中心	蔬菜	AGI00083
18	2008	青铜峡番茄	宁夏	青铜峡市农业技术推广服务中心	蔬菜	AGI00091
19	2008	苍山辣椒	山东	苍山县平阳蔬菜产销专业合作社	蔬菜	AGI00098
20	2008	呼兰韭菜	黑龙江	哈尔滨市呼兰区蒲井蔬菜专业合作社	蔬菜	AGI00104
21	2008	应县青椒	山西	应县南河种镇绿色蔬菜开发中心	蔬菜	AGI00107

续表

序号	年份	产品名称	所在地域	证书持有人名称	产品类别	登记证书编号
22	2008	江永香姜	湖南	湖南省江永县桃川洞名特优新产品开发区管理委员会	蔬菜	AGI00110
23	2008	武隆高山甘蓝	重庆	重庆市武隆县蔬菜产业发展办公室	蔬菜	AGI00111
24	2008	青铜峡辣椒	宁夏	青铜峡市农业技术推广服务中心	蔬菜	AGI00117
25	2009	永安黄椒	福建	永安市农学会	蔬菜	AGI00128
26	2009	泗水地瓜	山东	泗水县利丰地瓜产销协会	蔬菜	AGI00131
27	2009	延津胡萝卜	河南	延津县贡参果蔬专业合作社	蔬菜	AGI00150
28	2009	庆阳黄花菜	甘肃	庆城县农业技术推广中心	蔬菜	AGI00153
29	2009	龙王贡韭	四川	成都市青白江区龙王韭黄协会	蔬菜	AGI00154
30	2009	武穴佛手山药	湖北	武穴市农业技术推广中心	蔬菜	AGI00165
31	2009	板桥白黄瓜	甘肃	合水县蔬菜开发办公室	蔬菜	AGI00169
32	2009	华容黄白菜苔	湖南	湖南省华容县蔬菜专业合作社	蔬菜	AGI00177
33	2009	杞县大蒜	河南	杞县农业产业化办公室	蔬菜	AGI00179
34	2009	桂河芹菜	山东	寿光市芹菜协会	蔬菜	AGI00186
35	2009	唐王大白菜	山东	济南市历城区兴元蔬菜专业合作社	蔬菜	AGI00187
36	2009	梅里斯油豆角	黑龙江	齐齐哈尔市梅里斯达斡尔族区农业技术推广中心	蔬菜	AGI00189
37	2009	吴江香青菜	江苏	吴江市蔬菜协会	蔬菜	AGI00190
38	2009	裕华大蒜	江苏	大丰市裕华镇大蒜协会	蔬菜	AGI00191
39	2009	沙塘韭黄	江苏	铜山县农业技术推广中心	蔬菜	AGI00192
40	2009	芝麻湖藕	湖北	浠水县巴河水产品专业合作社	蔬菜	AGI00195
41	2009	华容芦苇笋	湖南	湖南省华容县芦苇科技协会	蔬菜	AGI00196
42	2010	寿光独根红韭菜	山东	寿光市安维金果菜专业合作社	蔬菜	AGI00206
43	2010	犍为麻柳姜	四川	犍为县榨鼓乡生姜协会	蔬菜	AGI00225
44	2010	耿庄大蒜	辽宁	海城市耿庄镇农业科技服务站	蔬菜	AGI00231
45	2010	莫力达瓦菇娘	内蒙古	莫力达瓦达斡尔族自治旗绿色食品产业协会	蔬菜	AGI00234
46	2010	东山芦笋	福建	福建省东山县芦笋协会	蔬菜	AGI00237
47	2010	明溪淮山	福建	明溪县农学会	蔬菜	AGI00238
48	2010	封丘芹菜	河南	封丘县贡芹种植专业合作社	蔬菜	AGI00267
49	2010	滕州大白菜	山东	滕州市种子管理站	蔬菜	AGI00271
50	2010	苍山牛蒡	山东	苍山县利泉牛蒡种植专业合作社	蔬菜	AGI00275
51	2010	瑞昌山药	江西	瑞昌市山药产业协会	蔬菜	AGI00280
52	2010	嘉峪关洋葱	甘肃	嘉峪关市农业技术推广站	蔬菜	AGI00282
53	2010	乐都长辣椒	青海	乐都县蔬菜技术推广中心	蔬菜	AGI00286
54	2010	香花辣椒	河南	淅川县辣椒协会	蔬菜	AGI00289

续表

序号	年份	产品名称	所在地域	证书持有人名称	产品类别	登记证书编号
55	2010	东兴红姑娘红薯	广西	东兴市种子管理站	蔬菜	AGI00296
56	2010	金田淮山	广西	桂平市农村合作经济经营管理指导站	蔬菜	AGI00298
57	2010	四川泡菜	四川	四川省泡菜协会	蔬菜	AGI00302
58	2010	仪陇胭脂萝卜	四川	仪陇县农业科学技术学会	蔬菜	AGI00303
59	2010	乐都紫皮大蒜	青海	乐都县蔬菜技术推广中心	蔬菜	AGI00307
60	2010	安陆白花菜	湖北	安陆市蔬菜研究所	蔬菜	AGI00314
61	2010	大理独头大蒜	云南	大理白族自治州园艺工作站	蔬菜	AGI00320
62	2010	山阳九眼莲	陕西	山阳县无公害农产品开发管理办公室	蔬菜	AGI00321
63	2010	西吉西芹	宁夏	西吉县农业技术推广服务中心	蔬菜	AGI00326
64	2010	榆中菜花	甘肃	榆中县蔬菜产业发展中心	蔬菜	AGI00336
65	2010	安县魔芋	四川	安县经济作物站	蔬菜	AGI00348
66	2010	张良姜	河南	鲁山县张良蔬菜专业合作社	蔬菜	AGI00351
67	2010	丁北西芹	宁夏	贺兰县农牧局乡镇企业培训服务中心	蔬菜	AGI00358
68	2010	榆中大白菜	甘肃	榆中县蔬菜产业发展中心	蔬菜	AGI00360
69	2010	大黄埠樱桃西红柿	青岛	青岛市大黄埠樱桃西红柿专业合作社	蔬菜	AGI00364
70	2010	鄞州雪菜	宁波	宁波市鄞州区雪菜协会	蔬菜	AGI00372
71	2010	新立胡萝卜	黑龙江	哈尔滨市新立胡萝卜专业合作社	蔬菜	AGI00377
72	2010	阿城大白菜	黑龙江	哈尔滨市阿城区金源绿色农畜产品协会	蔬菜	AGI00378
73	2010	德化黄花菜	福建	德化县农业科学研究所	蔬菜	AGI00387
74	2010	津市藠果	湖南	津市市藠果协会	蔬菜	AGI00394
75	2010	荔浦马蹄	广西	荔浦县农业技术推广中心	蔬菜	AGI00397
76	2010	仁兆蒜薹	青岛	青岛市平度仁兆绿色蔬菜协会	蔬菜	AGI00404
77	2010	康定芫根	四川	康定县农技推广站	蔬菜	AGI00407
78	2010	榆中莲花菜	甘肃	榆中县蔬菜产业发展中心	蔬菜	AGI00416
79	2010	宜阳韭菜	河南	宜阳县万家果蔬种植专业合作社	蔬菜	AGI00417
80	2010	获嘉大白菜	河南	获嘉县蔬丰蔬菜专业合作社	蔬菜	AGI00418
81	2010	随州泡泡青	湖北	随州市泡泡青农民专业合作社	蔬菜	AGI00421
82	2010	生米藠头	江西	新建县明志种养植专业合作社	蔬菜	AGI00423
83	2010	广昌白莲	江西	广昌县白莲协会	蔬菜	AGI00430
84	2010	沁州南瓜籽	山西	沁县惠农科技职业培训中心	蔬菜	AGI00438
85	2010	西畴阳荷	云南	西畴县农业环境保护监测站	蔬菜	AGI00439
86	2010	灵寿金针菇	河北	灵寿县灵洁食用菌专业合作社	蔬菜	AGI00446
87	2010	平泉香菇	河北	平泉县利达食用菌专业合作社	蔬菜	AGI00447

续表

序号	年份	产品名称	所在地域	证书持有人名称	产品类别	登记证书编号
88	2010	溧阳白芹	江苏	溧阳市园艺技术推广站	蔬菜	AGI00462
89	2010	白庙芋头	青岛	青岛白庙芋头专业合作社	蔬菜	AGI00472
90	2010	胶北西红柿	青岛	青岛明传果蔬专业合作社	蔬菜	AGI00477
91	2010	店埠胡萝卜	青岛	青岛西张格庄蔬菜专业合作社	蔬菜	AGI00481
92	2010	夏庄杠六九西红柿	青岛	青岛夏庄杠六九西红柿专业合作社	蔬菜	AGI00482
93	2010	莱阳芋头	山东	莱阳市农业技术推广中心	蔬菜	AGI00485
94	2010	浮桥萝卜	山东	寿光市洛城街道青萝卜协会	蔬菜	AGI00493
95	2010	寿光大葱	山东	寿光蔬菜产业协会	蔬菜	AGI00496
96	2010	沂南黄瓜	山东	沂南县孔明蔬菜标准化生产协会	蔬菜	AGI00500
97	2010	沂水生姜	山东	沂水永强蔬菜专业合作社	蔬菜	AGI00504
98	2010	大同小明绿豆	山西	大同县特色农产品协会	蔬菜	AGI00508
99	2010	长凝大蒜	山西	榆次区蔬菜开发服务中心	蔬菜	AGI00513
100	2010	太白甘蓝	陕西	太白县农业技术推广中心	蔬菜	AGI00515
101	2010	柞水黑木耳	陕西	柞水县农业技术推广站	蔬菜	AGI00518
102	2010	镇西白萝卜	四川	威远县周萝卜蔬菜种植专业合作社	蔬菜	AGI00522
103	2010	西昌洋葱	四川	西昌市蔬菜技术推广站	蔬菜	AGI00523
104	2010	木垒白豌豆	新疆	木垒哈萨克自治县农业技术推广站	蔬菜	AGI00525
105	2010	木垒鹰嘴豆	新疆	木垒哈萨克自治县农业技术推广站	蔬菜	AGI00526
106	2010	奇台四平头辣椒	新疆	奇台县力达出口蔬菜营销专业合作社	蔬菜	AGI00528
107	2011	襄陵莲藕	山西	襄汾县兴农源种植专业合作社	蔬菜	AGI00537
108	2011	熬脑大葱	山西	潞城市桂枝农产品专业合作社	蔬菜	AGI00539
109	2011	梧桐山药	山西	孝义市梧桐玉龙山药专业合作社	蔬菜	AGI00541
110	2011	南城淮山	江西	南城县农业技术推广服务中心	蔬菜	AGI00552
111	2011	清化姜	河南	博爱县中原种植专业合作社	蔬菜	AGI00566
112	2011	华容潘家大辣椒	湖南	华容县蔬菜专业合作社	蔬菜	AGI00571
113	2011	五工台红薯	新疆	呼图壁县五工台镇农业技术推广站	蔬菜	AGI00582
114	2011	石梯子洋葱	新疆	呼图壁县石梯子乡农业技术推广站	蔬菜	AGI00583
115	2011	崇礼蚕豆	河北	崇礼县志忠蚕豆专业合作社	蔬菜	AGI00587
116	2011	任县高脚白大葱	河北	任县宜采蔬菜种植专业合作社	蔬菜	AGI00588
117	2011	平遥长山药	山西	平遥晋伟中药材综合开发专业合作社	蔬菜	AGI00590

续表

序号	年份	产品名称	所在地域	证书持有人名称	产品类别	登记证书编号
118	2011	盖州生姜	辽宁	盖州市农业技术推广中心	蔬菜	AGI00597
119	2011	邵伯菱	江苏	江都市邵伯镇农业农机服务中心	蔬菜	AGI00606
120	2011	建昌红香芋	江苏	金坛市直溪镇农业综合服务站	蔬菜	AGI00607
121	2011	同康竹笋	浙江	绍兴县同康竹笋专业合作社	蔬菜	AGI00608
122	2011	绩溪燕笋干	安徽	绩溪县山里佬徽菜原料专业合作社	蔬菜	AGI00610
123	2011	乐安竹笋	江西	乐安县骏达蔬菜专业合作社	蔬菜	AGI00619
124	2011	宣和雪薯	福建	连城县宣和乡前进淮山种植专业合作社	蔬菜	AGI00669
125	2011	福鼎槟榔芋	福建	福鼎市福鼎芋协会	蔬菜	AGI00670
126	2011	涂坊槟榔芋	福建	长汀县启煌槟榔芋专业合作社	蔬菜	AGI00671
127	2011	明水白莲藕	山东	章丘市名优农产品协会	蔬菜	AGI00673
128	2011	鲍家芹菜	山东	章丘市名优农产品协会	蔬菜	AGI00674
129	2011	赵八洞香椿	山东	章丘市名优农产品协会	蔬菜	AGI00676
130	2011	昌邑大姜	山东	昌邑市大姜协会	蔬菜	AGI00679
131	2011	寺郎腰大葱	河南	济源市大峪镇寺郎腰大葱专业合作社	蔬菜	AGI00687
132	2011	登封芥菜	河南	登封市农产品质量安全检测中心	蔬菜	AGI00688
133	2011	高堂菜脯	广东	饶平县高堂菜脯加工企业协会	蔬菜	AGI00690
134	2011	璧山儿菜	重庆	璧山县农业技术推广中心	蔬菜	AGI00692
135	2011	罗盘山生姜	重庆	重庆潼南蔬菜协会	蔬菜	AGI00693
136	2011	西充黄心苕	四川	西充县农业科学研究所	蔬菜	AGI00696
137	2011	依安芸豆	黑龙江	依安县依龙东风芸豆农民专业合作社	蔬菜	AGI00712
138	2011	霞浦榨菜	福建	霞浦县农副产品产业协会	蔬菜	AGI00716
139	2011	安丘大葱	山东	安丘市瓜菜协会	蔬菜	AGI00720
140	2011	崇礼红薯	河南	上蔡县留榜种植专业合作社	蔬菜	AGI00725
141	2011	邵店黄姜	河南	上蔡县邵店乡金锁蔬菜种植专业合作社	蔬菜	AGI00726
142	2011	无量寺高青萝卜	河南	河南省兴华农业信息服务专业合作社无量寺分社	蔬菜	AGI00727
143	2011	固始萝卜	河南	固始县徐集乡农业科技推广协会	蔬菜	AGI00728
144	2011	新郑莲藕	河南	新郑市福贵莲藕专业合作社	蔬菜	AGI00729
145	2011	巴塘南区辣椒	四川	四川省巴塘县农业技术推广站	蔬菜	AGI00737
146	2011	庄河山牛蒡	大连	庄河市农业技术推广中心	蔬菜	AGI00741
147	2011	马家沟芹菜	青岛	青岛琴香园芹菜产销专业合作社	蔬菜	AGI00747
148	2011	蟠桃大姜	青岛	平度市李园街道办事处蟠桃大姜协会	蔬菜	AGI00748

续表

序号	年份	产品名称	所在地域	证书持有人名称	产品类别	登记证书编号
149	2011	宝坻大葱	天津	天津市宝坻区种植业发展服务中心	蔬菜	AGI00752
150	2011	宝坻天鹰椒	天津	天津市宝坻区种植业发展服务中心	蔬菜	AGI00753
151	2011	隆尧泽畔藕	河北	隆尧县莲藕发展服务中心	蔬菜	AGI00755
152	2011	隆尧大葱	河北	隆尧县隆郭大葱专业合作社	蔬菜	AGI00756
153	2011	围场胡萝卜	河北	围场满族蒙古族自治县新鑫胡萝卜生产经营合作社	蔬菜	AGI00757
154	2011	南林交莲藕	山西	曲沃县南林交龙王池莲菜种植专业合作社	蔬菜	AGI00765
155	2011	根河卜留克	内蒙古	根河市野生资源开发研究所	蔬菜	AGI00767
156	2011	淮安黄瓜	江苏	淮安市蔬菜流通协会	蔬菜	AGI00770
157	2011	井冈竹笋	江西	井冈山市井天竹笋培植专业合作社	蔬菜	AGI00778
158	2011	上饶青丝豆	江西	上饶县红叶绿色果蔬专业合作社	蔬菜	AGI00779
159	2011	登龙粉芋	江西	吉安县登龙粉芋专业合作社	蔬菜	AGI00780
160	2011	临湖大蒜	江西	玉山县农村经营管理站	蔬菜	AGI00781
161	2011	余干辣椒	江西	余干县国珍枫树辣椒种植专业合作社	蔬菜	AGI00782
162	2011	跋山芹菜	山东	沂水跋山蔬菜产销专业合作社	蔬菜	AGI00786
163	2011	八湖莲藕	山东	河东区玉湖莲藕种植专业合作社	蔬菜	AGI00787
164	2011	古寺郎胡萝卜	河南	南乐县兰亭农业种植专业合作社	蔬菜	AGI00800
165	2011	花园口红薯	河南	郑州市惠济区丫丫农业种植专业合作社	蔬菜	AGI00801
166	2011	京山白花菜	湖北	京山县富水蔬菜专业合作社	蔬菜	AGI00806
167	2011	蕲春芹菜	湖北	蕲春农业技术推广中心	蔬菜	AGI00807
168	2011	华容青豆角	湖南	华容县蔬菜专业合作社	蔬菜	AGI00811
169	2011	新津韭黄	四川	成都新津岷江蔬菜专业合作社	蔬菜	AGI00816
170	2012	滏河贡白菜	河北	平乡县滏河贡蔬菜种植协会	蔬菜	AGI00837
171	2012	靖江香沙芋	江苏	靖江市香沙芋产销协会	蔬菜	AGI00842
172	2012	前岭山药	山东	高密市金夏庄瓜菜协会	蔬菜	AGI00850
173	2012	高密夏庄 大金钩韭菜	山东	高密市金夏庄瓜菜协会	蔬菜	AGI00851
174	2012	富民茭瓜	云南	富民县农业技术推广所	蔬菜	AGI00866
175	2012	平泉滑子菇	河北	平泉县兴科食用菌专业合作社	蔬菜	AGI00869
176	2012	磁州白莲藕	河北	磁县禾下土种植专业合作社	蔬菜	AGI00870
177	2012	涛雒芹菜	山东	日照市东港区涛雒芹菜协会	蔬菜	AGI00906
178	2012	瓦屋香椿芽	山东	邹城市仁杰香椿芽种植专业合作社	蔬菜	AGI00907

续表

序号	年份	产品名称	所在地域	证书持有人名称	产品类别	登记证书编号
179	2012	孝河藕	山东	临沂市兰山区文德孝河白莲藕种植农民专业合作社	蔬菜	AGI00912
180	2012	寿光化龙胡萝卜	山东	寿光市树美果蔬专业合作社	蔬菜	AGI00922
181	2012	安丘两河大蒜	山东	安丘市官庄镇农业综合服务中心	蔬菜	AGI00929
182	2012	散花藜蒿	湖北	浠水县蔬菜协会	蔬菜	AGI00933
183	2012	潼南萝卜	重庆	重庆潼南蔬菜协会	蔬菜	AGI00946
184	2012	永川莲藕	重庆	重庆市民友蔬菜种植专业合作社	蔬菜	AGI00951
185	2012	永福生姜	四川	内江市东兴区高滩种植专业合作社	蔬菜	AGI00963
186	2012	彭州莴笋	四川	彭州市蔬菜产销协会	蔬菜	AGI00964
187	2012	花溪辣椒	贵州	贵阳市花溪区生产力促进中心	蔬菜	AGI00970
188	2012	乐业辣椒	云南	会泽县经济作物技术推广站	蔬菜	AGI00974
189	2012	谷律花椒	云南	昆明市西山区谷律花椒专业合作社	蔬菜	AGI00978
190	2012	丘北辣椒	云南	文山壮族苗族自治州农业科学研究所	蔬菜	AGI00979
191	2012	正宁大葱	甘肃	正宁县蔬菜生产工作站	蔬菜	AGI00985
192	2012	金川红辣椒	甘肃	金川区农业技术推广站	蔬菜	AGI00988
193	2012	仁兆圆葱	青岛	青岛市平度仁兆绿色蔬菜协会	蔬菜	AGI01001
194	2012	北票番茄	辽宁	北票市蔬菜站	蔬菜	AGI01005
195	2012	北票红干椒	辽宁	北票市农业技术推广中心	蔬菜	AGI01006
196	2012	宝应核桃乌青菜	江苏	宝应县农业技术推广中心	蔬菜	AGI01016
197	2012	武平西郊盘菜	福建	福建省武平县农欣果蔬专业合作社	蔬菜	AGI01017
198	2012	德化淮山	福建	德化县农业科学研究所	蔬菜	AGI01018
199	2012	西长旺白莲藕	山东	沂源县蔬菜产销服务中心	蔬菜	AGI01021
200	2012	鲁村芹菜	山东	沂源县鲁村芹菜种植协会	蔬菜	AGI01022
201	2012	寿光羊角黄辣椒	山东	寿光蔬菜产业协会	蔬菜	AGI01023
202	2012	白合花菜	湖北	云梦县城关镇白合蔬菜种植专业合作社	蔬菜	AGI01030
203	2012	瓦儿岗七星椒	湖南	桃源县辣椒产业协会	蔬菜	AGI01033
204	2012	耿镇胡萝卜	陕西	高陵县农产品质量安全检验监测中心	蔬菜	AGI01041
205	2012	永昌胡萝卜	甘肃	永昌县农业特色产业办公室	蔬菜	AGI01042
206	2013	冀州天鹰椒	河北	冀州市富农辣椒专业合作社	蔬菜	AGI01051
207	2013	洪洞莲藕	山西	洪洞县四季鲜莲菜种植专业合作社	蔬菜	AGI01063

续表

序号	年份	产品名称	所在地域	证书持有人名称	产品类别	登记证书编号
208	2013	桦南白瓜籽	黑龙江	桦南县绿色食品协会	蔬菜	AGI01079
209	2013	临海西兰花	浙江	临海市农产品营销行业协会	蔬菜	AGI01092
210	2013	铅山红芽芋	江西	铅山县强农蔬菜专业合作社	蔬菜	AGI01110
211	2013	上高紫皮大蒜	江西	上高县绿野紫皮大蒜专业合作社	蔬菜	AGI01111
212	2013	鸡黍红花斑山药	山东	金乡县红花斑山药种植专业合作社	蔬菜	AGI01116
213	2013	莱芜鸡腿葱	山东	莱芜市牛泉华兴鸡腿葱种植专业合作社	蔬菜	AGI01119
214	2013	嘉祥细长毛山药	山东	嘉祥县明豆山药种植专业合作社	蔬菜	AGI01120
215	2013	人荣小西红柿	青岛	青岛凯旋生态农业专业合作社	蔬菜	AGI01131
216	2013	姜家埠大葱	青岛	青岛市姜家埠蔬菜专业合作社	蔬菜	AGI01132
217	2013	七里湖萝卜	湖北	钟祥市荆沙蔬菜种植专业合作社	蔬菜	AGI01137
218	2013	龙脊辣椒	广西	龙胜各族自治县农业技术推广站	蔬菜	AGI01152
219	2013	乐都绿萝卜	青海	乐都县蔬菜技术推广中心	蔬菜	AGI01178
220	2013	大通鸡腿葱	青海	大通回族土族自治县蔬菜技术推广中心	蔬菜	AGI01180
221	2013	盐池黄花菜	宁夏	盐池县种子管理站	蔬菜	AGI01185
222	2013	开来红辣椒	新疆兵团	新疆生产建设兵团农二师二十一团	蔬菜	AGI01195
223	2013	苏岭山药	安徽	安徽泾县桃花潭原生态种植专业合作社	蔬菜	AGI01201
224	2013	金坝芹芽	安徽	庐江县金坝芹芽协会	蔬菜	AGI01202
225	2013	清流雪薯	福建	清流县经济作物技术推广站	蔬菜	AGI01203
226	2013	永定六月红早熟芋	福建	永定县六月红早熟芋专业合作社	蔬菜	AGI01204
227	2013	余干鄱阳湖藜蒿	江西	余干县国珍枫树辣椒种植专业合作社	蔬菜	AGI01205
228	2013	大方皱椒	贵州	贵州举利现代农业专业合作社	蔬菜	AGI01221
229	2013	澂江藕	云南	澂江县农业产业化经营与农产品加工领导小组办公室	蔬菜	AGI01223
230	2013	博湖辣椒	新疆	博湖县农业技术推广中心	蔬菜	AGI01239
231	2013	柯坪恰玛古	新疆	柯坪县农业技术推广站	蔬菜	AGI01240
232	2013	皮山山药	新疆	皮山县山药协会	蔬菜	AGI01241
233	2013	昭苏大蒜	新疆	昭苏县农业技术推广站	蔬菜	AGI01242
234	2013	孙家湾香椿	山西	忻州市忻府区孙家湾香椿生产合作社	蔬菜	AGI01259
235	2013	赵康辣椒	山西	襄汾县晋绿三樱椒专业合作社	蔬菜	AGI01260
236	2013	杜马百合	山西	平陆县杜马百合专业合作社	蔬菜	AGI01261

续表

序号	年份	产品名称	所在地域	证书持有人名称	产品类别	登记证书编号
237	2013	闻喜莲藕	山西	闻喜县苏村晋玉莲菜专业合作社	蔬菜	AGI01262
238	2013	万泉大葱	山西	万荣县万泉孤峰大葱科技专业合作社	蔬菜	AGI01263
239	2013	巴公大葱	山西	泽州县巴公双丰园大葱专业合作社	蔬菜	AGI01264
240	2013	连伯韭菜	山西	河津市新耿高新科学技术研究所	蔬菜	AGI01265
241	2013	阿尔山卜留克	内蒙古	阿尔山市绿色农畜产品发展协会	蔬菜	AGI01272
242	2013	河套番茄	内蒙古	巴彦淖尔市绿色食品发展中心	蔬菜	AGI01273
243	2013	宜丰竹笋	江西	宜丰县绿色食品发展办公室	蔬菜	AGI01294
244	2013	胡阳西红柿	山东	费县胡阳镇金阳西红柿种植专业合作社	蔬菜	AGI01306
245	2013	大王秦椒	山东	广饶县众益绿色蔬菜农民专业合作社	蔬菜	AGI01307
246	2013	武城辣椒	山东	武城县润农辣椒种植专业合作社	蔬菜	AGI01308
247	2013	坡河萝卜	河南	郏县郑桥蔬菜种植专业合作社	蔬菜	AGI01320
248	2013	张港花椰菜	湖北	天门市三新花椰菜产销专业合作社	蔬菜	AGI01324
249	2013	杜阮凉瓜	广东	江门市蓬江区杜阮镇农业服务中心	蔬菜	AGI01328
250	2013	芳林马蹄	广西	贺州市平桂管理区农业技术推广中心	蔬菜	AGI01330
251	2013	贺街淮山	广西	八步区农业技术推广中心	蔬菜	AGI01331
252	2013	英家大头菜	广西	钟山县经济作物站	蔬菜	AGI01332
253	2013	石曹上萝卜	重庆	重庆石曹上蔬菜专业合作社	蔬菜	AGI01336
254	2013	青草坝萝卜	重庆	重庆市合川区龙市镇农业服务中心	蔬菜	AGI01337
255	2013	米易苦瓜	四川	米易县农牧局经作站	蔬菜	AGI01343
256	2013	甘谷大葱	甘肃	甘肃省甘谷县园艺技术推广站	蔬菜	AGI01351
257	2013	金塔番茄	甘肃	金塔县农业技术推广中心	蔬菜	AGI01352
258	2014	崇明金瓜	上海	崇明县农产品质量安全学会	蔬菜	AGI01387
259	2014	淮安蒲菜	江苏	淮安市淮安区农副产品协会	蔬菜	AGI01388
260	2014	海门香芋	江苏	海门市蔬菜生产技术指导站	蔬菜	AGI01389
261	2014	里叶白莲	浙江	建德市莲子产业协会	蔬菜	AGI01394
262	2014	昭君眉豆	湖北	兴山县盛世红颜蔬菜专业合作社	蔬菜	AGI01409
263	2014	连州菜心	广东	连州市农作物技术推广站	蔬菜	AGI01419

续表

序号	年份	产品名称	所在地域	证书持有人名称	产品类别	登记证书编号
264	2014	云桥圆根萝卜	四川	郫县农业技术推广服务中心	蔬菜	AGI01429
265	2014	大罗黄花	四川	巴中市巴州区经作站	蔬菜	AGI01430
266	2014	嘉峪关泥沟胡萝卜	甘肃	嘉峪关市农业技术推广站	蔬菜	AGI01444
267	2014	钦州黄瓜皮	广西	钦州市黄瓜皮行业协会	蔬菜	AGI01484
268	2014	牛场辣椒	贵州	六枝特区经济作物站	蔬菜	AGI01488
269	2014	湾子辣椒	贵州	金沙县果蔬站	蔬菜	AGI01489
270	2014	徽县紫皮大蒜	甘肃	徽县紫皮大蒜种植协会	蔬菜	AGI01496
271	2014	泗家水红头香椿	北京	北京市门头沟区雁翅镇泗家水村香椿协会	蔬菜	AGI01497
272	2014	五原黄柿子	内蒙古	五原县蔬菜办公室	蔬菜	AGI01501
273	2014	牡丹江油豆角	黑龙江	牡丹江市农业技术推广总站	蔬菜	AGI01514
274	2014	中埠番茄	安徽	巢湖市中埠镇蔬菜行业协会	蔬菜	AGI01522
275	2014	新泰芹菜	山东	新泰市农村合作经济组织联合会	蔬菜	AGI01526
276	2014	阳谷朝天椒	山东	阳谷县农业产业化协会	蔬菜	AGI01527
277	2014	苍山大蒜	山东	兰陵县农业科学研究所	蔬菜	AGI01530
278	2014	高庄芹菜	山东	莱芜市莱城区明利特色蔬菜种植协会	蔬菜	AGI01531
279	2014	洪兰菠菜	青岛	平度市南村镇农业服务中心	蔬菜	AGI01538
280	2014	蔡甸藜蒿	湖北	武汉市蔡甸区蔬菜科技推广站	蔬菜	AGI01540
281	2014	双莲荸荠	湖北	当阳市王店镇农业服务中心	蔬菜	AGI01541
282	2014	麻城辣椒	湖北	麻城市蔬菜协会	蔬菜	AGI01544
283	2014	覃塘莲藕	广西	贵港市覃塘区农业技术推广中心	蔬菜	AGI01550
284	2014	太和胡萝卜	重庆	重庆市合川区蔬菜技术指导站	蔬菜	AGI01556
285	2014	合川湖皱丝瓜	重庆	重庆市合川区蔬菜技术指导站	蔬菜	AGI01557
286	2014	西坝生姜	四川	乐山市五通桥区农业技术推广中心	蔬菜	AGI01564
287	2014	兴平大蒜	陕西	兴平市园艺站	蔬菜	AGI01578
288	2015	肥乡圆葱	河北	河北省肥乡县农业技术推广中心	蔬菜	AGI01593
289	2015	岚县马铃薯	山西	岚县农业技术站	蔬菜	AGI01596
290	2015	祁家芹菜	山东	桓台翠海生态农业种植协会	蔬菜	AGI01615
291	2015	北园大卧龙莲藕	山东	济南鹊山龙湖生态农业科技种植协会	蔬菜	AGI01616
292	2015	新野甘蓝	河南	新野县蔬菜专业技术协会	蔬菜	AGI01622
293	2015	李集香葱	湖北	武汉市新洲区李集香葱种植协会	蔬菜	AGI01625

续表

序号	年份	产品名称	所在地域	证书持有人名称	产品类别	登记证书编号
294	2015	宜昌百合	湖北	宜昌市百合产业协会	蔬菜	AGI01626
295	2015	洪湖莲藕	湖北	洪湖市水生蔬菜协会	蔬菜	AGI01627
296	2015	康定红皮萝卜	四川	康定县农业技术推广和土壤肥料站	蔬菜	AGI01642
297	2015	富源魔芋	云南	富源县魔芋协会	蔬菜	AGI01646
298	2015	靖边辣椒	陕西	靖边县农产品质量检验检测中心	蔬菜	AGI01651
299	2015	靖边胡萝卜	陕西	靖边县农产品质量检验检测中心	蔬菜	AGI01652
300	2015	新庄黄瓜	青海	大通回族土族自治县蔬菜技术推广中心	蔬菜	AGI01657
301	2015	芮城芦笋	山西	芮城县瓜菜技术推广站	蔬菜	AGI01664
302	2015	化德大白菜	内蒙古	化德县农产品质量安全检验检测站	蔬菜	AGI01667
303	2015	商都西芹	内蒙古	商都县农产品质量安全检验检测站	蔬菜	AGI01668
304	2015	延寿黏玉米	黑龙江	延寿县瓜菜协会	蔬菜	AGI01673
305	2015	启东青皮长茄	江苏	启东市高效设施农业协会	蔬菜	AGI01677
306	2015	兰溪小萝卜	浙江	兰溪市小萝卜产业协会	蔬菜	AGI01681
307	2015	抚州水蕹	江西	抚州市临川区现代农业协会	蔬菜	AGI01688
308	2015	马家寨子香椿	山东	新泰市放城镇马家寨香椿协会	蔬菜	AGI01690
309	2015	百色番茄	广西	百色市经济作物栽培技术推广站	蔬菜	AGI01696
310	2015	盐源辣椒	四川	盐源县经济作物管理站	蔬菜	AGI01706
311	2015	涔山芥菜	山西	宁武县农业技术推广站	蔬菜	AGI01736
312	2015	双城菇娘	黑龙江	双城市经济作物指导站	蔬菜	AGI01744
313	2015	黄陂脉地湾萝卜	湖北	武汉市黄陂区蔬菜技术推广服务站	蔬菜	AGI01759
314	2015	恩平簕菜	广东	恩平市农业科学技术研究所	蔬菜	AGI01766
315	2015	易贡辣椒	西藏	西藏波密县农技推广服务站	蔬菜	AGI01776
316	2015	合阳九眼莲	陕西	合阳县农产品质量安全检验检测中心	蔬菜	AGI01777
317	2015	皋兰红砂洋芋	甘肃	皋兰县农产品行业协会联合会	蔬菜	AGI01782
318	2015	东湾绿萝卜	甘肃	金昌市金川区农业技术推广服务中心	蔬菜	AGI01784
319	2016	宝坻大蒜	天津	天津市宝坻区种植业发展服务中心	蔬菜	AGI01795
320	2016	丁嘴金菜	江苏	宿迁市宿豫区丁嘴镇农业经济技术服务中心	蔬菜	AGI01807
321	2016	庐江花香藕	安徽	庐江县花香藕产业协会	蔬菜	AGI01811

续表

序号	年份	产品名称	所在地域	证书持有人名称	产品类别	登记证书编号
322	2016	云霄蕹菜	福建	云霄县热带作物技术推广站	蔬菜	AGI01813
323	2016	马踏湖白莲藕	山东	桓台县起凤马踏湖特产产业协会	蔬菜	AGI01824
324	2016	灵岩御菊	山东	济南市长清区灵岩御菊种植产业发展研究中心	蔬菜	AGI01825
325	2016	龙阳绿萝卜	山东	滕州市龙阳绿萝卜产业发展联合会	蔬菜	AGI01826
326	2016	远安冲菜	湖北	远安县农作技术服务协会	蔬菜	AGI01837
327	2016	平乐慈姑	广西	平乐县农业技术推广中心	蔬菜	AGI01851
328	2016	南丹长角辣椒	广西	南丹县经济作物站	蔬菜	AGI01852
329	2016	都江堰方竹笋	四川	都江堰市经济林协会	蔬菜	AGI01868
330	2016	漠西大葱	陕西	乾县农业技术推广站	蔬菜	AGI01874
331	2016	玉树蕨麻	青海	玉树州草原工作站	蔬菜	AGI01880
332	2016	玉树芫根	青海	玉树藏族自治州农业技术推广站	蔬菜	AGI01881
333	2016	惠远胡萝卜	新疆	霍城县农业技术推广站	蔬菜	AGI01891
334	2016	安集海辣椒	新疆	沙湾县安集海镇农业综合服务站	蔬菜	AGI01892
335	2016	吉木萨尔白皮大蒜	新疆	吉木萨尔县农业技术推广站	蔬菜	AGI01893
336	2016	肇州糯玉米	黑龙江	肇州县老街基特色杂粮协会	蔬菜	AGI01906
337	2016	彭镇青扁豆	上海	上海浦东新区泥城农业发展中心	蔬菜	AGI01910
338	2016	启东洋扁豆	江苏	启东市高效设施农业协会	蔬菜	AGI01911
339	2016	万年香沙芋艿	江苏	海门市蔬菜生产技术指导站	蔬菜	AGI01912
340	2016	泰兴香荷芋	江苏	泰兴市泰兴香荷芋协会	蔬菜	AGI01913
341	2016	昭苏马铃薯	新疆	昭苏县农业技术推广站	蔬菜	AGI01934
342	2016	颍州大田恋思萝卜	安徽	阜阳市颍州区恋思萝卜产销协会	蔬菜	AGI01960
343	2016	七星台蒜薹	湖北	枝江市蔬菜办公室	蔬菜	AGI01964
344	2016	江夏子莲	湖北	武汉市江夏区蔬菜技术推广站	蔬菜	AGI01965
345	2016	三水黑皮冬瓜	广东	佛山市三水区农林技术推广中心	蔬菜	AGI01972
346	2016	福田菜心	广东	博罗县福田镇农业技术推广站	蔬菜	AGI01973
347	2016	那楼淮山	广西	南宁市邕宁区农业服务中心	蔬菜	AGI01975
348	2016	石柱辣椒	重庆	石柱土家族自治县辣椒行业协会	蔬菜	AGI01977
349	2016	保田生姜	贵州	盘县农业局经济作物管理站	蔬菜	AGI01983
350	2016	龙里豌豆尖	贵州	龙里县蔬果办公室	蔬菜	AGI01984

续表

序号	年份	产品名称	所在地域	证书持有人名称	产品类别	登记证书编号
351	2016	米脂红葱	陕西	米脂县农产品质量安全检验检测中心	蔬菜	AGI01996
352	2016	沙底辣椒	陕西	大荔县设施农业局	蔬菜	AGI01997
353	2016	沙苑红萝卜	陕西	大荔县设施农业局	蔬菜	AGI01998
354	2017	盘锦碱地柿子	辽宁	盘锦市农业技术推广站	蔬菜	AGI02013
355	2017	永康五指岩生姜	浙江	永康市经济特产站	蔬菜	AGI02016
356	2017	嘉祥红皮大蒜	山东	嘉祥县红皮大蒜研究协会	蔬菜	AGI02028
357	2017	多文空心菜	海南	临高县多文镇农业服务中心	蔬菜	AGI02050
358	2017	千佛竹根姜	四川	阆中市农业技术推广中心	蔬菜	AGI02052
359	2017	北董大蒜	山西	曲沃县北董乡果蔬协会	蔬菜	AGI02067
360	2017	金乡大蒜	山东	金乡县无公害蔬菜种植协会	蔬菜	AGI02089
361	2017	黄陂荸荠	湖北	武汉市黄陂区农业技术推广服务中心	蔬菜	AGI02097
362	2017	南宫黄韭	河北	南宫市农业技术推广中心	蔬菜	AGI02120
363	2017	吴中鸡头米	江苏	吴中澄湖水八仙水生蔬菜行业协会	蔬菜	AGI02125
364	2017	胶州大白菜	青岛	胶州市农业技术推广站	蔬菜	AGI02128
365	2017	荥经竹笋	四川	荥经县农业科技指导服务中心	蔬菜	AGI02140
366	2017	恩阳芦笋	四川	巴中市恩阳区农业技术推广服务中心	蔬菜	AGI02141
367	2017	泽库蕨麻	青海	泽库县有机畜牧业办公室	蔬菜	AGI02160
368	2017	阿拉善沙葱	内蒙古	阿拉善盟农业技术推广中心	蔬菜	AGI02176
369	2017	启东绿皮蚕豆	江苏	启东市高效设施农业协会	蔬菜	AGI02179
370	2017	溪口雷笋	宁波	宁波市奉化区竹笋专业技术协会	蔬菜	AGI02189
371	2017	溪源明笋	福建	建宁县溪源乡农业服务中心	蔬菜	AGI02194
372	2017	莱芜生姜	山东	莱芜生姜加工协会	蔬菜	AGI02200
373	2017	莒县绿芦笋	山东	莒县绿芦笋标准化种植联合会	蔬菜	AGI02201
374	2017	淮阳黄花菜	河南	淮阳县农产品质量安全检测站	蔬菜	AGI02212
375	2017	桐柏香椿	河南	桐柏县淮源生态香椿产业协会	蔬菜	AGI02213
376	2017	沅江芦笋	湖南	益阳南洞庭湖自然保护区沅江市管理局	蔬菜	AGI02222
377	2017	桃江竹笋	湖南	桃江县竹产业协会	蔬菜	AGI02223
378	2017	九华红菜薹	湖南	湘潭市蔬菜协会	蔬菜	AGI02224
379	2017	湘潭矮脚白	湖南	湘潭市蔬菜协会	蔬菜	AGI02225
380	2017	甜水萝卜	广东	江门市新会区崖门镇农业综合服务中心	蔬菜	AGI02226

续表

序号	年份	产品名称	所在地域	证书持有人名称	产品类别	登记证书编号
381	2017	绥阳子弹头辣椒	贵州	绥阳县经济作物站	蔬菜	AGI02232
382	2017	遵义朝天椒	贵州	遵义市果蔬工作站	蔬菜	AGI02233
383	2018	喀喇沁青椒	内蒙古	喀喇沁旗农业产业联合会	蔬菜	AGI02259
384	2018	喀喇沁番茄	内蒙古	喀喇沁旗农业产业联合会	蔬菜	AGI02260
385	2018	建宁通心白莲	福建	建宁县建莲产业协会	蔬菜	AGI02287
386	2018	余干芡实	江西	余干县芡实产业协会	蔬菜	AGI02290
387	2018	曹县芦笋	山东	曹县经济作物站	蔬菜	AGI02294
388	2018	茶坡芹菜	山东	沂南县芹菜产业协会	蔬菜	AGI02295
389	2018	新县将军菜	河南	新县农产品质量安全检验检测中心	蔬菜	AGI02304
390	2018	临颍大蒜	河南	临颍县农产品质量安全检测中心	蔬菜	AGI02305
391	2018	鹿邑芹菜	河南	鹿邑县农产品质量安全检测站	蔬菜	AGI02309
392	2018	扶沟辣椒	河南	扶沟县农产品质量安全检测中心	蔬菜	AGI02310
393	2018	白水畈萝卜	湖北	咸宁市咸安区高桥白水畈萝卜协会	蔬菜	AGI02319
394	2018	榛子薄皮辣椒	湖北	榛子乡辣椒协会	蔬菜	AGI02322
395	2018	云梦白花菜	湖北	云梦县农技推广中心	蔬菜	AGI02323
396	2018	樟树港黄瓜	湖南	湘阴县樟树镇农业服务中心	蔬菜	AGI02328
397	2018	樟树港辣椒	湖南	湘阴县樟树镇农业服务中心	蔬菜	AGI02329
398	2018	葛家鸡肠子辣椒	湖南	葛家镇农业综合服务站	蔬菜	AGI02332
399	2018	醴陵玻璃椒	湖南	醴陵市蔬菜作物站	蔬菜	AGI02333
400	2018	黑水大蒜	四川	黑水县农业畜牧和水务局土肥站	蔬菜	AGI02356
401	2018	镇巴树花菜	陕西	镇巴县园艺站	蔬菜	AGI02361
402	2018	宁夏菜心	宁夏	宁夏蔬菜产销协会	蔬菜	AGI02373
403	2018	启东沙地山药	江苏	启东市高效设施农业协会	蔬菜	AGI02396
404	2018	杨柳荸荠	安徽	庐江县白湖镇农业技术推广服务站	蔬菜	AGI02398
405	2018	洪山菜薹	湖北	武汉市洪山区洪山菜苔产业协会	蔬菜	AGI02407
406	2018	阳山西洋菜	广东	阳山县农业科学研究所	蔬菜	AGI02416
407	2018	崇信芹菜	甘肃	崇信县蔬菜协会	蔬菜	AGI02443
408	2018	湟源胡萝卜	青海	湟源县农产品质量安全检验检测站	蔬菜	AGI02447
409	2018	湟源青蒜苗	青海	湟源县农产品质量安全检验检测站	蔬菜	AGI02448
410	2018	绥化鲜食玉米	黑龙江	绥化市鲜食玉米·速冻果蔬联合会	蔬菜类	AGI02462
411	2018	浚县小河白菜	河南	浚县蔬菜协会	蔬菜	AGI02480

续表

序号	年份	产品名称	所在地域	证书持有人名称	产品类别	登记证书编号
412	2018	温县铁棍山药	河南	温县四大怀药协会	蔬菜类	AGI02481
413	2018	金甲岭萝卜	湖南	衡阳市珠晖区农业产业化与技术推广服务站	蔬菜	AGI02487
414	2018	都安旱藕	广西	都安瑶族自治县经作站	蔬菜类	AGI02494
415	2018	朗县辣椒	西藏	朗县农业技术推广站	蔬菜	AGI02504
416	2018	镇巴花魔芋	陕西	陕西省镇巴县农业技术推广站	蔬菜	AGI02524
417	2019	芮城香椿	山西	芮城县香椿产业协会	蔬菜	AGI02526
418	2019	罗圩香茄	江苏	宿迁市宿城区罗圩乡农业经济技术服务中心	蔬菜	AGI02534
419	2019	杉荷园莲藕	江苏	宿迁市宿豫区新庄镇农业经济技术服务中心	蔬菜	AGI02535
420	2019	海门大白皮蚕豆	江苏	海门市作物栽培技术指导站	蔬菜	AGI02537
421	2019	杨庙雪菜	浙江	嘉善杨庙雪菜产业管理协会	蔬菜	AGI02541
422	2019	余姚榨菜	宁波	余姚市榨菜协会	蔬菜	AGI02547
423	2019	东乡萝卜	江西	抚州市东乡区萝卜行业协会	蔬菜	AGI02552
424	2019	沙沟芋头	山东	临沂市罗庄区册山沙沟芋头协会	蔬菜	AGI02557
425	2019	浚县大碾萝卜	河南	浚县蔬菜协会	蔬菜	AGI02558
426	2019	王家辿红油香椿	河南	鹤壁市鹤山区农业技术推广站	蔬菜	AGI02559
427	2019	恩施土豆	湖北	恩施土家族苗族自治州农业技术推广中心	蔬菜	AGI02562
428	2019	钦州辣椒	广西	钦州市钦南区种子管理站	蔬菜	AGI02571
429	2019	大路黄花	重庆	重庆市璧山区大路街道农业服务中心	蔬菜	AGI02575
430	2019	香龙大头菜	重庆	重庆市合川区香龙镇农业服务中心	蔬菜	AGI02576
431	2019	安龙莲藕	贵州	安龙县农业技术推广站	蔬菜	AGI02578
432	2019	学孔黄花	贵州	仁怀市农业技术综合服务站	蔬菜	AGI02579
433	2019	溪洛渡白魔芋	云南	永善县农业技术推广中心	蔬菜	AGI02587
434	2019	高台辣椒干	甘肃	高台县农产品质量监测检验中心	蔬菜	AGI02590
435	2019	舒安藠头	湖北	武汉市江夏区农业技术推广站	蔬菜	AGI02612
436	2019	三樟黄贡椒	湖南	衡东县三樟镇农业综合服务中心	蔬菜	AGI02616
437	2019	陵水圣女果	海南	陵水黎族自治县农业产业协会	蔬菜	AGI02619
438	2019	凯里香葱	贵州	凯里市湾水镇农业服务中心	蔬菜	AGI02627
439	2019	赤金韭菜	甘肃	玉门市农业技术推广中心	蔬菜	AGI02630
440	2019	鸡泽辣椒	河北	鸡泽县农业技术推广中心	蔬菜	AGI02642

续表

序号	年份	产品名称	所在地域	证书持有人名称	产品类别	登记证书编号
441	2019	开鲁红干椒	内蒙古	开鲁县绿色食品发展中心	蔬菜	AGI02650
442	2019	海岱蒜	内蒙古	包头市东河区农牧业技术服务推广中心	蔬菜	AGI02651
443	2019	毕克齐大葱	内蒙古	土默特左旗农产品质量安全检测中心	蔬菜	AGI02652
444	2019	新华韭菜	内蒙古	巴彦淖尔市临河区绿色食品发展中心	蔬菜	AGI02653
445	2019	哈拉海珠葱	吉林	农安县农业技术推广中心	蔬菜	AGI02659
446	2019	沈灶青椒	江苏	东台市南沈灶镇农业技术推广综合服务中心	蔬菜	AGI02673
447	2019	缙云茭白	浙江	缙云县蔬菜协会	蔬菜	AGI02682
448	2019	武义宣莲	浙江	武义县农学会	蔬菜	AGI02683
449	2019	东乡葛	江西	抚州市东乡区葛根协会	蔬菜	AGI02688
450	2019	庆云大叶香菜	山东	庆云县春满田园蔬菜协会	蔬菜	AGI02692
451	2019	夏邑白菜	河南	夏邑县农业技术推广中心	蔬菜	AGI02698
452	2019	娄店芦笋	河南	商丘市睢阳区蔬菜协会	蔬菜	AGI02699
453	2019	虞城荠菜	河南	虞城县荠菜协会	蔬菜	AGI02700
454	2019	舞钢莲藕	河南	舞钢市人民政府蔬菜办公室	蔬菜	AGI02701
455	2019	内黄尖椒	河南	内黄县果蔬产业协会	蔬菜	AGI02702
456	2019	三皇西红柿	广西	永福县经济作物站	蔬菜	AGI02725
457	2019	天全竹笋	四川	天全县农产品质量安全监督检验检测站	蔬菜	AGI02737
458	2019	涪城芦笋	四川	绵阳市涪城区现代农业技术推广办公室	蔬菜	AGI02738
459	2019	桐梓团芸豆	贵州	桐梓县农产品质量安全监督检验检测中心	蔬菜	AGI02746
460	2019	幺铺莲藕	贵州	安顺经济技术开发区农林牧水局	蔬菜	AGI02747
461	2019	赤水楠竹笋	贵州	赤水市营林站	蔬菜	AGI02748
462	2019	六枝毛坡大蒜	贵州	六枝特区蔬菜站	蔬菜	AGI02749
463	2019	兴义芭蕉芋	贵州	黔西南州农业技术推广站	蔬菜	AGI02750
464	2019	岚皋魔芋	陕西	岚皋县农业科技服务中心	蔬菜	AGI02766
465	2019	金塔辣椒	甘肃	金塔县农业技术推广中心	蔬菜	AGI02774
466	2019	兰州百合	甘肃	兰州市七里河区农业技术推广站	蔬菜	AGI02775
467	2020	上方山香椿	北京	北京市房山区农业环境和生产监测站	蔬菜	AGI02780
468	2020	涑川茼蒿	山西	闻喜县蔬菜产业协会	蔬菜	AGI02791
469	2020	溪柳紫皮蒜	内蒙古	突泉县农畜产品质量安全管理站	蔬菜	AGI02797

续表

序号	年份	产品名称	所在地域	证书持有人名称	产品类别	登记证书编号
470	2020	利民芦蒿	江苏	宿迁市宿豫区陆集镇农业经济技术服务中心	蔬菜	AGI02818
471	2020	四河青萝卜	江苏	泗洪县四河乡农业经济技术服务中心	蔬菜	AGI02819
472	2020	董浜筒管玉丝瓜	江苏	常熟市董浜镇农技推广服务中心	蔬菜	AGI02826
473	2020	响水西兰花	江苏	响水县西兰花产业协会	蔬菜	AGI02832
474	2020	弶港甜叶菊	江苏	东台市弶港镇农业技术推广综合服务中心	蔬菜	AGI02833
475	2020	仪征紫菜薹	江苏	仪征市蔬菜行业协会	蔬菜	AGI02834
476	2020	龙集莲子	江苏	泗洪县龙集镇农业经济技术服务中心	蔬菜	AGI02837
477	2020	下原蘘荷	江苏	如皋市下原镇农业服务中心	蔬菜	AGI02838
478	2020	董家茭白	浙江	桐乡市乌镇镇农业经济服务中心	蔬菜	AGI02843
479	2020	天目笋干	浙江	杭州市临安区竹产业协会	蔬菜	AGI02844
480	2020	萧山萝卜干	浙江	杭州市萧山区农产品加工业行业协会	蔬菜	AGI02845
481	2020	胥仓雪藕	浙江	长兴县农业技术推广服务总站	蔬菜	AGI02846
482	2020	处州白莲	浙江	丽水市莲都区农业特色产业办公室	蔬菜	AGI02856
483	2020	缙云黄花菜	浙江	缙云县蔬菜协会	蔬菜	AGI02857
484	2020	泗县金丝绞瓜	安徽	泗县农业技术推广中心	蔬菜	AGI02869
485	2020	涡阳苔干	安徽	涡阳县绿色食品发展服务中心	蔬菜	AGI02870
486	2020	太和香椿	安徽	太和县香椿产业协会	蔬菜	AGI02871
487	2020	永丰萱草	安徽	黄山市黄山区永丰萱草产业协会	蔬菜	AGI02884
488	2020	铜陵白姜	安徽	铜陵市农业科学研究所	蔬菜	AGI02885
489	2020	大铭生姜	福建	德化县农业科学研究所	蔬菜	AGI02894
490	2020	山格淮山	福建	安溪县山格淮山产业技术研究会	蔬菜	AGI02895
491	2020	晋江胡萝卜	福建	晋江市农学会	蔬菜	AGI02898
492	2020	德兴葛	江西	德兴市葛产业专业技术协会	蔬菜	AGI02910
493	2020	商河大蒜	山东	商河县白桥镇大蒜协会	蔬菜	AGI02912
494	2020	金口芹菜	青岛	即墨市金口芹菜行业协会	蔬菜	AGI02916
495	2020	湍湾紫蒜	青岛	青岛市大蒜产业协会	蔬菜	AGI02917
496	2020	新野大白菜	河南	新野县农产品质量安全监测站	蔬菜	AGI02919
497	2020	惠楼山药	河南	虞城县惠楼山药协会	蔬菜	AGI02920
498	2020	柘城辣椒	河南	柘城县农产品质量安全检测中心	蔬菜	AGI02921
499	2020	遂平香椿	河南	遂平县农产品质量安全检测中心	蔬菜	AGI02930
500	2020	郭村马铃薯	河南	商丘市睢阳区郭村镇农业服务中心	蔬菜	AGI02931

续表

序号	年份	产品名称	所在地域	证书持有人名称	产品类别	登记证书编号
501	2020	阳新湖蒿	湖北	阳新县蔬菜办公室	蔬菜	AGI02940
502	2020	岳口芋环	湖北	天门市岳口镇农业技术服务中心	蔬菜	AGI02941
503	2020	新洲龙王白莲	湖北	武汉市新洲区双柳街农业服务中心	蔬菜	AGI02942
504	2020	五里界界豆	湖北	武汉市江夏区农业科学研究所	蔬菜	AGI02950
505	2020	郧西香椿	湖北	郧西县农业生态环境保护站	蔬菜	AGI02952
506	2020	天门黄花菜	湖北	天门市汪场镇农业技术服务中心	蔬菜	AGI02954
507	2020	龙山百合	湖南	龙山县百合产业协会	蔬菜	AGI02961
508	2020	桂阳五爪辣	湖南	桂阳县辣椒产业协会	蔬菜	AGI02965
509	2020	衡阳台源乌莲	湖南	衡阳县乌莲产业协会	蔬菜	AGI02966
510	2020	会同魔芋	湖南	会同县经济作物工作站	蔬菜	AGI02967
511	2020	惠东马铃薯	广东	惠东县马铃薯协会	蔬菜	AGI02976
512	2020	鹤山粉葛	广东	鹤山市双合镇农业综合服务中心	蔬菜	AGI02979
513	2020	矮陂梅菜	广东	惠州市惠城区菜篮子工程科学技术研究所	蔬菜	AGI02981
514	2020	横县甜玉米	广西	横县甜玉米生产流通协会	蔬菜	AGI02987
515	2020	云龙淮山	海南	海口市琼山区云龙镇农业服务中心	蔬菜	AGI03006
516	2020	琼海青皮冬瓜	海南	琼海市农业技术推广服务中心	蔬菜	AGI03011
517	2020	涪陵青菜头	重庆	重庆市涪陵区榨菜管理办公室	蔬菜	AGI03014
518	2020	铜梁莲藕	重庆	重庆市铜梁区农业技术推广服务中心	蔬菜	AGI03021
519	2020	新都大蒜	四川	成都市新都区蔬菜协会	蔬菜	AGI03022
520	2020	桐梓魔芋	贵州	桐梓县农产品质量安全监督检验检测中心	蔬菜	AGI03033
521	2020	兴义白杆青菜	贵州	兴义市果树蔬菜技术推广站	蔬菜	AGI03034
522	2020	黄杨小米辣	贵州	绥阳县经济作物站	蔬菜	AGI03035
523	2020	兴义红皮大蒜	贵州	兴义市果树蔬菜技术推广站	蔬菜	AGI03036
524	2020	兴义生姜	贵州	兴义市果树蔬菜技术推广站	蔬菜	AGI03037
525	2020	镇宁小黄姜	贵州	镇宁布依族苗族自治县植保植检站	蔬菜	AGI03043
526	2020	黄平线椒	贵州	黄平县农业技术推广中心	蔬菜	AGI03044
527	2020	凯里生姜	贵州	凯里市旁海镇农业服务中心	蔬菜	AGI03054
528	2020	南郑红庙山药	陕西	汉中市南郑区农业技术推广中心	蔬菜	AGI03068
529	2020	石泉黄花菜	陕西	石泉县农业技术推广站	蔬菜	AGI03071
530	2020	庄浪马铃薯	甘肃	庄浪县农业技术推广中心	蔬菜	AGI03074
531	2020	高台黑番茄	甘肃	高台黑番茄协会	蔬菜	AGI03079
532	2020	张家川乌龙头	甘肃	张家川回族自治县经济作物工作指导站	蔬菜	AGI03080

附件2 2013年度全国名特优新农产品公示目录（蔬菜类）

序号	申报产品	申报单位	申报单位推荐的生产单位
1	沙窝萝卜	天津市西青区农业技术推广服务中心	天津市曙光沙窝萝卜专业合作社
2	围场胡萝卜	河北省围场满族蒙古族自治县农牧局	围场满族蒙古族自治县新鑫胡萝卜生产经营合作社
3	玉田包尖白菜	河北省玉田县农牧局	玉田县黑猫王农民专业合作社
4	山海关五色韭菜	河北省秦皇岛市山海关区农牧局	秦皇岛市山海关区忠伟蔬菜专业合作社
5	隆尧鸡腿大葱	河北省隆尧县农业局	河北省隆尧县大葱协会
6	滏河贡白菜	河北省平乡县农业局	平乡县滏河贡蔬菜种植协会
7	文水长山药	山西省文水县农业局	山西仙塔食品工业集团有限公司
8	长凝大蒜	山西省晋中市榆次区农业委员会	晋中市榆次区金鑫种植专业合作社
9	大同黄花菜	山西省大同县农业委员会	山西省大同县黄花总公司
			大同县三利农副产品有限责任公司
10	五原黄番茄	内蒙古自治区五原县农业局	内蒙古民隆现代农业科技有限公司
11	北票红干椒	辽宁省北票市农村经济局	北票市农业技术推广中心
12	耿庄大蒜	辽宁省海城市农村经济局	海城市宏日种植专业合作社
13	呼兰韭菜	黑龙江省哈尔滨市呼兰区农业局	哈尔滨市呼兰区蒲井蔬菜专业合作社
14	呼兰大葱	黑龙江省哈尔滨市呼兰区农业局	哈尔滨市呼兰区利农蔬菜种植专业合作社
			哈尔滨市呼兰区伟光全福蔬菜种植专业合作社
			哈尔滨市呼兰区宏盛蔬菜种植专业合作社
15	练塘茭白	上海市青浦区农业委员会	上海练塘叶绿茭白有限公司
16	靖江香沙芋	江苏省靖江市农业委员会	靖江市红芽香沙芋专业合作社
			靖江市祖师香沙芋专业合作社
17	邳州大蒜	江苏省邳州市农业委员会	徐州黎明食品有限公司
			邳州恒丰宝食品有限公司
18	南阳辣根	江苏省大丰市农业委员会	盐城市南翔食品有限公司
19	淮安红椒	江苏省淮安市清浦区农业委员会	淮安市清浦区宝成蔬菜种植专业合作社
20	如皋香堂芋	江苏省如皋市农业委员会	南通乡土情贸易有限公司
			如皋市高明镇新颖香沙芋专业种植合作社
21	太湖莼菜	江苏省苏州市吴中区农业局	苏州东山东湖莼菜厂
22	宝应慈姑	江苏省宝应县农业委员会	扬州裕源食品有限公司
23	宝应核桃乌青菜	江苏省宝应县农业委员会	宝应县东湖水产养殖有限公司
			宝应县黄塍农工商实业总公司
24	宜兴百合	江苏省宜兴市农林局	宜兴市湖滨百合科技有限公司
25	余姚茭白	浙江省余姚市农林局	余姚市河姆渡农业综合开发有限公司

续表

序号	申报产品	申报单位	申报单位推荐的生产单位
26	同康竹笋	浙江省绍兴县农业局	绍兴县同康竹笋专业合作社
27	龙泉黑木耳	浙江省龙泉市农业局	浙江天和食品有限公司
			浙江晨光食品有限公司
			浙江聚珍园食品有限公司
28	帽山青萝卜	安徽省萧县农业委员会	萧县龙城镇帽山蔬菜协会
			萧县诚心蔬菜种植农民专业合作社
29	老集生姜	安徽省临泉县农业委员会	临泉县老集镇生姜协会
30	舒城黄姜	安徽省舒城县农业委员会	安徽省舒城县舒丰现代农业科技开发有限责任公司
31	舒城黄心乌塌菜	安徽省舒城县农业委员会	安徽省舒城县舒丰现代农业科技开发有限责任公司
32	花香藕	安徽省庐江县农业委员会	庐江县永义莲藕种植专业合作社
			庐江县汉田莲藕种植专业合作社
			合肥田源生态农业科技有限公司
33	岳西茭白	安徽省岳西县农业委员会	安徽省岳西县高山果菜有限责任公司
34	桐城水芹	安徽省桐城市农业委员会	桐城市牯牛背农业开发有限公司
35	黄山徽菇	安徽省祁门县农业委员会	黄山山华（集团）有限公司
36	黄山黑木耳	安徽省祁门县农业委员会	黄山山华（集团）有限公司
37	铜陵白姜	安徽省铜陵县农业局	铜陵县方仁生姜专业合作社
			铜陵县和平姜业有限责任公司
38	涡阳贡菜苔干	安徽省涡阳县农业委员会	安徽省义门苔干有限公司
			涡阳绿野食品有限公司
			涡阳县永恒苔干专业合作社
39	武平西郊盘菜	福建省武平县农业局	武平县农欣果蔬专业合作社
40	福鼎槟榔芋	福建省福鼎市农业局	福鼎市福鼎槟榔芋协会
41	明溪淮山药	福建省明溪县农业局	明溪县绿海淮山专业合作社
42	德化黄花菜	福建省德化县农业局	德化县十八格农产品有限公司
43	涂坊槟榔芋	福建省长汀县农业局	长汀县启煌槟榔芋专业合作社
44	上高紫皮大蒜	江西省上高县农业局	上高县绿野紫皮大蒜专业合作社
			上高县永盛种植专业合作社
			上高县锦田蔬菜种植专业合作社
45	泰和竹篙薯	江西省泰和县农业局	泰和县万合竹篙薯专业合作社
			泰和县曙一农业有限公司
46	临川虎奶菇	江西省抚州市临川区农业局	江西金山食用菌专业合作社
			抚州市临川金山生物科技有限公司
			抚州市临川方金山生态农场

续表

序号	申报产品	申报单位	申报单位推荐的生产单位
47	广昌白莲	江西省广昌县白莲产业发展局	广昌莲香食品有限公司
			江西连胜食品有限公司
			广昌县菜单王食品贸易有限公司
48	鲁村芹菜	山东省沂源县蔬菜产销服务中心	沂源安信农产品开发有限公司
49	瓦屋香椿芽	山东省邹城市林业局	邹城市瓦屋香椿芽技术开发有限公司
			邹城市仁杰香椿芽种植专业合作社
50	池上桔梗	山东省淄博市博山区农林局	淄博山珍园食品有限公司
51	微山莲子	山东省微山县农业局	微山县远华湖产食品有限公司
52	微山芡实米	山东省微山县农业局	微山县远华湖产食品有限公司
53	微山湖菱米	山东省微山县农业局	微山县远华湖产食品有限公司
54	泰安黄芽白菜	山东省泰安市岱岳区农业局	泰安市岱绿特蔬菜专业合作社
55	花官蒜薹	山东省广饶县农林局	广饶县花官大蒜协会
56	前岭山药	山东省高密市农业局	高密市新纺山药专业合作社
57	惠和金针菇	山东省高密市农业局	高密市惠德农产品有限公司
58	堤东萝卜	山东省高密市农业局	高密市柏城胶河农产品专业合作社联合社
59	高密夏庄韭菜	山东省高密市农业局	高密市张家村蔬菜专业合作社
60	荆家四色韭黄	山东省桓台县蔬菜办公室	桓台县东孙绿海四色韭黄农民专业合作社
61	新城细毛山药	山东省桓台县蔬菜办公室	桓台县新城细毛山药农民专业合作社
62	新泰芹菜	山东省新泰市农业局	新泰市新特农产品经贸有限公司
			新泰市顺鑫芹菜专业合作社
63	明水白莲藕	山东省章丘市农业局	章丘市名优农产品协会
64	鲍家芹菜	山东省章丘市农业局	章丘市名优农产品协会
			章丘市鲍芹产销专业合作社
65	赵八洞香椿	山东省章丘市农业局	章丘市名优农产品协会
			章丘市锦屏山农业开发有限公司
66	章丘大葱	山东省章丘市农业局	章丘市名优农产品协会
			章丘市万新富硒大葱专业合作社
67	安丘大姜	山东省安丘市农业局	安丘市瓜菜协会
68	安丘大葱	山东省安丘市农业局	安丘市瓜菜协会
69	莘县蘑菇	山东省莘县食用菌管理办公室	莘县富邦菌业有限公司
			莘县共发果蔬制品有限公司
			莘县源远菌业有限公司
70	莱阳芋头	山东省莱阳市农业局	莱阳恒润食品有限公司
71	白塔芋头	山东省昌乐县农业局	昌乐县仙月湖芋头购销专业合作社
72	平阴鸡腿菇	山东省平阴县农业局	平阴菌发蘑菇专业合作社
73	沁阳花菇	河南省沁阳县农业局	沁阳食用菌开发办公室
74	小河白菜	河南省浚县农业局	浚县农丰种植合作社

续表

序号	申报产品	申报单位	申报单位推荐的生产单位
75	淮阳七芯黄花菜	河南省淮阳县农业局	淮阳金农实业有限公司
76	延津胡萝卜	河南省延津县农业局	延津县贡参果蔬合作社
77	孟州铁棍山药	河南省孟州市农业局	河南康宝食品公司
78	博爱清化姜	河南省博爱县农业局	博爱县中原种植合作社
79	芝麻湖藕	湖北省浠水县农业局	浠水县巴河水产品专业合作社
80	云梦花菜	湖北省云梦县农业局	湖北省云梦县白合蔬菜种植专业合作社
			湖北省云梦县清明河乡桂花蔬菜种植合作社
			湖北省云梦县邱吴蔬菜种植合作社
81	樟树港辣椒	湖南省湘阴县农业局	湘阴县樟树港镇辣椒产业协会
82	龙山百合	湖南省龙山县农业局	龙山县喜乐百合食品有限公司
83	阳山淮山药	广东省阳山县科技和农业局	阳山县七拱镇新圩金丰淮山农民专业合作社
84	三水黑皮冬瓜	广东省佛山市三水区农林渔业局	佛山市三水区白坭镇康喜莱蔬菜专业合作社
85	荷塘冲菜	广东省江门市蓬江区农林和水务局	江门市蓬江区荷塘镇冲菜加工协会
86	金田淮山药	广西壮族自治区全州县人民政府农业局	桂平市家春金田淮山专业合作社
87	青草坝萝卜	重庆市合川区农业委员会	重庆市合川区龙市镇农业服务中心
88	石柱红辣椒(干)	重庆市石柱土家族自治县农业委员会	石柱土家族自治县科兴农业开发有限责任公司
89	永川莲藕	重庆市永川区农业委员会	重庆市民友蔬菜种植股份合作社
90	罗盘山生姜	重庆市潼南县蔬菜产业发展局	重庆旭源农业开发有限公司
91	垫江蜜本南瓜	重庆市垫江县农业委员会	重庆市江滨果蔬专业合作社
			重庆市桂花岛瓜果专业合作社
			垫江县宇珂食用菌种植专业合作社
92	青川黑木耳	四川省青川县农业局	四川省青川县川珍实业有限公司
93	西昌洋葱	四川省西昌市蔬菜事业管理局	西昌市金地绿色蔬菜有限公司
			西昌洋葱协会
94	双流二荆条辣椒	四川省双流县农村发展局	双流县胜利牧山香梨种植专业合作社
95	木龙观胡萝卜	四川省绵阳市游仙区农业局	绵阳市木龙观胡萝卜种植专业合作社
96	曾家山甘蓝	四川省广元市朝天区农业局	广元市朝天区平溪蔬菜专业合作社
97	西充二荆条辣椒	四川省西充县农牧业局	西充县金铧寺绿色辣椒农民专业合作社
98	龙王贡韭	四川省成都市青白江区农村发展局	成都市齐盈黄农民专业合作社
99	水城小黄姜	贵州省水城县农业局	水城县姜业发展有限公司
100	遵义朝天椒	贵州省遵义县农牧局	贵三红食品有限责任公司
			贵州旭阳食品有限公司

续表

序号	申报产品	申报单位	申报单位推荐的生产单位
101	织金竹荪	贵州省织金县农牧局	织金县果蔬协会
			织金县王氏竹笋销售有限责任公司
			织金县天洪种养殖农民专业合作社
102	建水小米椒	云南省建水县农业局	红河州和源农业开发有限公司
103	大荔黄花菜	陕西省大荔县农业局	陕西大荔沙苑黄花有限责任公司
104	华州山药	陕西省华县农业局	华县国营原种场
105	民乐紫皮大蒜	甘肃省民乐县农业委员会	民乐县洪水大蒜种植专业合作社
106	永昌胡萝卜	甘肃省永昌县农业局	永昌金农农业园有限责任公司
107	金川红辣椒	甘肃省金昌市金川区农牧局	金昌市源达农副果品有限责任公司
108	嘉峪关洋葱	甘肃省嘉峪关市农林局	甘肃嘉峪关益农谷物种植农民专业合作社
			嘉峪关市新城鸿运洋葱专业合作社
109	秦安花椒	甘肃省秦安县果业管理局	秦安县盛源菊香农业发展有限公司
110	循化线辣椒	青海省循化县农业和科技局	青海仙红辣椒开发集团有限公司
			循化县仙红辣椒种植专业合作社
111	大通鸡腿葱	青海省大通回族土族自治县农牧和扶贫开发局	青海老爷山蔬菜科技开发有限公司
112	盐池黄花菜	宁夏回族自治区盐池县农牧局	盐池县阳春黄花菜购销有限公司
113	古宅大蒜	厦门市翔安区农林水利局	厦门齐翔食品有限公司
114	翔安胡萝卜	厦门市翔安区农林水利局	厦门市翔安区蔬菜协会
115	马家沟芹菜	青岛市平度市农业局	青岛琴香园芹菜产销专业合作社
116	胶州大白菜	青岛市胶州市农林局	青岛胶州市大白菜协会
			青岛绿村农产品专业合作社
			青岛盛河蔬菜专业合作社
117	店埠胡萝卜	青岛市莱西市农林局	青岛永乐农业发展有限公司
			青岛西张格庄蔬菜专业合作社

附录 3 2015 年度全国名特优新蔬菜产品目录

序号	省（区、市）	申报单位	申报产品	申报单位推荐的生产单位
1	北京市	北京市农业技术推广站	金福艺农樱桃番茄	北京金福艺农农业科技集团有限公司
2	北京市	北京市房山区农村工作委员会	房山蘑菇（香菇）	北京书平绿圃食用菌专业合作社
3	北京市	北京市房山区农村工作委员会	房山蘑菇（平菇）	乐义（北京）农业发展有限公司
4	北京市	北京市房山区农村工作委员会	房山蘑菇（金针菇）	北京格瑞拓普生物科技有限公司
5	北京市	北京市房山区农村工作委员会	房山蘑菇（白灵菇）	北京格瑞拓普生物科技有限公司
6	北京市	北京市房山区农村工作委员会	上方山香椿	北京市韩村河忠德苗圃场
7	北京市	北京市昌平区农业服务中心	昌平水果型苤蓝	北京金六环农业园 北京南地绿都种植场 北京洼子里乡情农艺园
8	北京市	北京市门头沟区农业局	泗家水红头香椿	北京泗家水香椿种植专业合作社
9	天津市	天津市宝坻区种植业发展服务中心	宝坻大蒜	天津市百姓一兰梓农作物种植专业合作社 天津市宝坻区旺盛农产品产销专业合作社
10	天津市	天津市北辰区种植业发展服务中心	鸿滨真姬菇（白玉菇、蟹味菇）	天津绿圣蓬源农业科技开发有限公司
11	天津市	天津市北辰区种植业发展服务中心	岔房子山药	天津岔房子农产品保鲜专业合作社
12	天津市	天津市武清区种植业发展服务中心	黑马牌大白菜	天津市黑马工贸有限公司
13	天津市	天津市西青区农业技术推广服务中心	沙窝萝卜	天津市曙光沙窝萝卜专业合作社
14	河北省	磁县农牧局	磁州白莲藕	磁县禾下土种植业专业合作社
15	河北省	迁西县农牧局	迁西栗蘑	迁西县虹泉食用菌专业合作社
16	河北省	永年县农牧局	永年大蒜	永年县永健蔬菜专业合作社
17	河北省	晋州市农林畜牧局	冀金农龙西红柿	晋州金农龙农业种植服务专业合作社
18	河北省	灵寿县农业畜牧局	冀乐杏鲍菇	灵寿县冀乐食用菌专业合作社
19	河北省	滦县农牧局	LH 郎红牌黄瓜	滦县郎红棚菜专业合作社
20	河北省	滦县农牧局	LH 郎红牌番茄	滦县郎红棚菜专业合作社
21	山西省	永济市农业委员会	永济芦笋	永济市长杆芦笋种植销售专业合作社
22	山西省	大同县农业委员会	大同黄花	山西省大同县黄花总公司

续表

序号	省（区、市）	申报单位	申报产品	申报单位推荐的生产单位
23	内蒙古自治区	鄂伦春自治旗农牧业局	诺敏山黑木耳	大兴安岭诺敏绿业有限责任公司
24		化德县农牧业局	恒利苹果番茄	化德县恒利农业综合开发有限责任公司
25		商都县农牧业局	蒙绿娃南瓜	商都绿娃农业科技有限责任公司
26			蒙绿娃番茄	商都绿娃农业科技有限责任公司
27			蒙绿娃马铃薯	商都绿娃农业科技有限责任公司
28			蒙绿娃西瓜	商都绿娃农业科技有限责任公司
29			蒙绿娃甜瓜	商都绿娃农业科技有限责任公司
30		五原县农牧业局	五原黄柿子	内蒙古民隆现代农业科技有限公司
31		扎兰屯市农牧业局	扎兰屯黑木耳	呼伦贝尔森宝黑木耳种植有限责任公司
32	辽宁省	灯塔市农村经济局	辽阳番茄	辽阳新特现代农业园区
33		海城市农村经济局	耿庄大蒜	海城市宏日种植专业合作社
34			弘馥清农绿茄子	海城市马倩蔬菜种植专业合作社
35		新宾满族自治县农村经济发展局	红升香菇	新宾满族自治县红升香菇有限责任公司
36		兴城市农村经济发展局	玄宇平菇	葫芦岛农函大玄宇食用菌野驯繁育有限公司
37		义县农村经济发展局	梦寒西葫芦	义县农青蔬菜花生专业合作社
38	吉林省	洮南市农业局	洮南金塔辣椒	吉林省金塔实业（集团）股份有限公司
39	上海市	上海市奉贤区农业委员会	奉贤黄秋葵	上海艾妮维农产品专业合作社
				上海扬升农副产品专业合作社
				上海申亚农业科技有限公司
40		崇明县农业委员会	白狗牌芦笋	上海绿笋芦笋种植专业合作社
41		上海市青浦区农业委员会	练塘茭白	上海练塘叶绿茭白有限公司
42	江苏省	宝应县农业委员会	宝应荷藕	江苏荷仙食品集团有限公司
43			宝应核桃乌青菜	宝应县隆霖蔬菜技术开发专业合作社
44			宝应慈姑	扬州荷之坊食品有限公司
45		连云港市海州区农林水利局	一风堂牌糯米藕	连云港吉本多食品有限公司
46		中共常州市金坛区农村工作办公室	建昌红香芋	金坛市昌玉红香芋专业合作社

续表

序号	省（区、市）	申报单位	申报产品	申报单位推荐的生产单位
47	江苏省	靖江市农业委员会	靖江香沙芋	靖江市红芽香沙芋专业合作社
				靖江市祖师香沙芋专业合作社
48		连云港市连云区农林水利局	骏都蟹味菇	江苏骏都生物科技有限公司
49		邳州市农业委员会	邳州大蒜	徐州黎明食品有限公司
				邳州恒丰宝食品有限公司
50		南京市栖霞区农业局	八卦洲芦蒿	南京洲野科技有限公司
51		启东市农业委员会	启东青皮长茄	启东多吃点绿色有机食品有限公司
				启东市江天蔬果种植专业合作社
				启东市南阳蔬菜有限公司
52		如皋市农业委员会	如皋白萝卜	南通春华食品有限公司
				南通乡土情贸易有限公司
53			如皋黑塌菜	如皋禾盛现代农业科技发展有限公司
				南通乡土情贸易有限公司
54		沭阳县农业委员会	统美杏鲍菇	绿美食用菌科技发展江苏有限公司
55		南通市通州区农业委员会	威奇太保萝卜	南通大农农业开发有限公司
56		兴化市农业局	兴化龙香芋	兴化市美华蔬菜专业合作社
57			兴化香葱	兴化市美华蔬菜专业合作社
				江苏兴野食品有限公司
58		响水县农业委员会	响水浅水藕	响水连万家莲藕专业合作社
				响水县浅水藕产业协会
				江苏天荷源食品饮料有限责任公司
59		仪征市农业委员会	碧阳牌鲜金针菇	扬州碧阳菌业有限公司
60	浙江省	桐庐县农业和农村工作办公室	深萌青笋干	桐庐深萌农产品开发有限公司
61		建德市农业和农村工作办公室	里叶白莲	浙江省建德市里叶白莲开发有限公司
62	安徽省	巢湖市农业委员会	中埠番茄	巢湖市中埠镇蔬菜行业协会
63		和县农业委员会	和县毛豆	和县常久农业发展有限公司
64		黄山市黄山区农业委员会	黄山竹笋	黄山绿美特有机食品发展有限公司
				黄山市黄山区三兄弟笋业有限公司
65		太和县农业委员会	鹏宇桔梗	安徽省太和县鹏宇中药材有限公司
66		桐城市农业委员会	桐城水芹	桐城市牯牛背农业开发有限公司
67		涡阳县农业委员会	义门贡菜苔干	安徽义门苔干有限公司

续表

序号	省（区、市）	申报单位	申报产品	申报单位推荐的生产单位
68	福建省	福建省长泰县农业局	长泰佛手瓜	长泰县内溪蔬果专业合作社
69			长泰石铭芋	长泰县益民果蔬专业合作社
70		德化县农业局	芹峰牌淮山	德化县英山珍贵淮山农民合作社
71		福清市农业局	绿叶美之源尖椒	福清市绿叶农业发展有限公司
72			融绿甜椒	福清市绿丰农业开发有限公司
73		古田县食用菌产业管理局	古田香菇	古田县顺达食品有限公司
74		福建建宁县农业局	建宁通心白莲	福建文鑫莲业股份有限公司
				福建闽江源绿田实业投资发展有限公司
				建宁县福鑫莲业食品有限公司
75			孟宗笋干系列	福建建宁孟宗笋业有限公司
76		明溪县农业局	明溪淮山	明溪县绿海淮山专业合作社
77		顺昌县农业局	顺昌海鲜菇	福建神农菇业股份有限公司
				福建省顺昌齐星农产品开发有限公司
				福建省顺昌聚来福生物科技有限公司
78		武平县农业局	武平盘菜	福建省武平县农欣果蔬专业合作社
79		龙岩市永定区农业局	永定六月红早熟芋	龙岩市永定区“六月红”早熟芋专业合作社
80		武夷山市农业局	五夫白莲	武夷山市五夫白莲专业合作社
81		安溪县农业与茶果局	安溪淮山	安溪县山格淮山专业合作社
82		福建省云霄县农业局	马铺淮山	漳州何氏农业开发有限公司
83	江西省	乐平市蔬菜局	乐平红莴笋	乐平市绿乐食品有限公司
84			乐平地瓜	乐平市绿港蔬菜种植专业合作社
85		余干县农业局	余干辣椒	余干县伟良枫树辣椒开发有限公司
86	山东省	昌邑市农业局	金昌大姜	昌邑琨福大姜蔬菜批发市场有限公司
87		日照市东港区农业局	日照平菇	日照市东港区乐丰食用菌专业合作社
88			日照香菇	日照真诺生物科技有限公司
89			日照黑木耳	日照市东港区鑫源食用菌专业合作社
90		冠县农业局	冠县灵芝	冠县广义灵芝养殖专业合作社
91		海阳市农业局	海阳白黄瓜	海阳市富兴果蔬农民专业合作社
				山东坤永农产品股份有限公司

续表

序号	省（区、市）	申报单位	申报产品	申报单位推荐的生产单位
92	山东省	潍坊市寒亭区农业局	博芳大姜	潍坊市寒亭区博峰种植专业合作社
93			潍县萝卜	潍坊市寒亭区俊清蔬果专业合作社
94		桓台县蔬菜办公室	祁家芹菜	桓台县马桥镇祁家蔬菜农民专业合作社
95		金乡县农业局	金乡大蒜	金乡县华光食品进出口有限公司
96		济南市历城区蔬菜技术服务中心	唐王大白菜	济南市历城区唐王绿色农业发展中心
97		淄博市临淄区农业局	临淄西葫芦	临淄区皇城镇绿色蔬菜产销协会
98			临淄西红柿	临淄区皇城镇绿色蔬菜产销协会
99		宁阳县农业局	宁阳桥白大白菜	宁阳县百得利农业科技服务有限公司
100			宁阳香椿	泰安市信通农业开发有限公司
101		青州市农业局	高柳茄子	青州市九州农庄蔬菜专业合作社
102		济宁北湖省级旅游度假区农业服务中心	南阳湖黄瓜	山东济宁南阳湖农场
103			南阳湖辣椒	山东济宁南阳湖农场
104			南阳湖韭菜	山东济宁南阳湖农场
105		济南市天桥区农业经济发展局	北园大卧龙莲藕	济南市天桥区龙湖生态农业观光专业合作社
106		威海市文登区农业局	文登西红柿	文登市绿洲蔬菜种植专业合作社
107		沂水县农业局	万德大地生姜	山东万德大地有机食品有限公司
108		禹城市蔬菜局	向阳坡韭菜	禹城市大禹龙腾蔬菜种植专业合作社
109			向阳坡丝瓜	禹城市大禹龙腾蔬菜种植专业合作社
110			向阳坡黄瓜	禹城市大禹龙腾蔬菜种植专业合作社
111			向阳坡番茄	禹城市大禹龙腾蔬菜种植专业合作社
112		安丘市农业局	安丘大葱	安丘市瓜菜协会
113		茌平县多种经营办公室	肖庄韭菜（苔）	茌平县鑫岳生态果蔬农业专业合作社
114		章丘市蔬菜技术服务中心	章丘大葱	章丘市绣惠大葱产销专业合作社
				济南市振丰农业有限公司
115			章丘鲍芹	章丘市鲍芹产销专业合作社
116		寿光市农业局	桂河芹菜	山东省寿光蔬菜产业集团有限公司
117		邹城市农业局	福禾缘杏鲍菇	山东福禾菌业科技有限公司

续表

序号	省（区、市）	申报单位	申报产品	申报单位推荐的生产单位
118	河南省	封丘县农业局	封丘芹菜	封丘县贡芹种植专业合作社
119		济源市农牧局	寺郎腰大葱	济源市大峪镇寺郎腰大葱专业合作社
120		温县农业局	温县铁棍山药	温县四大怀药协会
121		舞阳县农林局	舞阳香菇	舞阳县华宝食用菌种植农民专业合作社
122		新县农业局	大别山干香菇	新县兴民科技有限责任公司
123		漯河市源汇区农林局	小村铺萝卜	漯河市小村铺种植专业合作社
124		中牟县农业农村工作委员会	珍农天赐牌杏鲍菇	河南邦友农业生态循环发展有限公司
125	湖北省	远安县农业局	楚蕈牌香菇	宜昌大自然生物科技有限公司
126		枣阳市农业局	蓓思味香菇	枣阳市海盛食用菌种植专业合作社
127		团风县农业局	团风荸荠	团风县银连水生蔬菜专业合作社
128		随州市曾都区农业局	曾都干香菇	三友（随州）食品有限公司
				荣盛隆（随州）食品有限公司
129		鹤峰县农业局	鹤峰薇菜	湖北长友现代农业股份有限公司
130		天门市农业局	和玉牌花椰菜	天门市鑫天农业发展有限公司
131		来凤县农业局	凤头姜	湖北凤头食品有限公司
132		监利县农业局	监湖干莲子	湖北湖乡宝农工贸有限公司
133			监湖泡藕带	湖北湖乡宝农工贸有限公司
134		武汉市黄陂区农业局	脉地湾萝卜	武汉新辰食品有限公司
135			黄陂芦笋	武汉新辰食品有限公司
136		嘉鱼县农业局	家余富德牌紫甘蓝	嘉鱼县富德蔬菜专业合作社
137			家余富德牌苦瓜	嘉鱼县富德蔬菜专业合作社
138		汉川市农业局	汉川莲藕	汉川市志成绿色农产品开发有限公司
139		长阳土家族自治县农业局	长阳高山西红柿	长阳憨哥绿色蔬菜专业合作社
140			长阳高山辣椒	长阳秀龙蔬菜专业合作社
141			一致魔芋膳食纤维	湖北一致魔芋生物科技有限公司
142	湖南省	溆浦县农业局	雪之峰黑木耳	溆浦春和现代农业有限公司
143		长沙市望城区农村工作办公室	春华牌杏鲍菇	湖南省春华生物科技有限公司
144		娄底市娄星区农业局	上和卿灰树花（舞茸）	湖南味菇坊生物科技有限公司
145		江永县农业局	江永香姜	江永县蔬菜科技服务中心
146		花垣县农业局	苗汉子弄弄葱	花垣县苗汉子野生蔬菜开发专业合作社
147		益阳市赫山区蔬菜局	三益莲藕	益阳市三益有机农业专业合作社
148		长沙县农业局	国进鲜金针菇	湖南国进食用菌开发有限公司

续表

序号	省（区、市）	申报单位	申报产品	申报单位推荐的生产单位
149	广西壮族自治区	荔浦县农业局	荔浦马蹄	桂林爱明生态农业开发有限公司
				桂林荔浦民欢农产品专业合作社
150			荔浦芋	桂林荔浦叶氏农产品有限公司
151	重庆市	云阳县农业委员会	青杠树牌黑木耳	云阳县泥溪乡南山峡黑木耳专业合作社
152	四川省	广元市朝天区农业局	曾家山甘蓝	广元市朝天区平溪蔬菜专业合作社
153		大英县农业层	甘欣牌碧秀苦瓜	大英县正果种植专业合作社
154		南充市高坪区农牧业局	广丰紫薯	南充市广丰农业科技有限公司
155		金堂县农村发展局	金堂姬菇	成都市中菌川派食品有限责任公司
				成都天绿菌业有限公司
				金堂县金成食品有限公司
156		南部县农牧业局	升钟湖桑枝竹荪	南部县蜀昇源中药菌业农民专业合作社
157		郫县农业和林业局	锦宁牌韭黄	郫县锦宁韭黄生产专业合作社
158		青川县农业局	青川黑木耳	四川省青川县川珍实业有限公司
159		渠县农林局	宕渠黄花	四川省宕府王食品有限责任公司
160		宜宾市翠屏区农林畜牧局	碎米牌芽菜	四川宜宾碎米芽菜有限公司
161		西充县农牧业局	西充二荆条辣椒	西充县遍地红辣椒开发有限责任公司
				西充县膳源粮蔬专业合作社
				西充县金铧寺绿色辣椒农民专业合作社
162		三台县农业局	立强一口茄	三台县立新镇科美蔬菜种植专业合作社
163	贵州省	金沙县农牧局	湾子辣椒	贵州隆喜食品有限责任公司
164		凯里市农林局	台湾玉女小番茄	凯里市云谷田园农业发展股份有限责任公司
165			台湾水果黄瓜	凯里市云谷田园农业发展股份有限责任公司
166		水城县农业局	水城小黄姜	水城姜业发展有限公司
167	云南省	大关县农业局	木杆清水笋	大关县木杆镇鑫兴竹笋加工厂
168	陕西省	山阳县农业局	山阳九眼莲	山阳县孤山九眼莲专业合作社
				山阳县漫川成程农庄
169		定边县农业局	白泥井辣椒	定边县白泥井镇助民大棚蔬菜专业合作社

续表

序号	省（区、市）	申报单位	申报产品	申报单位推荐的生产单位
170	甘肃省	白银市平川区农牧局	熙瑞牌菊粉	白银熙瑞生物工程有限公司
171	甘肃省	兰州市七里河区农业局	兰州百合	兰州振兴百合种植专业合作社
				兰州甜甜百合有限公司
172	甘肃省	玉门市农牧局	LD 牌南瓜粉	玉门绿地生物制品有限公司
173	甘肃省	康县农牧局	康耳黑木耳	康县兴源土特产商贸有限责任公司
174	新疆维吾尔自治区	吉木萨尔县农业局	天山雪莲辣椒丝	新疆中德农业发展有限公司
175	大连市	大连市旅顺口区农林水利局	绿晨马铃薯	大连绿晨果蔬专业合作社
176	青岛市	青岛市黄岛区农村经济发展局	汉之林香菇	青岛汉森菌业有限公司
177	青岛市	莱西市农业局	店埠胡萝卜	青岛永乐农业发展有限公司
				青岛西张格庄蔬菜专业合作社
				青岛有田农业发展有限公司
178	青岛市	平度市农业局	马家沟芹菜	青岛琴园现代农业有限公司
				青岛乐义现代农业科技示范基地有限公司
				青岛福臣富硒蔬菜专业合作社
179	青岛市	胶州市农业局	胶州大白菜	胶州市大白菜协会
180	宁波市	余姚市农林局	余姚茭白	余姚市河姆渡农业综合开发有限公司
181	厦门市	厦门市翔安区农林水利局	如意情金针菇	如意情集团股份有限公司

附录 4 2017 年度全国名特优新蔬菜产品目录（蔬菜类）

序号	省（区、市）	申报单位	申报产品	申报单位推荐的生产单位
1	北京市	门头沟区农业局	红头香椿	北京泗家水香椿种植
2		延庆区农村工作委员会	延庆番茄	北京绿富隆农业有限责任公司
				北京北菜园农业科技发展有限公司
3		通州区农村工作委员会	通州黑木耳	北京专平生物科技发展有限公司
4		通州区农村工作委员会	通州杏鲍菇	北京恒通晟业农业科技有限公司
5	天津市	北辰区种植业发展服务中心	岔房子山药	天津岔房子农产品保鲜专业合作社
6		西青区农业技术推广服务中心	沙窝萝卜	天津市曙光沙窝萝卜专业合作社
7	河北省	磁县农牧局	磁州白莲藕	磁县禾下土种植业专业合作社
8		遵化市农业畜牧水产局	绕坡香黄瓜	遵化市山坡香果蔬专业合作社
9		南宫市农业局	南宫黄韭	南宫市润农粮棉果蔬种植专业合作社
10		青龙满族自治县农牧局	青龙黑木耳	青龙满族自治县县客援红菌业有限公司
11	山西省	平遥县农业委员会	平遥长山药	平遥晋伟中药材综合开发专业合作社
12	辽宁省	海城市农村经济局	海城茄子	海城市马倩蔬菜种植专业合作社
				海城市云沣生态农业有限公司
13		康平县农村经济局	康平鲜金针菇	沈阳恒生生物科技发展有限公司
14		新宾满族自治县农村经济发展局	新宾香菇	新宾满族自治县红升香菇有限责任公司
15	吉林省	公主岭市农业局	公主岭油豆角	公主岭市怀德镇三里堡红旗棚膜园区
16		蛟河市农业局	黄松甸黑木耳	蛟河市青娥食用菌有限公司
17		洮南市农业局	洮南辣椒	吉林省金塔实业（集团）股份有限公司
18	黑龙江省	海林市农业局	海林黑木耳	海林市北味天然食品有限公司
				海林市森宝源天然食品有限公司
19	黑龙江省	讷河市农业局	讷河橘红心大白菜	讷河市绿之都蔬菜种植加工农民专业合作社
20		海林市农业局	海林鲜香菇	海林市富源菌业有限责任公司
21	上海市	奉贤区农业委员会	奉贤黄秋葵	上海艾妮维农产品专业合作社
22		青浦区农业委员会	练塘茭白	上海练塘叶绿茭白有限公司

续表

序号	省（区、市）	申报单位	申报产品	申报单位推荐的生产单位
23	江苏省	宝应县农业委员会	宝应慈姑	宝应县紫圆慈姑产销专业合作社
24		常州市金坛区农林局	建昌红香芋	常州市昌玉红香芋专业合作社
25		灌南县农业委员会	灌南杏鲍菇	江苏丽莎菌业股份有限公司
				江苏香如生物科技股份有限公司
26		靖江市农业委员会	靖江香沙芋	靖江市祖师香沙芋专业合作社
27		溧阳市农林局	溧阳白芹	溧阳市勤农蔬菜开发有限公司
28		沭阳县农业委员会	沭阳杏鲍菇	绿雅（江苏）食用菌有限公司
29		苏州市吴江区农业委员会	吴江香青菜	吴江市盛泽镇盛澜菜庄
30		苏州市吴中区农业局	吴中水八仙	苏州市吴中区角直镇车坊江湾农产品专业合作社
31		宿迁市宿豫区农业委员会	丁嘴金菜	宿迁市仓基莲唱有限公司
				宿迁市秋香丁庄大菜专业合作社
				宿迁市腾飞丁庄大菜专业合作社
32		响水县农业委员会	响水西兰花	盐城万洋农副产品有限公司
33		兴化市农业局	兴化龙香芋	兴化市美华蔬菜专业合作社
34		兴化市农业局	兴化香葱	兴化市美华蔬菜专业合作社
35		盐城市大丰区农业委员会	大丰南阳辣根	盐城市南翔食品有限公司
36	浙江省	安吉县林业局	安吉冬笋	浙江两山农业发展有限公司
				安吉福灵竹笋专业合作社
37		长兴县农业局	长兴绿芦笋	长兴许长蔬菜专业合作社
				长兴忻杰生态农业开发有限公司
				长兴龙果芦笋专业合作社
38	浙江省	嘉善县农业经济局	嘉善芦笋	嘉善尚品农业科技有限公司
39		南湖区农业经济局	新丰生姜	浙江省嘉兴市南湖区生姜技术协会
40		庆元县农业局	庆元灰树花	庆元县方格药业有限公司
41		庆元县农业局	庆元香菇	浙江江源菇品有限公司
				庆元县绿尔佳食品有限公司
42		台州市黄岩区农业林业局	黄岩双季茭白	台州市黄岩利民茭白专业合作社
43		龙泉市农业局	龙泉黑木耳	浙江芳野食品有限公司
44	安徽省	黄山市黄山区农业委员会	黄山竹笋	黄山市黄山区三兄弟笋业有限公司
45		界首市农业委员会	界首马铃薯	安徽丰絮农业科技股份有限公司

续表

序号	省（区、市）	申报单位	申报产品	申报单位推荐的生产单位
46	安徽省	桐城市农业委员会	桐城水芹	桐城市牯牛背农业开发有限公司
47		涡阳县菜篮子工程办公室	涡阳苔干	安徽省义门苔干有限公司
48		岳西县农业委员会	岳西茭白	岳西县高山蔬菜协会
49	福建省	安溪县农业与茶果局	安溪淮山	安溪县山格淮山专业合作社
50		德化县农业局	德化淮山	德化县英山珍贵淮山农民合作社
51		长泰县农业局	长泰石铭芋	长泰县益民果蔬专业合作社
52		建瓯市农业局	吉阳白莲	建瓯市光祥莲子专业合作社
53		建瓯市农业局	连地白笋	建瓯市房道农产品专业合作社
54		建宁县农业局	建宁通心白莲	福建文鑫莲业股份有限公司
				福建闽江源绿田实业投资发展有限公司
55		顺昌县农业局	顺昌海鲜菇	福建神农菇业股份有限公司
				福建省顺昌齐星农产品开发有限公司
				福建省顺昌聚来福生物科技有限公司
56		武平县农业局	武平西郊盘菜	福建省武平县农欣果蔬专业合作社
57		云霄县农业局	马铺淮山	漳州何氏农业开发有限公司
58		云霄县农业局	云霄蕹菜	云霄县合纵果蔬专业合作社
59	江西省	德兴市农业局经济作物站	德兴秋葵	德兴市东东农业科技开发有限公司
60		上饶市铅山县农业局	铅山红芽芋	江西省江天农业科技有限公司
61		瑞昌市农业局	瑞昌山药	瑞昌市绿源山药产业开发中心
62	山东省	博山区农业局	池上桔梗	山东山珍园食品科技股份有限公司
63		昌邑市农业局	昌邑大姜	山东宏大生姜市场有限公司
				山东琨福农业科技有限公司
64		菏泽市定陶区农业局	陈集山药	定陶天中陈集山药专业合作社
65		桓台县农业局	马踏湖白莲藕	桓台县利农白莲藕种植农民专业合作社
66		济南市长清区农业局	灵岩御菊	济南晋康食品有限公司
67		济宁北湖省级旅游度假区农业服务中心	南阳湖黄瓜	山东济宁南阳湖农场

续表

序号	省（区、市）	申报单位	申报产品	申报单位推荐的生产单位
68	山东省	济宁北湖省级旅游度假区农业服务中心	南阳湖辣椒	山东济宁南阳湖农场
69		济宁市任城区农业局	济宁二十里铺草菇	济宁忠诚农业科技股份有限公司
70		金乡县农业局	金乡朝天椒	金乡县京信种植专业合作社
71		莱阳市农业局	莱阳芋头	莱阳恒润食品有限公司
72		青州市农业局	高柳茄子	青州市九州农庄蔬菜专业合作社
73		青州市农业局	赤涧西红柿	青州鲁威有机果蔬专业合作社
74		乳山市农业局	乳山生姜	威海吉利食品有限公司
75		微山县农业局	微山湖菱角	微山县远华湖产食品有限公司
76		微山县农业局	微山湖芡实	微山县远华湖产食品有限公司
77		枣庄市薛城区农业局	沙河崖青萝卜	枣庄顺兴农业科技有限公司
78		寿光市农业局	桂河芹菜	山东省寿光蔬菜产业集团有限公司
79		潍坊市寒亭区农业局	潍县萝卜	潍坊市寒亭区俊清蔬果专业合作社
80		阳谷县农业局	阳谷朝天椒	阳谷先运辣椒专业合作社
81		诸城市农业局	诸城韭菜	诸城市康盛源农业科技有限公司
				诸城市天美益农业发展有限公司
82		淄博市淄川区农业局	张庄香椿	淄博商厦远方有机食品开发有限公司
83		淄川农业局	淄川西红柿	淄博淄川裕翔德富硒农产品专业合作社
84		邹城市农业局	邹城食用菌（鲜金针菇）	济宁利马菌业有限公司
				山东常生源菌业有限公司
				山东友和菌业有限公司
85		邹城市农业局	邹城食用菌（鲜杏鲍菇）	山东福禾菌业科技有限公司
				山东福友菌业有限公司
86	河南省	扶沟县蔬菜生产管理局	扶沟辣椒	扶沟县遍地红辣椒专业合作社
87		固始县农业局	固始萝卜	固始县锦绣园果蔬开发有限公司
88		淮阳县农牧局	淮阳黄花菜	淮阳县金农实业有限公司
89		温县农林局	温县铁棍山药	怀山堂生物科技股份有限公司
				焦作市健国怀药有限公司
				温县岳村乡红峰怀药专业合作社

续表

序号	省（区、市）	申报单位	申报产品	申报单位推荐的生产单位
90	河南省	舞阳县农林局	舞阳香菇	舞阳县华宝食用菌种植农民专业合作社
91		新野县农业局	新野甘蓝	新野县宛绿蔬菜专业合作社
92	湖北省	长阳土家族自治县农业局	长阳番茄	湖北长阳福荣农业科技有限公司
93		大冶市农业局	东角山有机辣椒	湖北鑫东生态农业有限公司
94		大冶市农业局	东角山有机茄子	湖北鑫东生态农业有限公司
95		黄州区农业局	黄州藜蒿	黄冈市黄州区春阳蔬菜专业合作社
96		黄州区农业局	黄州萝卜	湖北地之蓝农业科技有限公司
97		黄州区农业局	叶路大蒜	湖北福耕投资有限公司
98	湖北省	南漳县农业局	南漳香菇	南漳县裕农菌业有限责任公司
99		潜江市农业局	潜江虾茭	潜江市湖美人家生态养殖专业合作社
100		天门市农业局	张港花椰菜	天门市鑫天农业发展有限公司
101		仙桃市农业局	仙桃富硒西兰花	湖北简优农业发展有限公司
102		襄阳市襄城区农业局	茅庐山药	襄阳市卧龙山药专业合作社
103		钟祥市农业局	钟祥香菇	钟祥兴利食品股份有限公司
				湖北浩伟科技股份有限公司
104	湖南省	湘阴县农业局	樟树港辣椒	湖南省阳雀湖农业开发有限公司
105		涟源市农业局	涟源菜薹	涟源市桥头河蔬菜种植专业合作社
106		龙山县农业局	龙山百合	龙山县喜乐百合食品有限公司
107		湘潭县农业局	湘莲	湖南莲冠湘莲食品有限公司
				湖南莲美食品有限公司
108	广东省	佛山市高明区农林渔业局	合水粉葛	佛山市高明区合水粉葛专业合作社
109		佛山市三水区农林渔业局	三水黑皮冬瓜	佛山市三水区白坭镇康喜莱蔬菜专业合作社
				佛山市三水区大塘镇金瑞康蔬菜专业合作社
110		惠东县农业局	惠东冬种马铃薯	惠东县奕达农贸有限公司
111		乐昌市农业局	乐昌香芋	乐昌市粤宝农副产品流通专业合作社
112		连州市科技和农业局	连州菜心	连州市绿康农业发展有限公司

续表

序号	省（区、市）	申报单位	申报产品	申报单位推荐的生产单位
113	广东省	茂名市电白区农业局	水东芥菜	广东天力大地生态农业股份公司
				茂名市正绿菜业有限公司
114		新丰县农业局	新丰佛手瓜	新丰县兆丰佛手瓜专业合作社
115		阳山县科技和农业局	阳山食用菌	阳山县鑫浩生物科技有限公司
116	广西壮族自治区	宾阳县农业局	宾阳胡萝卜	广西农垦国有东湖农场
117		贺州市八步区农业局	贺街淮山	贺州市贺街业旺蔬菜专业合作社
118		横县农业局	横县双孢蘑菇	广西仁泰生物科技有限公司
119		荔浦县农业局	荔浦马蹄	桂林爱明生态农业开发有限公司
120		东兴市农业局	东兴市红姑娘红薯	防城港市广源农业开发有限公司
121	重庆市	潼南区农业委员会	潼南萝卜	重庆赐康果蔬有限公司
				重庆市潼南区大地升辉蔬菜种植专业合作社
122		巫溪县农业委员会	巫溪洋芋	巫溪县薯光农业科技开发有限公司
123		巫溪县农业委员会	巫溪高山大白菜	巫溪县祥胜食用菌股份专业合作社
124		巫溪县农业委员会	巫溪灵芝	巫溪县云祥食用菌股份专业合作社
125		璧山区农业委员会	璧山儿菜	重庆绿雅蔬菜专业合作社
126		璧山区农业委员会	大路黄花	重庆巴将军古老寨农业发展有限公司
127		彭水苗族土家族自治县农业委员会	彭水香椿	彭水县百业兴森林食品开发有限公司
128		永川区农业委员会	永川香珍	重庆蕊福农食用菌种植有限公司
129	四川省	高坪区农牧业局	高坪南瓜	南充市广丰农业科技有限公司
130		南部县农牧业局	升钟湖桑枝竹荪	南部县蜀昇源中药菌业农民专业合作社
131		郫都区农业和林业局	唐元韭黄	郫县锦宁韭黄生产专业合作社
132		青川县农业局	青川竹荪	青川翊瑞农产品有限责任公司
133		青川县农业局	青川黑木耳	四川省青川县川珍实业有限公司
134		渠县农林局	渠县黄花	四川省宕府王食品有限责任公司
135		天全县农业局	二郎山山药（雅山药）	天全县西蜀雅禾生态农业开发有限公司
136		通江县农业局	通江银耳	四川裕德源生态农业科技有限公司
137		自贡市贡井区农牧林业局	成佳大头菜	自贡市泰福农副产品加工厂

续表

序号	省（区、市）	申报单位	申报产品	申报单位推荐的生产单位
138	贵州省	毕节市七星关区农牧局	毕节白萝卜	七星关区碧秀佳蔬菜专业合作社
139		大方县农牧局	大方冬荪	贵州乌蒙腾菌业有限公司
140		金沙县农牧局	金沙湾子辣椒	贵州隆喜食品有限责任公司
141		织金县农牧局	织金竹荪	织金县果蔬协会
				织金县王氏竹荪销售有限责任公司
				贵州织金县四维产业发展有限公司
142	陕西省	留坝县农业局	留坝黑木耳	陕西天美绿色产业有限公司
143		留坝县农业局	留坝香菇	汉中天佑农业科技有限责任公司
144		西乡县农业局	西乡香菇	陕西东升生物科技有限公司
145		兴平市农林局	兴平黄花菜	陕西臻农商贸有限公司
146		兴平市农林局	兴平辣椒	兴平市秦一辣椒制品有限公司
147	甘肃省	酒泉市肃州区农牧局	酒泉洋葱	酒泉舜天菜业开发公司
148		金塔县农牧局	金塔番茄	甘肃西域阳光食品有限公司
149		临洮县农牧局	临洮百合	临洮雪源金正百合有限责任公司
150		临洮县农牧局	临洮鹿角菜	临洮恒德源农业发展有限公司
151		临洮县农牧局	临洮地耳	临洮恒德源农业发展有限公司
152	青岛市	即墨市农业局	白庙芋头	青岛白庙芋头专业合作社
153		胶州市农业局	胶州大白菜	青岛盛河蔬菜种植专业合作社
154		莱西市农业局	店埠胡萝卜	青岛有田农业发展有限公司
155		平度市农业局	姜家埠大葱	青岛市姜家埠蔬菜专业合作社
156		平度市农业局	蟠桃大姜	青岛福乐奥英食品饮料有限公司
157		平度市农业局	大黄埠樱桃番茄	青岛奥森农产品有限公司
158	宁波市	慈溪市农业局	慈溪西兰花	慈溪市海通时代农业发展有限公司
159		鄞州区农林局	鄞州雪菜	宁波市鄞州三丰可味食品有限公司
				宁波引发绿色食品有限公司
				宁波新紫云堂水产食品有限公司
160		余姚市农林局	余姚茭白	余姚市河姆渡农业综合开发有限公司
161	西藏自治区	南木林县农牧局	艾玛土豆	南木林县农牧综合服务中心
				南木林县艾玛农工贸总公司

附录5 绿色食品蔬菜标准与技术规程

一、绿色食品蔬菜生产的基本要求

1. 绿色食品蔬菜生产生态环境评价达标

AA级——大气、水质、土壤各项检测数据，不得超过有关标准，生产过程不使用任何有害化学合成物质。

A级——大气、水质、土壤综合污染指数不得超过1。生产过程允许限量使用限定的化学合成物质。

2. 禁止使用的肥料和允许使用的肥料

AA级——禁止使用化学合成肥料、有害的城市垃圾、污泥、医院粪便垃圾、工业垃圾等。严禁追施未腐熟的人粪尿。

叶面肥不得含化学合成的生长调节剂，并且叶面肥必须在收获前20 d喷施。

微生物肥用于拌种，基肥和追肥，能降低蔬菜产品亚硝酸盐含量，有利改善品质。

A级——有限度地使用部分化学合成肥料，但禁止使用硝态氮肥；化肥必须与有机肥配合施用，有机氮与无机氮之比为1 ∶ 1。但最后一次追肥必须在收获前30 d进行。化肥可与有机肥、微生物肥配合施肥。生活垃圾必须经无害化处理，达标后方可使用。

AA级、A级使用农家肥料（人粪尿、秸秆、杂草、泥炭等）必须制作堆肥，高温发酵，杀死各种寄生虫卵、病原菌、杂草种子，除去有害气体和有害有机酸，达到卫生标准后使用。

（1）AA级、A级允许使用的肥料

允许使用的基肥：

①农家肥——堆肥、沤肥、厩肥、绿肥、作物秸秆、未经污染的泥肥、饼肥。

②商品有机肥——以大量生物物质、动植物残体、排泄物、生物废弃物等为原料，加工制成的商品肥。

③腐殖酸类肥料——以草炭、褐煤、风化煤为原料生产的腐殖酸类肥料。

④微生物肥料——是特定的微生物菌种生产的活性微生物制剂，无毒无害，不污染环境，通过微生物活动能改善植物的营养或产生植物激素，促进植物生长，根据微生物肥料对改善植物营养元素的不同，分为五类，使用时根据蔬菜种类不同，加以选用。

微生物复合肥以固氮类细菌、活化钾细菌、活化磷细菌三类有益细菌共生体系，互不拮抗，能提高土壤营养供应水平，成本低、效益高、增产度大，是生产绿色食品和无污染蔬菜的理想肥源。适合任何蔬菜和农作物。固氮菌肥能在土壤和作物根际固定氮素，为作物提供氮素营养，适宜叶菜类和豆类蔬菜。根瘤菌肥能改善豆科植物的氮素营养，适宜豆类蔬菜。

磷细菌肥能把土壤中难溶性磷转化为作物可利用的有效磷，改善磷素营养，如磷细菌、解磷真菌、菌根菌剂等。

磷酸盐菌肥能把土壤中云母、长石等含钾的磷酸盐及磷灰石进行分解，释放出钾，如磷酸盐细菌、其他解盐微生物制剂。

（2）A 级除适宜 AA 级肥料外也可使用下列基肥

①有机复合肥——有机和无机肥物质混合和化合制剂。如经无害化处理后的畜禽粪便，加入适量的锌、锰、硼等微量无素制成的肥料：发酵干燥肥料等。

②无机（矿质）肥料——矿物钾肥和硫酸钾；矿物磷肥（磷矿粉），煅烧磷酸盐（钙镁磷肥、脱氟磷肥），粉状硫肥（限在碱性土壤使用），石灰石（限在酸性土壤使用）。

（3）允许使用的追肥

叶面追肥中不得含化学合成的生长调节剂。

A 级允许使用的叶面肥有微量元素肥料，以 Cu、Fe、Mn、Zn、B、Mo 等微量元素有益元素配制的肥料；植物生长辅助物质肥料，如用天然有机物提取液或接种有益菌类的发酵液，再配加一些腐殖酸、藻酸氨基酸、维生素、糖等配制的肥料。

（4）允许使用的其他肥料

不含合成的添加剂的食品、纺织工业品的有机副产品；不含防腐剂的鱼渣，牛羊毛废料、骨粉、氨基酸残渣、骨胶废渣、家畜加工废料等有机物制成的肥料。

3. 允许使用和禁止使用的农药

AA 级允许使用和限制、禁止使用的农药：

允许使用植物源杀虫剂、杀菌剂、拒避剂和增效剂；允许使用寄生性扑食性天敌动物；矿物油乳剂和植物油乳剂；矿物源农药中硫制剂、铜制剂。

允许限量使用活体微生物农药、农用抗生素。

AA 级禁止使用有机合成的化学杀虫剂、杀螨剂杀菌剂、除草剂和植物生长调节剂。禁止使用生物源农药中混配有机合成农药的各种制剂。

A 级允许使用的农药，限制、禁止使用的农药：

允许使用的农药

①生物源农药

农用抗生素——防治真菌病害可用灭瘟素、春雷霉素、多抗霉素、井冈霉素、农抗 120 等；防治螨类（红蜘蛛）选用浏阳霉素、华光霉素等。

活体微生物农药——真菌剂绿僵菌、鲁保 1 号；细菌剂苏云金杆菌。

②植物源农药——杀虫剂如除虫菊素、烟碱、植物油乳剂；杀菌剂如大蒜素；增效剂如芝麻素。

③矿物源农药——无机杀螨杀菌剂如硫悬浮剂、石硫合剂、硫酸铜、波尔多液；消毒剂高锰酸钾。

④有机合成农药应限量使用，包括有机合成杀虫剂、杀菌剂、除草剂等。

禁止使用的农药

对剧毒、高毒、高残留或致癌、致畸、致突变的农药严禁使用。如：

无机砷杀虫剂、无机砷杀菌剂、有机汞杀菌剂、有机氯杀虫剂，如 DDT、666、林母、艾氏剂、狄氏剂等。

有机磷杀虫剂如甲拌磷、乙拌磷、对硫磷、氧化乐果、磷胺等。马拉硫磷在蔬菜上也不能使用。

取代磷类杀虫杀菌剂如五氯硝基苯。

有机合成植物生长调节剂。

化学除草剂，如除草醚、草枯醚等各类化学除草剂。

限制性使用的化学农药

农药名称	最后一次用药距采收间隔时间（d）	常用药量[g/(次·亩)或mL/次、倍数]	最多喷药次数
敌敌畏	7 ~ 10	50%乳油 150 ~ 200 mL；80%乳油 100 ~ 200 g	1
乐果	15	40%乳油 100 ~ 125 g	1
辛硫磷	≥ 10	50%乳油 500 ~ 2 000 倍	1
敌百虫	10	90%固体 100 g（500 ~ 1 000 倍）	1
抗蚜威	10	50%可湿性粉剂 10 ~ 30 g	1
氯氰菊酯	5 ~ 7	10%乳油 20 ~ 30 mL	1
溴氰菊酯	7	2.5%乳油 20 ~ 40 mL	1
氰戊菊酯	10	20%乳油 15 ~ 40 mL	1
百菌清	30	75%可湿性粉 100 ~ 200 g	1
甲霜灵	5	50%可湿性粉 75 ~ 120 g	1
多菌灵	7 ~ 10	25%可湿性粉 500 ~ 1 000 g	1
腐霉利	5	50%可湿性粉 40 ~ 50 g	1
扑海因	10	50%可湿性粉 1 000 ~ 1 500 g	1
粉锈宁	7 ~ 10	20%可湿性粉 500 ~ 1 000 g	1

4. A 级、AA 级栽培管理技术

品种选择

果菜选择优质抗病虫品种，叶菜类选择亚硝酸盐富集量低的品种，通过品种试验确定。如番茄选用佳粉 1 号、毛粉 802、佳粉 10 号、双抗 3 号、中杂 9 号、东农 704、707 等；棚室秋茬黄瓜选用津杂 1、2 号，当杂 3、4、5 等。

培育无病虫壮苗

床土配制，选择无病、无虫、营养全的床土；种子物理方法消毒；大温差培养壮苗。

研究推广营养液工厂化育苗和嫁接育苗技术

合理轮作，换茬、科学施肥

保护地环境综合调控与生态防治

选择无滴抗老化棚膜

遮阳网、不织布调节光照、温度、湿度、提高蔬菜抗性。 反光地膜驱蚜虫、黄板诱杀蚜虫、并可防病毒。

棚室四段变温管理与生态防治

创造有利蔬菜生长而不利病害发生的条件。追肥、灌水注意防止污染

按标准合理选择追肥种类：喷灌、滴灌，节约用水，防止污染地下水，严禁用没经无害化处理的污水浇灌。

叶菜栽培——有机肥与生物复合肥为底肥，不用氮素化肥，及时播种与间苗，生长期间不用尿等氮素化肥追肥，防止亚硝酸盐等有害物质增加。A 级追肥可用磷酸二氢钾或氯化钾，叶面喷施、浓度 0.1% ~ 0.2%，可降低亚硝酸盐含量。病虫害防治要严格按用药要求防治，及时采收及时上市，严禁堆放发热，甚至叶片变黄，以防亚硝酸盐增加。

5. 包装、保鲜、上市要求

绿色食品蔬菜，产品采后包装上市，应减少二次污染，以最大限度保持产品鲜嫩和营养成分，减少损耗，提高商品率，取得更好的经济效益。按下列程序处理。适时采收→挑选分级→预冷→包装→贮藏保鲜→测试→开袋平衡→封袋→上市销售。

二、绿色食品蔬菜生产技术规程要点

1. 无公害蔬菜生产环境

大气环境质量符合国家一级标准 GB—3095—96 或省级相关标准。

灌溉用水（地下水）符合国家地面水环境质量一类标准 GB—3838—88 或省级相关标准。

土壤理化性质良好，无污染，符合国家土壤环境质量标准 GB—15618—95。

日光温室避免建在废水污染源和固体废弃物周围。

日光温室严防来自系统外的污染（未经处理的工业废水、城市生活垃圾、工业废渣、生活污水等）。

日光温室内微生态环境，必须形成良性循环，杜绝设施内自身环境恶化。

2. 日光节能温室选型与场地建设

温室选建日光节能型温室（二代新型），如东农系列日光节能温室，可减少烟尘对环境的污染，有利生态防治。

棚膜选择：选用无滴、防雾、耐低温、抗老化聚乙烯或醋酸聚乙烯棚膜，能减

轻病害发生。地膜选择降解地膜，防止对土壤污染。

温室选址原则：地势高燥、向阳、排水良好、土质理化性质符合无公害生产要求；设施场地远离污染源。

温室生产基地四周建防风林带；排、灌系统设置合理，防止排水不畅污染环境。

化粪池、蔬菜生产废弃物处理场所应远离设施，防止对蔬菜产品污染。

3. 种子与育苗

选择对病虫害抗性强的品种。

种子用物理方法消毒，如热水烫种消毒，严禁使用化学物质处理种子，可用各种植物或动物制剂、微生物活化剂、细菌接种等处理种子。

育苗床土无虫、无病、无杂草种子，床土用草炭土和大田土配制，施有机肥，配合微生物肥，A级可适合施用磷酸二铵和硫酸钾，AA级严禁使用人工合成的化学肥料。

床土配制过程，严禁用化学杀虫、杀菌剂消毒，可用高温发酵堆制消毒。

苗期控制生态环境培育壮苗。AA级严禁用人工合成激素，允许使用由植物或动物生产的天然生长调节剂、矿物悬浮液等。

瓜类、茄果类推广嫁接育苗技术。

4. 肥料

有机肥：施用经充分腐熟的有机质肥料，包括草炭、作物残株、农作物秸秆、绿肥、经高温堆肥等处理后的无寄生虫和传染病的人粪尿和畜禽粪便及其他未受污染的商品有机肥料。

可以使用草木灰、豆饼、动物蹄、角粉、未经处理的骨粉、渔粉及其他类似的天然产品；允许使用以植物或动物生产的生长调节剂、辅助剂、润湿剂等。不允许施用未经处理的人粪尿进行追肥。

矿物肥料

允许使用硫酸钾、钼酸钠和含有硫酸盐的微量元素矿物盐。

允许使用农用石灰、天然磷酸盐和其他缓溶性矿粉，但天然磷酸盐的使用量，大棚、温室内平均每年每亩不得超过 0.7 kg。

允许使用自然形态（未经化学处理）的矿物肥料，但使用含氮矿物肥时，不能影响园艺设施内生态条件以及蔬菜产品的营养、口感和对病虫等灾害的抵抗力。

禁止使用硝酸盐、磷酸盐、氯化物等导致土壤重金属积累的矿渣和磷矿石。

5. 病虫害防治

严禁使用高毒、高残留农药：AA级禁止使用人工合成的化学农药。A级允许限量、限时使用低毒、低残留化学农药。

温室栽培，推广生态防治、生物防治、物理防治和农业综合防治及生物农药（植物、微生物农药）。

允许使用石灰、硫酸铜、波尔多液和元素铜以及杀（霉）菌的杀隐环菌的肥皂、植物制剂、醋和其他天然物质防治病虫害。含硫酸铜的物质、除虫菊、硅藻土等必须按规定使用。

允许使用肥皂、植物性杀虫剂，微生物杀虫剂及利用外源激素、视觉性和物理方法捕虫、驱避害虫、设施防治害虫。

6. 草害

AA 级严禁使用化学类、石油类和氨基酸类除草剂和增效剂。

温室内推广地膜覆盖技术，但应及时清除残膜；提倡用工人、机械、电力、热除草和微生物除草剂等除草或控制杂草生长。

7. 温室内环境管理

根据蔬菜种类温室内进行四段变温管理，提高蔬菜抗性。

湿度管理。温室内果菜栽培推广膜下软管滴灌节水灌溉技术，结合四段变温管理进行生态防治；叶菜推广微喷灌节水灌溉技术；阴、雨天控制灌水；高温注意通风排湿。

冬春温室生产，悬挂聚酯反光膜增加光照强度提高蔬菜抗性。

冬、春季温室生产，进行 CO_2 气体施肥，提高光合效益。

棚室土壤改良

增施充分腐熟、不含重金属及其他有害物质的有机肥，配合施用微生物肥。

严禁施用未腐熟或未经处理的有机肥，以免污染土壤和产生有害气体。

温室进行配方平衡施肥，严禁滥施化肥，污染土壤，防止温室内土壤盐渍化。

建立蔬菜轮作制度，严防连作重茬，以市场为导向，提倡蔬菜多样化、多种类、间套复种。

8. 蔬菜产品检测

蔬菜产品上市前接受主管部门田间检测，执行绿色食品卫生标准。

9. 蔬菜产品清洗整理防止二次污染

鲜菜上市前清洗，必须用检测合格的生活饮用水清洗。

净菜小包装采用有绿色（食品无污染农产品）标志的无毒、无污染环境的包装设备，操作人员需体检合格上岗。

蔬菜产品消毒，精选整理后可用紫外灯、臭氧发生器、高频磁法等消毒杀菌。

10. 蔬菜产品贮藏保鲜

选择耐贮品种及长势好、无病虫、无机械伤、成熟度适宜的蔬菜产品。

贮藏保鲜前，窖内空间、工具、容器等，需消毒杀菌，密闭熏蒸消毒后通风，然后再使用。

处理后的蔬菜先在预冷间预冷装袋（箱）。

保鲜库需安装通风装置，根据蔬菜种类控制窖内温、湿度和 CO_2 浓度。

附录6　农业农村部等八部门认定第三批83个中国特色农产品优势区

农业农村部 国家林业和草原局 国家发展改革委 财政部 科技部 自然资源部 生态环境部 水利部

关于认定中国特色农产品优势区（第三批）的通知

为贯彻落实中央一号文件和中央农村工作会议关于开展特色农产品优势区建设工作的要求，根据《农业农村部 中央农村工作领导小组办公室 国家林业和草原局 国家发展改革委 财政部 科技部 自然资源部 生态环境部 水利部关于组织开展第三批“中国特色农产品优势区”申报认定工作的通知》（农市发〔2019〕3号）和《特色农产品优势区建设规划纲要》，经县市（垦区、林区）申请、省级推荐、专家评审、网上公示等程序，决定认定四川省广元市朝天核桃中国特色农产品优势区等83个地区为中国特色农产品优势区（第三批）（见附件）。现将有关事项通知如下。

一、充分认识特色农产品优势区建设的重要性

创建特色农产品优势区是党中央、国务院的重大决策部署，是深入推进农业供给侧结构性改革，实现农业高质量发展，提升我国农业国际竞争力的重要举措。建设好特色农产品优势区，对各级党委政府做大做强特色农业产业，加快农民增收致富具有重要意义，也是各有关部门在打赢脱贫攻坚战和推进乡村振兴战略实施中，充分履行职责、发挥作用的迫切需要。各地要进一步提高对特色农产品优势区建设重要性的认识，进一步增强责任感、使命感，把此项工作作为农业农村发展的一项重要任务，采取有力措施抓实抓好。

二、扎实推进特色农产品优势区建设的重点工作

建设特色农产品优势区是一项系统工程，要坚持市场导向和绿色发展，以区域资源禀赋和产业比较优势为基础，以经济效益为中心，以农民增收为目的，发展壮大特色农业产业，培育塑强特色农业品牌，建立农民能够合理分享二三产业收益的长效机制，提高特色农产品的供给质量和市场竞争力。要在完善标准体系、强化技术支撑、改善基础设施、加强品牌建设、培育经营主体、强化利益联结等方面统筹推进，按照填平补齐的原则，重点建设完善标准化生产基地、加工基地、仓储物流基地，构建科技支撑体系、品牌建设与市场营销体系、质量控制体系，推进形成产业链条相对完整、市场主体利益共享、抗市场风险能力强的特色农产品优势区。

三、切实抓好特色农产品优势区建设的组织领导

各地要以《特色农产品优势区建设规划纲要》为指导，进一步做好产业布局，推动有条件、适宜发展特色产业的县市编制特色农产品优势区建设规划和实施方案，科学有序推进产业发展，坚决杜绝重认定申报、轻建设管理的现象。要进一步强化对特色农产品优势区建设工作的统筹协调，发挥好政府主要领导牵头、行业管理部门具体落实、相关部门支持配合的组织协调机制，出台相关配套政策，引导和支持农业企业、农民合作社等市场主体参与，增强特色农产品优势区发展的内生动力。省级农业农村、林业草原、发展改革、财政、科技、自然资源、生态环境、水利主管部门要加强对特色农产品优势区建设的指导、服务和监督，推动出台适宜本地特色产业发展的支持性政策，打造特色鲜明、优势聚集、产业融合、市场竞争力强的特色农产品优势区。

附件：中国特色农产品优势区名单（第三批）

农业农村部 国家林业和草原局 国家发展改革委
财政部 科技部 自然资源部
生态环境部 水利部
2020 年 2 月 26 日

附 件

中国特色农产品优势区名单（第三批）

1. 四川省广元市朝天核桃中国特色农产品优势区
2. 辽宁省大连市大连海参中国特色农产品优势区
3. 山西省临猗县临猗苹果中国特色农产品优势区
4. 黑龙江省齐齐哈尔市梅里斯达斡尔族区梅里斯洋葱中国特色农产品优势区
5. 辽宁省大连市大连大樱桃中国特色农产品优势区
6. 四川省通江县通江银耳中国特色农产品优势区
7. 四川省凉山州凉山桑蚕茧中国特色农产品优势区

8. 山西省大同市云州区大同黄花中国特色农产品优势区
9. 山东省肥城市肥城桃中国特色农产品优势区
10. 云南省勐海县勐海普洱茶中国特色农产品优势区
11. 安徽省六安市六安瓜片中国特色农产品优势区
12. 贵州省湄潭县湄潭翠芽中国特色农产品优势区
13. 河北省兴隆县兴隆山楂中国特色农产品优势区
14. 安徽省宁国市宁国山核桃中国特色农产品优势区
15. 广东省清远市清远鸡中国特色农产品优势区
16. 广西壮族自治区恭城瑶族自治县恭城月柿中国特色农产品优势区
17. 河北省隆化县隆化肉牛中国特色农产品优势区
18. 湖南省衡阳市衡阳油茶中国特色农产品优势区
19. 广西壮族自治区苍梧县六堡茶中国特色农产品优势区
20. 山西省隰县隰县玉露香梨中国特色农产品优势区
21. 吉林省通化县通化蓝莓中国特色农产品优势区
22. 湖北省赤壁市赤壁青砖茶中国特色农产品优势区
23. 吉林省集安市集安人参中国特色农产品优势区
24. 湖北省通城县黄袍山油茶中国特色农产品优势区
25. 河南省西峡县西峡猕猴桃中国特色农产品优势区
26. 广西壮族自治区容县容县沙田柚中国特色农产品优势区
27. 山东省胶州市胶州大白菜中国特色农产品优势区
28. 山西省安泽县安泽连翘中国特色农产品优势区
29. 广西壮族自治区田阳县百色番茄中国特色农产品优势区
30. 陕西省眉县眉县猕猴桃中国特色农产品优势区
31. 浙江省庆元县、龙泉市、景宁畲族自治县庆元香菇中国特色农产品优势区
32. 重庆市永川区永川秀芽中国特色农产品优势区
33. 河北省巨鹿县巨鹿金银花中国特色农产品优势区
34. 江苏省兴化市兴化香葱中国特色农产品优势区
35. 广西壮族自治区全州县全州禾花鱼中国特色农产品优势区
36. 四川省宜宾市宜宾早茶中国特色农产品优势区
37. 陕西省紫阳县紫阳富硒茶中国特色农产品优势区
38. 湖北省蕲春县蕲艾中国特色农产品优势区
39. 江西省上饶市广丰区广丰马家柚中国特色农产品优势区
40. 湖北省洪湖市洪湖水生蔬菜中国特色农产品优势区

41. 江苏省无锡市惠山区阳山水蜜桃中国特色农产品优势区
42. 浙江省磐安县磐五味中药材中国特色农产品优势区
43. 重庆市万州区万州玫瑰香橙中国特色农产品优势区
44. 辽宁省铁岭市铁岭榛子中国特色农产品优势区
45. 广东省德庆县德庆贡柑中国特色农产品优势区
46. 贵州省麻江县麻江蓝莓中国特色农产品优势区
47. 福建省平和县平和蜜柚中国特色农产品优势区
48. 内蒙古自治区呼伦贝尔市呼伦贝尔草原羊中国特色农产品优势区
49. 山东省烟台市烟台苹果中国特色农产品优势区
50. 内蒙古自治区乌海市乌海葡萄中国特色农产品优势区
51. 广东省广州市从化区、增城区广州荔枝中国特色农产品优势区
52. 贵州省威宁彝族回族苗族自治县威宁洋芋中国特色农产品优势区
53. 江西省广昌县广昌白莲中国特色农产品优势区
54. 内蒙古自治区阿拉善左旗阿拉善白绒山羊中国特色农产品优势区
55. 浙江省常山县常山油茶中国特色农产品优势区
56. 安徽省滁州市南谯区、琅琊区滁菊中国特色农产品优势区
57. 广东农垦湛江菠萝中国特色农产品优势区
58. 宁夏回族自治区盐池县盐池黄花菜中国特色农产品优势区
59. 青海省共和县龙羊峡三文鱼中国特色农产品优势区
60. 河北省深州市深州蜜桃中国特色农产品优势区
61. 新疆生产建设兵团第五师双河葡萄中国特色农产品优势区
62. 江苏省溧阳市溧阳青虾中国特色农产品优势区
63. 江苏省宝应县宝应荷藕中国特色农产品优势区
64. 贵州省盘州市盘州刺梨中国特色农产品优势区
65. 黑龙江省讷河市讷河马铃薯中国特色农产品优势区
66. 上海市嘉定区马陆葡萄中国特色农产品优势区
67. 甘肃省陇南市武都区武都花椒中国特色农产品优势区
68. 北京市怀柔区怀柔板栗中国特色农产品优势区
69. 河南省焦作市怀药中国特色农产品优势区
70. 陕西省商洛市商洛香菇中国特色农产品优势区
71. 陕西省韩城市韩城花椒中国特色农产品优势区
72. 福建省安溪县安溪铁观音中国特色农产品优势区
73. 黑龙江省伊春市伊春黑木耳中国特色农产品优势区

74. 吉林省前郭县查干湖淡水有机鱼中国特色农产品优势区
75. 山东省夏津县夏津椹果中国特色农产品优势区
76. 黑龙江省虎林市虎林椴树蜜中国特色农产品优势区
77. 天津市西青区沙窝萝卜中国特色农产品优势区
78. 福建省连江县连江鲍鱼中国特色农产品优势区
79. 长白山森工集团有限公司长白山桑黄中国特色农产品优势区
80. 青海省祁连县祁连藏羊中国特色农产品优势区
81. 新疆维吾尔自治区英吉沙县英吉沙杏中国特色农产品优势区
82. 西藏自治区亚东县亚东鲑鱼中国特色农产品优势区
83. 海南省东方市东方火龙果中国特色农产品优势区

来源：农业农村部网站

附录 7　2020 年第二批农产品地理标志登记产品公告信息

2020 年第二批农产品地理标志登记产品公告信息

序号	产品名称	所在区域	证书持有人全称	划定的地域保护范围	质量控制技术规范编号
1	泊头桑椹	河北	泊头市营子镇农业综合服务中心	沧州市泊头市所辖营子镇、齐桥镇、寺门村镇、郝村镇共计 4 个镇 247 个行政村。地理坐标为东经 116° 13′ 09″ ~ 116° 40′ 23″，北纬 38° 00′ 23″ ~ 38° 13′ 00″	AGI2020-02-3092
2	平乡桃	河北	平乡县果树协会	邢台市平乡县所辖田付村乡、油召乡、平乡镇、中华路街道办事处、寻召乡共计 5 个乡镇（街道）28 个行政村。地理坐标为东经 114° 55′ 13″ ~ 115° 04′ 24″，北纬 36° 58′ 33″ ~ 37° 56′ 33″	AGI2020-02-3093
3	深州黄韭	河北	深州市黄韭产业协会	衡水市深州市所辖东安庄乡、穆村乡、深州镇共计 3 个乡（镇）16 个行政村。地理坐标为东经 115° 27′ 46″ ~ 115° 34′ 16″，北纬 37° 56′ 30″ ~ 38° 02′ 17″	AGI2020-02-3094
4	兴县大明绿豆	山西	兴县农产品品牌营销协会	吕梁市兴县所辖瓦塘镇、魏家滩镇、高家村镇、蔡家崖乡、蔚汾镇、奥家湾乡、恶虎滩乡、交楼申乡、固贤乡、康宁镇、孟家坪乡、赵家坪乡、罗峪口镇、圪垯上乡、蔡家会镇、贺家会乡、东会乡共计 17 个乡（镇）376 个行政村。地理坐标为东经 110° 33′ 00″ ~ 111° 28′ 55″，北纬 38° 05′ 40″ ~ 38° 43′ 50″	AGI2020-02-3095
5	北垣秋柿	山西	闻喜县名优土特新产品协会	运城市闻喜县所辖呱底镇、薛店镇、阳隅乡共计 3 个乡（镇）11 个行政村。地理坐标为东经 111° 05′ 02″ ~ 111° 12′ 32″，北纬 35° 24′ 18″ ~ 35° 28′ 15″	AGI2020-02-3096
6	原平紫皮大蒜	山西	原平市蔬菜办公室	忻州市原平市所辖西镇乡、新原乡共计 2 个乡 5 个行政村。地理坐标为东经 112° 45′ ~ 112° 46′，北纬 38° 45′ ~ 38° 49′	AGI2020-02-3097
7	夏县花椒	山西	夏县花椒协会	运城市夏县所辖埝掌镇、南大里乡、瑶峰镇、庙前镇共计 4 个乡（镇）36 个行政村。地理坐标为东经 111° 08′ 55″ ~ 111° 25′ 41″，北纬 35° 00′ 18″ ~ 35° 16′ 46″	AGI2020-02-3098
8	明安黄芪	内蒙古	乌拉特前旗农牧林水综合行政执法局	巴彦淖尔市乌拉特前旗所辖明安镇、小佘太镇、大佘太镇共计 3 个镇 24 个行政村。地理坐标为东经 108° 56′ ~ 109° 54′，北纬 40° 48′ ~ 41° 16′	AGI2020-02-3099

续表

序号	产品名称	所在区域	证书持有人全称	划定的地域保护范围	质量控制技术规范编号
9	鄂尔多斯红葱	内蒙古	鄂尔多斯市红葱协会	鄂尔多斯市所辖东胜区、达拉特旗、准格尔旗、伊金霍洛旗、乌审旗、杭锦旗、鄂托克旗、鄂托克前旗共计8个区（旗）52个乡镇（街道、苏木）270个行政村（社区）。地理坐标为东经106° 42′ 40″ ~ 111° 27′ 20″，北纬37° 35′ 24″ ~ 40° 51′ 40″	AGI2020-02-3100
10	扎鲁特草原羊	内蒙古	扎鲁特旗农畜产品质量安全检验检测中心	通辽市扎鲁特旗所辖鲁北镇、黄花山镇、巨日合镇、巴雅尔吐胡硕镇、阿日昆都楞镇、香山镇、嘎亥图镇、巴彦塔拉苏木、乌兰哈达苏木、格日朝鲁苏木、乌力吉木仁苏木、乌额格其苏木、查布嘎图苏木、道老杜苏木、前德门苏木、香山农场、乌日根塔拉农场、乌额格其牧场共计15个镇（苏木）、3个国有农场206个行政村。地理坐标为东经119° 13′ 48″ ~ 121° 56′ 05″，北纬43° 50′ 13″ ~ 45° 35′ 32″	AGI2020-02-3101
11	锡林郭勒奶酪	内蒙古	锡林郭勒盟农牧业科学研究所	锡林郭勒盟所辖锡林浩特市、正蓝旗、正镶白旗、镶黄旗、阿巴嘎旗、苏尼特左旗、苏尼特右旗、东乌珠穆沁旗、西乌珠穆沁旗、太仆寺旗共计10个旗（市）29个镇（苏木）。地理坐标为东经112° 36′ ~ 120° 00′，北纬42° 32′ ~ 46° 41′	AGI2020-02-3102
12	大石桥大红袍李子	辽宁	大石桥市农业农村事务中心	营口市大石桥市所辖周家镇、汤池镇、建一镇、黄土岭镇、百寨办事处、官屯镇、虎庄镇、永安镇、博洛铺镇共计9个镇（街道）131个行政村。地理坐标为东经122° 29′ 10″ ~ 122° 54′ 42″，北纬40° 19′ 52″ ~ 40° 45′ 51″	AGI2020-02-3103
13	虎头大米	黑龙江	虎林市五谷丰水稻种植专业协会	鸡西市虎林市所辖虎头镇、阿北乡、珍宝岛乡共计3个乡（镇）11个行政村以及乌苏里江农场和太平农场共计2个农场。地理坐标为东经133° 24′ 24″ ~ 133° 39′ 59″，北纬45° 54′ 52″ ~ 46° 12′ 30″	AGI2020-02-3104
14	集贤大米	黑龙江	集贤县农产品质量安全检验检测站	双鸭山市集贤县所辖福利镇、集贤镇、升昌镇、太平镇、丰乐镇、永安乡、兴安乡、腰屯乡共计8个乡（镇）155个行政村。地理坐标为东经130° 39′ 30″ ~ 132° 14′ 50″，北纬46° 29′ 5″ ~ 47° 04′ 03″	AGI2020-02-3105
15	宾县大豆	黑龙江	宾县宾州镇农业综合服务中心	哈尔滨市宾县所辖宾州镇、居仁镇、宾西镇、永和乡、塘坊镇、满井镇、鸟河乡、民和乡、经建乡、宾安镇、新甸镇、胜利镇、摆渡镇、宁远镇、常安镇、三宝乡、平房镇共计17个乡（镇）143个行政村。地理坐标东经126° 55′ 41″ ~ 128° 19′ 17″，北纬45° 30′ 37″ ~ 46° 01′ 20″	AGI2020-02-3106

续表

序号	产品名称	所在区域	证书持有人全称	划定的地域保护范围	质量控制技术规范编号
16	林口白鲜皮	黑龙江	林口县种子管理站	牡丹江市林口县所辖古城镇、林口镇、奎山镇、龙爪镇、青山镇、朱家镇、柳树镇、莲花镇、刁翎镇、建堂镇、三道通镇共计 11 个镇 176 个行政村。地理坐标为东经 129° 16′ 28″ ~ 130° 46′ 15″，北纬 44° 38′ 56″ ~ 45° 59′ 13″	AGI2020-02-3107
17	宁安西红柿	黑龙江	宁安市农业技术推广中心	牡丹江市宁安市所辖宁安镇、兰岗镇、石岩镇、东京城镇、渤海镇、镜泊镇、沙兰镇、海浪镇、三陵乡、马河乡、卧龙乡、江南乡共计 12 个乡（镇）240 个行政村。地理坐标为东经 128° 07′ 54″ ~ 130° 00′ 44″，北纬 43° 31′ 24″ ~ 44° 27′ 40″	AGI2020-02-3108
18	洞庭山碧螺春	江苏	苏州市吴中区洞庭山碧螺春茶业协会	苏州市吴中区所辖东山镇、金庭镇共计 2 个镇 25 个行政村（社区）。地理坐标为东经 120° 11′ ~ 120° 26′，北纬 31° 03′ ~ 31° 12′	AGI2020-02-3109
19	南京雨花茶	江苏	南京茶叶行业协会	南京市所辖中山陵景区、雨花台风景区、江北新区、江宁区、浦口区、六合区、溧水区、高淳区、栖霞区共计 9 个区 31 个乡镇（街道）。地理坐标为东经 118° 22′ ~ 119° 14′，北纬 31° 14′ ~ 32° 37′	AGI2020-02-3110
20	董浜黄金小玉米	江苏	常熟市董浜镇农技推广服务中心	苏州市常熟市董浜镇所辖北港村、东盾村、黄石村、里睦村、智林村、陆市村、杨塘村、旗杆村、徐市社区、天星村、永安村、新民村、董浜社区、杜桥村、红沙村、观智村共计 16 个行政村（社区）。地理坐标为东经 120° 50′ 55″ ~ 121° 00′ 41″，北纬 31° 36′ 05″ ~ 31° 43′ 15″	AGI2020-02-3111
21	新沂水蜜桃	江苏	新沂市农业技术推广中心	徐州市新沂市所辖时集镇、高流镇、马陵山镇、棋盘镇、唐店街道、双塘镇、新安街道、马陵山景区及新沂市踢球山林场、新沂市踢球山畜牧场、新沂市蚕种场、新沂市徐塘林场场圃共计 7 个镇（街道）、1 个景区、4 个市属国有场圃 21 个行政村。地理坐标为东经 118° 17′ ~ 118° 30′，北纬 34° 11′ ~ 34° 25′	AGI2020-02-3112
22	天岗湖蜜桃	江苏	泗洪县天岗湖乡农业经济技术服务中心	宿迁市泗洪县天岗湖乡所辖王集居、潘岗居、赵马居、汤庄村、上钱村、姚宋村共计 6 个行政村（居）。地理坐标为东经 117° 58′ 20″ ~ 118° 03′ 32″，北纬 33° 12′ 58″ ~ 33° 16′ 09″	AGI2020-02-3113

续表

序号	产品名称	所在区域	证书持有人全称	划定的地域保护范围	质量控制技术规范编号
23	棠张桑果	江苏	徐州市铜山区棠张镇农业技术推广服务中心	徐州市铜山区棠张镇所辖沙庄村、夏湖村、铁营村、牌坊村、高庄村、河东村、马兰村、刘塘村、刘庄村、新庄村、前谷村、后谷村共计12个行政村。地理坐标为东经117° 13′ 49.08″ ~ 117° 20′ 17.48″，北纬34° 03′ 41.32″ ~ 34° 10′ 0.19″	AGI2020-02-3114
24	西山青种枇杷	江苏	苏州市吴中区金庭镇农林服务站	苏州市吴中区金庭镇所辖庭山村、蒋东村、元山村、东村村、林屋村、秉常村、石公村、东蔡村、缥缈村、堂里村、衙角里村、东河社区共计12个行政村（社区）。地理坐标为东经120° 11′ ~ 120° 22′，北纬31° 03′ ~ 31° 12′	AGI2020-02-3115
25	黄川草莓	江苏	东海县黄川镇农业技术推广服务站	连云港市东海县黄川镇所辖宋吴村、新沭村、黄川村、新联村、前湾村、大尧村、临洪村、南湾村、七里村、桃李村、许村、东埠村、前元村、陈墩村、张桥村、时湖村、河套村、旭光村、西埠村、家和村、演马村、和屯村共计22个行政村。地理坐标为东经118° 51′ 6.53″ ~ 119° 03′ 4.63″，北纬34° 37′ 27″ ~ 34° 44′ 16.09″	AGI2020-02-3116
26	树山杨梅	江苏	苏州高新区通安镇农林服务中心	苏州市高新区通安镇所辖树山村共计1个行政村。地理坐标为东经120° 26′ 49″ ~ 120° 28′ 29″，北纬31° 20′ 57″ ~ 31° 22′ 30″	AGI2020-02-3117
27	沛县黄皮牛蒡	江苏	沛县农业技术推广中心	徐州市沛县所辖敬安镇、河口镇、栖山镇共计3个镇15个行政村。地理坐标为东经34° 27′ 26″ ~ 34° 42′ 08″，北纬116° 45′ 18″ ~ 116° 58′ 19″	AGI2020-02-3118
28	仰化荷藕	江苏	宿迁市宿豫区仰化镇农业经济技术服务中心	宿迁市宿豫区仰化镇所辖仰化居、同义村、建新村、复隆村、涧河村、保祥村、解闸村、新桥村、刘涧村共计9个行政村（居）。地理坐标为东经118° 26′ 59″ ~ 118° 32′ 54″，北纬33° 48′ 18″ ~ 33° 51′ 54″	AGI2020-02-3119
29	许河冬瓜	江苏	东台市许河镇农业技术推广综合服务中心	盐城市东台市许河镇所辖许乐村、许北村、四联村、四仓村、杨河村、联富村、芦河村、高墩村、云集村、许南村、西灶村、丁河村、高中村、元东村、腰余村、许河村、东进村、元官村、板鱼村、三苴村共计20个行政村。地理坐标为东经120° 34′ 45.90″ ~ 120° 45′ 11.90″，北纬32° 39′ 53.32″ ~ 32° 46′ 39.38″	AGI2020-02-3120

续表

序号	产品名称	所在区域	证书持有人全称	划定的地域保护范围	质量控制技术规范编号
30	太仓白蒜	江苏	太仓市农学会	苏州市太仓市所辖浮桥镇、璜泾镇、浏河镇、沙溪镇、城厢镇、双凤镇共计6个镇96个村居（社区）。地理坐标为东经120° 58′ ~ 121° 20′，北纬31° 20′ ~ 31° 45′	AGI2020-02-3121
31	龙池鲫鱼	江苏	南京市六合区龙池街道农业服务中心	南京市六合区龙池街道所辖头桥村、朱营村、刘林村、新集社区、龙池社区、毛许社区、李姚社区、四柳社区、城西社区共计9个行政村（社区）。地理坐标为东经118° 45′ 4.66″ ~ 118° 58′ 33.27″，北纬32° 15′ 21.25″ ~ 32° 22′ 27.78″	AGI2020-02-3122
32	永宁青虾	江苏	南京市浦口区永宁街道农业发展服务中心	南京市浦口区永宁街道所辖高丽社区、大埝社区、永宁社区、东葛社区、西葛社区、张圩社区、大桥社区、侯冲社区、友联村、青山村、联合村共计11个行政村（社区）。地理坐标为东经118° 29′ 21.67″ ~ 118° 38′ 17.51″，北纬32° 06′ 47.13″ ~ 32° 12′ 14.39″	AGI2020-02-3123
33	泰兴江沙蟹	江苏	泰兴市河蟹协会	泰州市泰兴市所辖黄桥镇、元竹镇、古溪镇、分界镇、珊瑚镇、广陵镇、新街镇、姚王镇、河失镇、宣堡镇、根思乡、曲霞镇、张桥镇、滨江镇、济川镇、虹桥镇共计16个乡（镇）324个行政村。地理坐标为东经119° 54′ 05″ ~ 120° 21′ 56″，北纬31° 58′ 12″ ~ 32° 23′ 05″	AGI2020-02-3124
34	东海老淮猪	江苏	东海县畜牧兽医站	连云港市东海县所辖桃林镇、平明镇、房山镇、安峰镇、双店镇、石梁河镇、白塔埠镇、温泉镇、黄川镇、青湖镇、洪庄镇、驼峰乡、张湾乡、山左口乡、石湖乡、曲阳乡、李埝乡、牛山街道、石榴街道共计19个乡镇（街道）346个行政村。地理坐标为东经118° 23′ ~ 119° 10′，北纬34° 11′ ~ 34° 44′	AGI2020-02-3125
35	高邮鸭蛋	江苏	高邮市鸭蛋行业协会	扬州市高邮市所辖高邮街道、马棚街道、送桥镇、车逻镇、三垛镇、卸甲镇、界首镇、龙虬镇、汤庄镇、周山镇、临泽镇、甘垛镇、菱塘回族乡共计13个乡镇（街道）169个行政村及高邮市高邮湖水系区域。地理坐标为东经119° 27′ ~ 119° 50′，北纬32° 48′ ~ 33° 05′	AGI2020-02-3126
36	富安蚕茧	江苏	东台市富安镇农业技术推广综合服务中心	盐城市东台市所辖富安镇、梁垛镇、时堰镇共计3个镇58个行政村（居）。地理坐标为东经120° 19′ 39″ ~ 120° 35′ 05″，北纬32° 39′ 58″ ~ 32° 45′ 22″	AGI2020-02-3127

续表

序号	产品名称	所在区域	证书持有人全称	划定的地域保护范围	质量控制技术规范编号
37	箬阳龙珍	浙江	金华市婺城区茶叶行业协会	金华市婺城区所辖箬阳乡、塔石乡、莘畈乡、沙畈乡共计4个乡54个行政村。地理坐标为东经119°18′~119°36′，北纬28°43′~28°59′	AGI2020-02-3128
38	上虞觉农翠茗茶	浙江	绍兴市上虞区农业技术推广中心	绍兴市上虞区所辖百官街道、曹娥街道、东关街道、道墟街道、小越街道、梁湖街道、秘厦街道、章镇镇、丰惠镇、上浦镇、汤浦镇、永和镇、驿亭镇、谢塘镇、盖北镇、长塘镇、岭南乡、陈溪乡、下管镇、丁宅乡共计20个乡镇（街道）281个行政村。地域坐标为东经120°36′23″~121°06′09″，北纬29°43′38″~30°16′17″	AGI2020-02-3129
39	建德苞茶	浙江	建德市农业技术推广中心	杭州市建德市所辖新安江街道、洋溪街道、更楼街道、莲花镇、乾潭镇、梅城镇、杨村桥镇、下涯镇、大洋镇、三都镇、寿昌镇、航头镇、大慈岩镇、大同镇、李家镇、钦堂乡共计16个乡镇（街道）217个行政村。地理坐标为东经118°53′46″~119°45′51″，北纬29°12′20″~29°46′27″	AGI2020-02-3130
40	衢州玉露茶	浙江	衢州市衢江区农业技术推广中心	衢州市衢江区所辖廿里镇、大洲镇、后溪镇、全旺镇、杜泽镇、莲花镇、高家镇、湖南镇、上方镇、峡川镇、太真乡、双桥乡、灰坪乡、举村乡、云溪乡、周家乡、黄坛口乡、岭洋乡、横路街道办事处共计19个乡镇（街道）244个行政村。地理坐标为东经118°41′51″~119°06′39″，北纬28°31′00″~29°20′07″	AGI2020-02-3131
41	登步黄金瓜	浙江	舟山市普陀区登步黄金瓜种植协会	舟山市普陀区所辖登步乡、桃花镇共计2个乡（镇）10个行政村。地理坐标为东经121°56′56.47″~123°14′15.06″，北纬29°32′31.94″~30°28′11.21″	AGI2020-02-3132
42	海盐葡萄	浙江	海盐县农业技术推广中心	嘉兴市海盐县所辖武原街道、秦山街道、望海街道、西塘桥街道、沈荡镇、百步镇、于城镇、澉浦镇、通元镇共计9个镇（街道）105个行政村（社区、集体经济组织）。地理坐标为东经120°43′21″~121°02′55″，北纬30°21′47″~30°38′29″	AGI2020-02-3133
43	姚庄黄桃	浙江	嘉善县姚庄黄桃产业管理协会	嘉兴市嘉善县所辖姚庄镇、魏塘街道、西塘镇共计3个镇（街道）47个行政村。地理坐标为东经120°48′40″~121°03′01″，北纬30°49′38″~31°01′48″	AGI2020-02-3134

续表

序号	产品名称	所在区域	证书持有人全称	划定的地域保护范围	质量控制技术规范编号
44	文成杨梅	浙江	文成县文成杨梅协会	温州市文成县所辖大峃镇、珊溪镇、玉壶镇、南田镇、黄坦镇、西坑畲族镇、百丈漈镇、峃口镇、巨屿镇、周壤镇、二源镇、铜铃山镇、周山畲族乡、双桂乡、平和乡、公阳乡、桂山乡共计17个乡（镇）243个行政村。地理坐标为东经119° 34′ ~ 120° 15′，北纬27° 34′ ~ 27° 59′	AGI2020-02-3135
45	浦江桃形李	浙江	浦江县农业技术推广中心	金华市浦江县所辖浦阳街道、浦南街道、仙华街道、黄宅镇、郑宅镇、岩头镇、白马镇、郑家坞镇、前吴乡、花桥乡、杭坪镇、虞宅乡、檀溪镇、大畈乡、中余乡共计15个乡镇（街道）177个行政村（社区）。地理坐标为东经119° 42′ ~ 120° 07′，北纬29° 21′ ~ 29° 41′	AGI2020-02-3136
46	鸬鸟蜜梨	浙江	杭州余杭鸬鸟镇农业技术服务站	杭州市余杭区鸬鸟镇所辖仙佰坑村、前庄村、雅城村、太平山村、太公堂村、山沟沟村、秀山社区共计7个行政村（社区）。地理坐标为东经119° 46′ 34″ ~ 119° 43′ 19.475″，北纬30° 28′ 10″ ~ 30° 27′ 25.793″	AGI2020-02-3137
47	丁宅水蜜桃	浙江	绍兴市上虞区丁宅四季仙果休闲协会	绍兴市上虞区丁宅乡所辖上宅村、下宅村、丁宅村、新任溪村、双桥村、缸岙村、华湾村共计7个行政村。地理坐标为东经120° 54′ 47″ ~ 121° 1′ 44″，北纬29° 50′ 28″ ~ 29° 54′ 29″	AGI2020-02-3138
48	建德吴茱萸	浙江	建德市农业技术推广中心	杭州市建德市所辖新安江街道、洋溪街道、更楼街道、莲花镇、乾潭镇、梅城镇、杨村桥镇、下涯镇、大洋镇、三都镇、寿昌镇、航头镇、大慈岩镇、大同镇、李家镇、钦堂乡共计16个乡镇（街道）217个行政村。地理坐标为东经118° 53′ 46″ ~ 119° 45′ 51″，北纬29° 12′ 20″ ~ 29° 46′ 27″	AGI2020-02-3139
49	东阳元胡	浙江	东阳市中药材研究所	金华市东阳市所辖吴宁街道、南市街道、白云街道、江北街道、城东街道、六石街道、巍山镇、虎鹿镇、歌山镇、佐村镇、东阳江镇、湖溪镇、马宅镇、千祥镇、南马镇、画水镇、横店镇、三单乡共计18个乡镇（街道）366个行政村（社区）。地理坐标为东经120° 04′ 17″ ~ 120° 44′ 03″，北纬28° 58′ 08″ ~ 29° 29′ 55″	AGI2020-02-3140

续表

序号	产品名称	所在区域	证书持有人全称	划定的地域保护范围	质量控制技术规范编号
50	黄岩茭白	浙江	台州市黄岩区蔬菜办公室	台州市黄岩区所辖头陀镇、新前街道、澄江街道、北洋镇、高桥街道、院桥镇、江口街道、宁溪镇、富山乡共计9个乡镇（街道）134个行政村。地理坐标为东经120° 50′ 52″ ~ 121° 21′ 25″，北纬28° 29′ 50″ ~ 28° 42′ 08″	AGI2020-02-3141
51	安吉竹笋	浙江	安吉县林业技术推广中心	湖州市安吉县所辖梅溪镇、天子湖镇、鄣吴镇、杭垓镇、孝丰镇、报福镇、章村镇、天荒坪镇、溪龙乡、上墅乡、山川乡、递铺街道、昌硕街道、灵峰街道、孝源街道共计15个乡镇（街道）183个行政村（社区）。地理坐标为东经119° 14′ ~ 119° 53′，北纬30° 23′ ~ 30° 53′	AGI2020-02-3142
52	七里茄子	浙江	衢州市柯城区农业技术推广中心	衢州市柯城区七里乡所辖七里三村、桃源村、大头村、沙龙村、上门村、少岭坞村、治岭村共计7个行政村。地理坐标为东经118° 41′ 51″ ~ 119° 06′ 39″，北纬28° 31′ 00″ ~ 29° 20′ 07″	AGI2020-02-3143
53	青田田鱼	浙江	青田县水产技术推广站	丽水市青田县所辖鹤城街道、瓯南街道、油竹街道、三溪口街道、温溪镇、山口镇、仁庄镇、船寮镇、海口镇、东源镇、高湖镇、北山镇、腊口镇、祯埠镇、阜山乡、章旦乡、仁宫乡、贵岙乡、小舟山乡、吴坑乡、汤垟乡、方山乡、海溪乡、高市乡、季宅乡、万山乡、黄垟乡、万阜乡、巨浦乡、舒桥乡、章村乡、祯旺乡共计32个乡镇（街道）363个行政村。地理坐标为东经119° 48′ 09″ ~ 120° 26′ 20″，北纬27° 56′ 09″ ~ 28° 28′ 54″	AGI2020-02-3144
54	开化清水鱼	浙江	开化县水产协会	衢州市开化县所辖华埠镇、桐村镇、杨林镇、池淮镇、苏庄镇、马金镇、齐溪镇、村头镇、音坑乡、林山乡、中村乡、长虹乡、何田乡、大溪边乡、芹阳街道办事处共计15个乡镇（街道）255个行政村。地理坐标为东经118° 01′ 15″ ~ 118° 37′ 50″，北纬28° 54′ 30″ ~ 29° 29′ 59″	AGI2020-02-3145
55	安吉竹林鸡	浙江	安吉县禽业协会	湖州市安吉县所辖梅溪镇、天子湖镇、鄣吴镇、杭垓镇、孝丰镇、报福镇、章村镇、天荒坪镇、溪龙乡、上墅乡、山川乡、递铺街道、昌硕街道、灵峰街道、孝源街道共计15个乡镇（街道）183个行政村（社区）。地理坐标为东经119° 14′ ~ 119° 53′，北纬30° 23′ ~ 30° 52′	AGI2020-02-3146

续表

序号	产品名称	所在区域	证书持有人全称	划定的地域保护范围	质量控制技术规范编号
56	龙游麻鸡	浙江	龙游县龙游麻鸡行业协会	衢州市龙游县所辖龙洲街道、东华街道、湖镇镇、溪口镇、詹家镇、横山镇、小南海镇、塔石镇、模环乡、大街乡、社阳乡、石佛乡、沐尘畲族乡、庙下乡、罗家乡共计 15 个乡镇（街道）262 个行政村。地理坐标为东经 119° 02′ ~ 119° 20′，北纬 28° 44′ ~ 29° 17′	AGI2020-02-3147
57	庆元香菇	浙江	庆元县食用菌产业中心	丽水市庆元县所辖濛洲街道、松源街道、屏都街道、黄田镇、竹口镇、荷地镇、左溪镇、百山祖镇、贤良镇、五大堡乡、岭头乡、张村乡、淤上乡、安南乡、隆宫乡、举水乡、龙溪乡、江根乡、官塘乡共计 19 个乡镇（街道）191 个行政村。地理坐标为东经 118° 50′ ~ 119° 30′，北纬 27° 25′ ~ 27° 51′	AGI2020-02-3148
58	慈溪泥螺	宁波	慈溪市水产技术推广中心	宁波市慈溪市所辖龙山镇、掌起镇、观海卫镇、附海镇、新浦镇共计 5 个镇的沿海滩涂。地理坐标为东经 121° 21′ 48.024″ ~ 121° 38′ 10.928″，北纬 30° 04′ 18.654″ ~ 30° 21′ 23.403″	AGI2020-02-3149
59	象山白鹅	宁波	象山县畜牧兽医总站	宁波市象山县所辖石浦镇、西周镇、鹤浦镇、贤庠镇、墙头镇、泗洲头镇、定塘镇、涂茨镇、大徐镇、新桥镇、东陈乡、晓塘乡、黄避岙乡、茅洋乡、高塘岛乡共 15 个乡（镇）429 个行政村。地理坐标为东经 121° 34′ 03″ ~ 122° 17′ 30″，北纬 28° 51′ 18″ ~ 29° 39′ 42″	AGI2020-02-3150
60	西涧春雪	安徽	滁州市茶叶行业协会	滁州市南谯区施集镇所辖花山村、丰山村、杨饭店村、明张村、井楠村、孙岗村、李集村、大林村、施集社区、李集社区共计 10 个行政村（社区）。地理坐标为东经 118° 14′ 6″ ~ 118° 16′ 30″，北纬 32° 18′ 55″ ~ 32° 19′ 37″	AGI2020-02-3151
61	五合茶叶	安徽	广德市农产品质量监督管理局	宣城市广德市杨滩镇所辖五合村、白马村、燎琳村、九房村共计 4 个行政村。地理坐标为东经 119° 03′ 01″ ~ 119° 13′ 58″，北纬 30° 35′ 02″ ~ 30° 52′ 29″	AGI2020-02-3152
62	凤阳贡米	安徽	凤阳县大米行业协会	滁州市凤阳县所辖府城镇、临淮关镇、武店镇、刘府镇、西泉镇、大庙镇、殷涧镇、总铺镇、红心镇、板桥镇、大溪河镇、小溪河镇、官塘镇、枣巷镇、黄湾乡、凤阳经济开发区共计 16 个乡镇（开发区）120 个行政村（社区）。地理坐标为东经 117° 19′ 33″ ~ 117° 57′ 45″，北纬 32° 37′ 23″ ~ 33° 03′ 12″	AGI2020-02-3153

续表

序号	产品名称	所在区域	证书持有人全称	划定的地域保护范围	质量控制技术规范编号
63	店集贡米	安徽	淮南市潘集区农业技术推广中心	淮南市潘集区所辖贺疃镇、潘集镇、芦集镇、泥河镇、夹沟镇、平圩镇、高皇镇、祁集镇、架河镇、古沟回族乡、田集街道共计11个乡镇（街道）162个行政村（社区）。地理坐标为东经116° 39′ 44″ ~ 117° 05′ 15″，北纬32° 41′ 18″ ~ 32° 56′ 18″	AGI2020-02-3154
64	三口柑桔	安徽	歙县新溪口柑桔协会	黄山市歙县所辖街口镇、新溪口乡、武阳乡、小川乡、深渡镇、坑口乡、雄村镇、徽城镇、郑村镇、许村镇、上丰乡、富堨镇、桂林镇共计13个乡（镇）43个行政村（社区）。地理坐标为东经118° 19′ 17″ ~ 118° 45′ 25″，北纬29° 38′ 37″ ~ 30° 06′ 35″	AGI2020-02-3155
65	马寨生姜	安徽	颍州区马寨乡子牙生姜种植协会	阜阳市颍州区所辖程集镇、三合镇、西湖镇、九龙镇、马寨乡、颍西街道办事处共计6个乡镇（街道）43个行政村（社区）。地理坐标为东经115° 26′ 33″ ~ 115° 58′ 45″，北纬32° 45′ 23″ ~ 33° 00′ 58″	AGI2020-02-3156
66	太平湖鳙鱼	安徽	太平湖风景区管理委员会	黄山市黄山区所辖太平湖镇、乌石镇、新明乡、龙门乡、新华乡、新丰乡、永丰乡共计7个乡（镇）37个行政村。地理坐标为东经117° 50′ 15″ ~ 118° 20′ 20″，北纬29° 59′ 14″ ~ 30° 31′ 05″	AGI2020-02-3157
67	花亭湖鳙鱼	安徽	太湖县渔业协会	安庆市太湖县所辖寺前镇、晋熙镇、天华镇、牛镇镇、汤泉乡共计5个乡（镇）31个行政村。地理坐标为东经116° 06′ 19″ ~ 116° 25′ 48″，北纬30° 47′ 00″ ~ 30° 58′ 02″	AGI2020-02-3158
68	淮南麻黄鸡	安徽	淮南市麻黄鸡产业协会	淮南市所辖寿县、田家庵区、谢家集区、八公山区、大通区共计5个县（区）41个乡（镇）。地理坐标为东经116° 21′ 21″ ~ 117° 11′ 59″，北纬32° 32′ 45″ ~ 33° 20′ 24″	AGI2020-02-3159
69	福鼎白茶	福建	福鼎市茶业协会	宁德市福鼎市所辖桐山街道、桐城街道、山前街道、贯岭镇、前岐镇、沙埕镇、店下镇、太姥山镇、磻溪镇、白琳镇、点头镇、管阳镇、嵛山镇、硖门畲族乡、叠石乡、佳阳畲族乡、龙安管委会共计17个乡镇（街道、管委会）281个行政村（社区、居委会）。地理坐标为东经119° 55′ ~ 120° 43′，北纬26° 55′ ~ 27° 26′	AGI2020-02-3160

续表

序号	产品名称	所在区域	证书持有人全称	划定的地域保护范围	质量控制技术规范编号
70	连城地瓜干	福建	连城县农民创业服务中心	龙岩市连城县所辖莲峰镇、庙前镇、新泉镇、莒溪镇、朋口镇、文亨镇、姑田镇、林坊镇、北团镇、四堡镇、宣和乡、曲溪乡、揭乐乡、赖源乡、塘前乡、隔川乡、罗坊乡共计 17 个乡（镇）247 个行政村。地理坐标为东经 116° 32′ ~ 117° 10′，北纬 24° 13′ ~ 25° 26′	AGI2020–02–3161
71	杭晚蜜柚	福建	上杭县园艺产业协会	龙岩市上杭县所辖临城镇、湖洋镇、中都镇、下都镇、庐丰畲族乡、蓝溪镇、溪口镇、白砂镇、茶地镇、才溪镇、官庄畲族乡、泮镜乡、稔田镇、太拔镇、通贤镇、旧县镇、珊瑚乡共计 17 个乡（镇）256 个行政村。地理坐标为东经 116° 15′ 50″ ~ 116° 43′ 25″，北纬 24° 46′ 02″ ~ 25° 19′ 03″	AGI2020–02–3162
72	上杭乌梅	福建	上杭县园艺产业协会	龙岩市上杭县所辖临城镇、湖洋镇、中都镇、下都镇、庐丰畲族乡、蓝溪镇、溪口镇、白砂镇、茶地镇、才溪镇、官庄畲族乡、泮镜乡、稔田镇、太拔镇、蛟洋镇、通贤镇、旧县镇、南阳镇共计 18 个乡（镇）296 个行政村。地理坐标为东经 116° 15′ 50″ ~ 116° 49′ 22″，北纬 24° 46′ 02″ ~ 25° 27′ 47″	AGI2020–02–3163
73	诏安红星青梅	福建	诏安县青梅协会	漳州市诏安县所辖梅洲乡、四都镇、金星乡、梅岭镇、桥东镇、南诏镇、深桥镇、西潭镇、白洋乡、建设乡、红星乡、太平镇、霞葛镇、官陂镇、秀篆镇共计 15 个乡（镇）251 个行政村（社区、农场）。地理坐标为东经 116° 55′ 05″ ~ 117° 22′ 03″，北纬 23° 35′ 02″ ~ 24° 11′ 03″	AGI2020–02–3164
74	平和琯溪蜜柚	福建	福建省平和琯溪蜜柚发展中心	漳州市平和县所辖文峰镇、山格镇、小溪镇、南胜镇、五寨乡、坂仔镇、安厚镇、大溪镇、霞寨镇、崎岭乡、长乐乡、秀峰乡、九峰镇、芦溪镇、国强乡、安厚农场、工业园区共计 17 个乡镇（场、区）262 个行政村（社区、居委会）。地理坐标为东经 116° 54′ 01″ ~ 117° 31′ 02″，北纬 24° 02′ 01″ ~ 24° 35′ 03″	AGI2020–02–3165
75	福鼎黄栀子	福建	福鼎市福鼎黄栀子协会	宁德市福鼎市所辖桐山街道、桐城街道、山前街道、贯岭镇、前岐镇、沙埕镇、店下镇、太姥山镇、磻溪镇、白琳镇、点头镇、管阳镇、硖门畲族乡、叠石乡、佳阳畲族乡、龙安管委会共计 16 个乡镇（街道、管委会）276 个行政村（社区、居委会）。地理坐标为东经 120° 11′ ~ 120° 25′，北纬 25° 09′ ~ 27° 22′	AGI2020–02–3166

续表

序号	产品名称	所在区域	证书持有人全称	划定的地域保护范围	质量控制技术规范编号
76	上杭萝卜干	福建	上杭县园艺产业协会	龙岩市上杭县所辖临城镇、湖洋镇、中都镇、下都镇、庐丰畲族乡、蓝溪镇、溪口镇、白砂镇、茶地镇、才溪镇、官庄畲族乡、泮镜乡、稔田镇、太拔镇、蛟洋镇、通贤镇、旧县镇、古田镇、南阳镇、步云乡、珊瑚乡共计21个乡（镇）332个行政村。地理坐标为东经116° 15′ 50″ ~ 116° 56′ 47″，北纬24° 46′ 02″ ~ 25° 27′ 47″	AGI2020–02–3167
77	宁化牛角椒	福建	宁化县经济作物技术站	三明市宁化县所辖翠江镇、泉上镇、湖村镇、石壁镇、曹坊镇、安远镇、淮土镇、安乐镇、水茜镇、城郊镇、城南镇、济村乡、方田乡、中沙乡、河龙乡、治平畲族乡共计16个乡（镇）210个行政村。地理坐标为东经116° 22′ 52″ ~ 117° 02′ 15″，北纬25° 58′ 20″ ~ 26° 40′ 02″	AGI2020–02–3168
78	连城白鸭	福建	连城县农民创业服务中心	龙岩市连城县所辖莲峰镇、庙前镇、新泉镇、莒溪镇、朋口镇、宣和乡、文亨镇、姑田镇、曲溪乡、赖源乡、林坊镇、揭乐乡、塘前乡、隔川乡、北团镇、罗坊乡、四堡镇共计17个乡镇（街道）247个行政村。地理坐标为东经116° 32′ ~ 117° 10′，北纬24° 13′ ~ 25° 26′	AGI2020–02–3169
79	宜丰盈科泉茶	江西	宜丰县绿色食品发展办公室	宜春市宜丰县所辖花桥乡、同安乡、天宝乡、潭山镇、黄岗山垦殖场、黄岗镇、石花尖垦殖场、车上林场、双峰林场共计9个乡镇（场）32个行政村（分场）。地理坐标为东经114° 30′ 26″ ~ 115° 04′ 13″，北纬28° 21′ 32″ ~ 28° 40′ 38″	AGI2020–02–3170
80	三江镇萝卜腌菜	江西	南昌县三江蔬果协会	南昌市南昌县所辖三江镇、黄马乡共计2个乡（镇）12个行政村。地理坐标为东经115° 56′ 43″ ~ 116° 01′ 19″，北纬28° 16′ 43″ ~ 28° 21′ 13″	AGI2020–02–3171
81	南丰甲鱼	江西	南丰县龟鳖产业协会	抚州市南丰县所辖太和镇、桑田镇、洽湾镇、白舍镇、琴城镇、市山镇、紫霄镇、莱溪乡、付坊乡、太源乡、东坪乡、三溪乡共计12个乡（镇）38个行政村。地理坐标为东经116° 26′ 10″ ~ 116° 42′ 11″，北纬27° 01′ 15″ ~ 27° 16′ 25″	AGI2020–02–3172
82	萍乡两头乌猪	江西	萍乡市畜牧研究所	萍乡市所辖湘东区、莲花县共计2个县（区）6个乡（镇）。地理坐标为东经113° 43′ 59″ ~ 113° 56′ 01″，北纬27° 22′ 34″ ~ 27° 32′ 29″	AGI2020–02–3173

续表

序号	产品名称	所在区域	证书持有人全称	划定的地域保护范围	质量控制技术规范编号
83	窭坞小米	山东	淄博市淄川区窭坞小米协会	淄博市淄川区寨里镇所辖窭坞村、北佛村、北仙村等共计16个行政村。地理坐标为东经118°04′23″～118°10′19″，北纬36°35′36″～36°38′56″	AGI2020-02-3174
84	麻店西瓜	山东	惠民县麻店镇农业综合服务站	滨州市惠民县麻店镇所辖麻店社区、万家社区、王店社区、五牌社区、肖家社区共计5个社区。地理坐标为东经117°34′37″～117°41′49″，北纬37°21′40″～37°28′52″	AGI2020-02-3175
85	沾化冬枣	山东	沾化冬枣产业发展中心	滨州市沾化区所辖富国街道、富源街道、下洼镇、泊头镇、冯家镇、黄升镇、大高镇、古城镇、下河乡共计9个乡镇（街道）395个行政村。地理坐标为东经117°45′01″～118°21′36″，北纬37°34′13″～38°11′22″	AGI2020-02-3176
86	黛青山软籽石榴	山东	淄博市河东富硒石榴研究院	淄博市淄川区罗村镇所辖罗村、梁家庄村、河东村等共计32个行政村。地理坐标为东经117°57′55″～118°07′50″，北纬36°40′03″～36°45′11″	AGI2020-02-3177
87	三河湖韭菜	山东	滨州市滨城区三河湖镇农业综合服务中心	滨州市滨城区三河湖镇所辖李潮岗村、王立平村、王素先村等共计77个行政村。地理坐标为东经117°47′26″～117°54′23″，北纬37°26′07″～37°36′38″	AGI2020-02-3178
88	半堤胡萝卜	山东	菏泽市定陶区半堤镇农业综合服务中心	菏泽市定陶区半堤镇所辖潘楼村、周庄村、曙光村等共计27个行政村。地理坐标为东经115°39′43″～115°44′05″，北纬35°07′58″～35°15′10″	AGI2020-02-3179
89	黄店玫瑰	山东	菏泽市定陶区陶丘玫瑰开发服务中心	菏泽市定陶区所辖黄店镇、冉堌镇、南王店镇、天中办事处、滨河办事处、杜堂镇、半堤镇、孟海镇共计8个乡（镇）96个行政村。地理坐标为东经115°31′38″～115°47′53″，北纬34°58′59″～35°14′48″	AGI2020-02-3180
90	崔家集西红柿	青岛	平度市崔家集镇农业农村服务中心	平度市崔家集镇所辖前洼村、杨龙庄村、周家村、坊头村等共计121个行政村。地理坐标为东经119°38′4.6″～119°50′58.6″，北纬36°32′44.5″～36°41′52″	AGI2020-02-3181

续表

序号	产品名称	所在区域	证书持有人全称	划定的地域保护范围	质量控制技术规范编号
91	信阳毛尖	河南	信阳市农产品质量安全检测中心	信阳市所辖浉河区、平桥区、罗山县、光山县、商城县、固始县、新县、潢川县、淮滨县、息县共计10个县（区）107个乡（镇）。地理坐标为东经113° 45′ ~ 115° 55′，北纬31° 23′ ~ 32° 24′	AGI2020-02-3182
92	冯桥红薯	河南	睢阳区冯桥镇农业种植协会	商丘市睢阳区所辖冯桥镇、闫集镇、坞墙镇、李口镇共计4个乡（镇）40个行政村。地理坐标为东经115° 33′ ~ 115° 42′，北纬34° 07′ ~ 34° 17′	AGI2020-02-3183
93	尉氏小麦	河南	尉氏县农产品质量安全监测中心	开封市尉氏县所辖张市镇、永兴镇、小陈乡、十八里镇、水坡镇、门楼任乡、洧川镇、朱曲镇、蔡庄镇、南曹乡、大桥乡、大马乡共计12个乡（镇）328个行政村。地理坐标为东经113° 52′ ~ 114° 27′，北纬34° 12′ ~ 34° 37′	AGI2020-02-3184
94	留庄大米	河南	确山县留庄镇农业农村服务中心	驻马店市确山县留庄镇所辖留庄村、黑刘庄村、梁庄村等共计16个行政村。地理坐标为东经114° 06′ 50″ ~ 114° 21′ 37″，北纬32° 50′ 22″ ~ 32° 59′ 20″	AGI2020-02-3185
95	上观水蜜桃	河南	宜阳县农产品质量安全监督检测站	洛阳市宜阳县所辖上观乡、花果山乡、高村镇、白杨镇、董王庄乡、赵堡镇、樊村镇、柳泉镇共计8个乡（镇）116个行政村。地理坐标为东经111° 45′ ~ 112° 26′，北纬34° 16′ ~ 34° 42′	AGI2020-02-3186
96	内黄桃	河南	内黄县果蔬产业协会	安阳市内黄县所辖窦公镇、石盘屯乡、高堤乡、田氏镇、东庄镇、张龙乡共计6个乡（镇）57个行政村。地理坐标为东经114° 42′ ~ 114° 50′，北纬35° 56′ ~ 36° 04′	AGI2020-02-3187
97	虞城苹果	河南	虞城县张集镇园艺技术协会	商丘市虞城县所辖张集镇、乔集乡、镇里固乡、大杨集镇、刘集乡、稍岗镇共计6个乡（镇）114个行政村。地理坐标为东经115° 51′ ~ 116° 42′，北纬34° 15′ ~ 34° 47′	AGI2020-02-3188
98	五里岭酥梨	河南	鲁山县董周乡农业服务中心	平顶山市鲁山县所辖董周乡、库区乡、仓头乡、下汤镇、瓦屋镇、观音寺乡、张店乡共计7个乡（镇）54个行政村。地理坐标为112° 40′ 03″ ~ 112° 51′ 07″，北纬33° 43′ 58″ ~ 33° 52′ 25″	AGI2020-02-3189

续表

序号	产品名称	所在区域	证书持有人全称	划定的地域保护范围	质量控制技术规范编号
99	济源冬凌草	河南	济源市王屋山冬凌草研究所	济源市所辖下冶镇、邵原镇、王屋镇、思礼镇、克井镇、承留镇、五龙口镇、大峪镇、坡头镇共计 9 个乡（镇）330 个行政村。地理坐标为东经 112° 01′ ~ 112° 45′，北纬 34° 58′ ~ 35° 16′	AGI2020–02–3190
100	确山夏枯草	河南	确山县瓦岗镇农业服务中心	驻马店市确山县所辖瓦岗镇、石滚河镇、竹沟镇、任店镇、李新店镇、刘店镇、留庄镇、双河镇、新安店镇共计 9 个乡（镇）162 个行政村。地理坐标为东经 113° 37′ ~ 114° 14′，北纬 32° 27′ ~ 33° 03′	AGI2020–02–3191
101	夏邑何首乌	河南	夏邑县中药材协会	商丘市夏邑县所辖马头镇、业庙乡、罗庄镇、中峰乡、何营乡、济阳镇、桑堌乡共计 7 乡（镇）186 个行政村。地理坐标为东经 115° 52′ ~ 116° 12′，北纬 34° 00′ ~ 34° 17′	AGI2020–02–3192
102	洛阳丹参	河南	洛阳市园艺工作站	洛阳市所辖偃师、孟津、新安、洛宁、伊川、栾川、嵩县、汝阳、宜阳、伊滨区 10 个县（区）110 个乡（镇）。地理坐标为东经 111° 08′ ~ 112° 59′，北纬 33° 35′ ~ 35° 05′	AGI2020–02–3193
103	鹿邑蒲公英	河南	鹿邑县农产品质量安全检测站	周口市鹿邑县所辖唐集乡、高集乡、玄武镇、杨湖口镇、贾滩镇、马铺镇、穆店乡、邱集乡共计 8 个乡（镇）199 个行政村。地理坐标为东经 115° 03′ 51″ ~ 115° 35′ 50″，北纬 33° 55′ 41″ ~ 34° 00′ 50″	AGI2020–02–3194
104	三乡大蒜	河南	宜阳县农产品质量安全监督检测站	洛阳市宜阳县所辖三乡镇、韩城镇、张坞镇、高村镇、莲庄镇、柳泉镇、香鹿山镇、锦屏镇共计 8 个乡（镇）180 个行政村。地理坐标为东经 111° 45′ ~ 112° 26′，北纬 34° 16′ ~ 34° 42′	AGI2020–02–3195
105	舞钢鹁鸽	河南	舞钢市人民政府蔬菜办公室	平顶山市舞钢市所辖八台镇、枣林、武功、庙街、尹集、杨庄、尚店、铁山、矿建共计 9 个乡（镇）183 个行政村。地理坐标为东经 113° 21′ 27″ ~ 113° 40′ 51″，北纬 33° 08′ 10″ ~ 33° 25′ 25″	AGI2020–02–3196
106	郏县红牛	河南	郏县红牛协会	平顶山市郏县所辖李口镇、堂街镇、姚庄乡、冢头镇、长桥镇、王集乡、安良镇、渣园乡、白庙乡、黄道镇、广天乡、薛店镇、茨芭镇共计 13 个乡（镇）357 个行政村。地理坐标为东经 113° 00′ ~ 113° 24′，北纬 33° 48′ ~ 34° 10′	AGI2020–02–3197

续表

序号	产品名称	所在区域	证书持有人全称	划定的地域保护范围	质量控制技术规范编号
107	泌阳夏南牛	河南	泌阳县夏南牛研究推广中心	驻马店市泌阳县所辖羊册镇、马谷田镇、春水镇、官庄镇、泰山庙镇、郭集镇、王店镇、高店镇、黄山口乡、盘古乡、赊湾镇、双庙街乡、杨家集镇、高邑镇、贾楼乡、付庄乡、铜山乡，下碑寺、象河乡共计19个乡（镇）320个行政村。地理坐标为东经113° 06′ 45″ ~ 113° 39′ 03″，北纬32° 34′ 29″ ~ 33° 09′ 09″	AGI2020-02-3198
108	南召一化性柞蚕	河南	南召县农产品质量检测站	南阳市南召县所辖城关镇、留山镇、云阳镇、南河店镇、板山坪镇、乔端镇、白土岗镇、城郊乡、小店乡、皇后乡、太山庙乡、石门乡、四棵树乡、马市坪乡、崔庄乡共计15乡（镇）228个行政村。地理坐标为东经111° 55′ ~ 112° 51′，北纬33° 12′ ~ 33° 43′	AGI2020-02-3199
109	勒马花生	河南	商丘市睢阳区勒马乡农业服务中心	商丘市睢阳区所辖勒马乡、临河店乡、郭村镇、娄店乡、毛堌堆镇、路河镇共计6个乡（镇）86个行政村。地理坐标为东经115° 22′ 47″ ~ 115° 30′ 36″，北纬34° 10′ 50″ ~ 34° 20′ 55″	AGI2020-02-3200
110	都里大红袍花椒	河南	安阳县都里镇农业综合服务中心	安阳市殷都区所辖都里镇共计1个镇15个行政村。地理坐标为东经113° 58′ ~ 114° 03′，北纬36° 14′ ~ 36° 23′	AGI2020-02-3201
111	渑池花椒	河南	渑池县南村乡农业发展服务中心	三门峡市渑池县所辖南村乡、坡头乡、仰韶镇、段村乡、果园乡、城关镇共计6个乡（镇）63个行政村。地理坐标为东经111° 42′ 21″ ~ 111° 58′ 58″，北纬34° 39′ 33″ ~ 35° 04′ 42″	AGI2020-02-3202
112	孝感红	湖北	孝感市茶叶商会	孝感市所辖孝南区、双峰山、孝昌县、大悟县共计4个县（区）32个乡（镇）。地理坐标为东经113° 92′ 07″ ~ 114° 12′ 16″，北纬30° 92′ 07″ ~ 31° 57′ 08″	AGI2020-02-3203
113	利川红	湖北	利川市茶产业协会	恩施土家族苗族自治州利川市所辖毛坝镇、忠路镇、柏杨镇、建南镇、文斗乡、沙溪乡、团堡镇、凉务乡、谋道镇、东城街道办事处共计10个乡镇（街道）141个行政村。地理坐标为东经108° 21′ ~ 109° 18′，北纬29° 42′ ~ 30° 39′	AGI2020-02-3204
114	英山苍术	湖北	英山县中药材行业协会	黄冈市英山县所辖温泉镇、红山镇、孔坊乡、金铺镇、石头咀镇、方咀乡、南河镇、杨柳镇、雷店镇、草盘镇、陶河乡共计11个乡（镇）。地理坐标为东经115° 31′ ~ 116° 04′，北纬30° 00′ ~ 31° 08′	AGI2020-02-3205

续表

序号	产品名称	所在区域	证书持有人全称	划定的地域保护范围	质量控制技术规范编号
115	神农架天麻	湖北	神农架林区农业技术推广中心	神农架林区所辖松柏镇、阳日镇、木鱼镇、红坪镇、新华镇、大九湖镇、宋洛乡、下谷乡共 8 计个乡（镇）16 个行政村。地理坐标为东经 110° 04′ ~ 110° 57′，北纬 31° 18′ ~ 31° 52′	AGI2020-02-3206
116	小南海莲藕	湖北	松滋市南海镇农业技术服务中心	松滋市南海镇所辖百溪桥村，牛食坡村，三垸村，南海闸村，库家咀村，拉家渡村，裴家场村，五朝门村，文家铺村，黄泥滩村，麻城垱村，严兴场村，夹巷村，史家冲村，祁福垸村，金鸡寺村，横岭村，张家坪村，断山口村，剑峰村，赵家垸村，磨盘洲社区，候急渡渔场，马鞍湖渔场共计 22 个村（社区）2 个渔场。地理坐标为东经 111° 43′ ~ 111° 56′，北纬 30° 01′ ~ 30° 10′	AGI2020-02-3207
117	涨渡湖黄颡鱼	湖北	武汉市新洲区水产科学研究所	武汉市新洲区所辖双柳街、涨渡湖街、汪集街、邾城街、阳逻街共计 5 个街道 103 个村。地理坐标为东经 114° 34′ 28″ ~ 114° 50′ 40″，北纬 30° 32′ 25″ ~ 30° 50′ 15″	AGI2020-02-3208
118	竹溪蜂蜜	湖北	竹溪县蜂业协会	十堰市竹溪县所辖十八里长峡自然保护区、丰溪镇、泉溪镇、蒋家堰镇、中峰镇、水坪镇、龙坝镇、汇湾镇、兵营镇、天宝乡、桃源乡、向坝乡、鄂坪乡共计 12 个乡（镇）1 个国家级自然保护区 180 个行政村。地理坐标为东经 109° 29′ ~ 110° 08′，北纬 31° 32′ ~ 32° 31′	AGI2020-02-3209
119	宝庆朝天椒	湖南	邵阳市大祥区蔬菜协上云	邵阳市大祥区所辖蔡锷乡、板桥乡、罗市镇、学院路街道、雨溪街道、檀江街道、城南街道共计 7 个乡镇（街道）50 个行政村（社区）。地理坐标为东经 111° 24′ 29″ ~ 111° 36′ 11″，北纬 27° 04′ 47″ ~ 27° 14′ 36″	AGI2020-02-3210
120	安化红茶	湖南	安化县茶旅产业发展服务中心	益阳市安化县所辖烟溪镇、奎溪镇、平口镇、渠江镇、古楼乡、南金乡、马路镇、柘溪镇、东坪镇、江南镇、小淹镇、滔溪镇、长塘镇、羊角塘镇、大福镇、冷市镇、仙溪镇、梅城镇、清塘铺镇、高明乡、乐安镇、龙塘乡、田庄乡共计 23 个乡（镇）391 个行政村。地理坐标为东经 110° 43′ 07″ ~ 111° 58′ 51″，北纬 27° 58′ 54″ ~ 28° 38′ 37″	AGI2020-02-3211

续表

序号	产品名称	所在区域	证书持有人全称	划定的地域保护范围	质量控制技术规范编号
121	桃江竹叶	湖南	桃江县茶业协会	益阳市桃江县所辖桃花江镇、浮邱山乡、高桥乡、沾溪镇、修山镇、三堂街镇、鸬鹚渡镇、大栗港镇、鲊埠回族乡、武潭镇、马迹塘镇、石牛江镇、牛田镇、松木塘镇、灰山港镇共计15个乡（镇）215个行政村（社区）。地理坐标为东经111°35′59″～112°18′52″，北纬28°12′48″～28°40′52″	AGI2020-02-3212
122	平江烟茶	湖南	平江县烟茶研究院	岳阳市平江县所辖三市镇、安定镇、加义镇、福寿山镇、石牛寨镇、伍市镇、余坪镇、瓮江镇、长寿镇、南江镇、上塔市镇、虹桥镇、梅仙镇、童市镇、龙门镇、浯口镇、大洲乡、三墩乡、木金乡共计19个乡（镇）447个行政村。地理坐标为东经113°15′30″～114°15′17″，北纬28°29′24″”～29°10′16″	AGI2020-02-3213
123	洞口雪峰蜜桔	湖南	洞口县雪峰蜜桔协会	邵阳市洞口县所辖醪田镇、水东镇、石柱镇、山门镇、岩山镇、竹市镇、石江镇、黄桥镇、杨林镇、高沙镇、毓兰镇、花园镇、文昌街道、雪峰街道、花古街道、茶铺茶场管理区共计16个镇（街道、管理区）262个行政村（居委会）。地理坐标为东经110°26′33″～110°57′10″，北纬26°51′38″～27°21′48″	AGI2020-02-3214
124	炎陵黄桃	湖南	炎陵县炎陵黄桃产业协会	株洲市炎陵县所辖霞阳镇、沔渡镇、十都镇、水口镇、鹿原镇、垄溪乡、策源乡、下村乡、中村瑶族乡、船形乡、大院农场共计10个乡（镇）1个农场120个行政村（居委会）。地理坐标为东经113°35′26″～114°06′46″，北纬26°03′29″～26°39′47″	AGI2020-02-3215
125	黔阳黄精	湖南	洪江市中药材产业发展中心	怀化市洪江市所辖安江镇、太平乡、岔头乡、茅渡乡、塘湾镇、洗马乡、群峰乡、湾溪乡、雪峰镇、铁山乡、大崇乡、熟坪乡、深渡苗族乡、龙船塘瑶族乡、黔城镇、江市镇、沅河镇、托口镇、岩垅乡、沙湾乡共计20个乡（镇）190个行政村及雪峰山林场、八面山农垦场。地理坐标为东经109°32′34″～110°25′02″，北纬27°01′42″～27°29′34″	AGI2020-02-3216

续表

序号	产品名称	所在区域	证书持有人全称	划定的地域保护范围	质量控制技术规范编号
126	平江白术	湖南	平江县中药材产业协会	岳阳市平江县所辖龙门镇、虹桥镇、长寿镇、加义镇、石牛寨镇、木金乡、三市镇、安定镇、福寿山镇、三阳乡、汉昌镇、翁江镇、活口镇、余坪乡、大洲乡、梅仙镇、南江镇、板江乡、上塔市镇、童市镇、三墩乡共计21个乡（镇）487个行政村。地理坐标为东经113° 35′ 09″ ~ 114° 15′ 17″，北纬28° 29′ 24″ ~ 29° 10′ 16″	AGI2020-02-3217
127	黔阳天麻	湖南	洪江市中药材产业发展中心	怀化市洪江市所辖安江镇、太平乡、岔头乡、茅渡乡、黔城镇、江市镇、雪峰镇、塘湾镇、铁山乡、群峰乡、湾溪乡、洗马乡、大崇乡、熟坪乡、龙船塘瑶族乡、深渡苗族乡共计16个乡（镇）84个行政村及雪峰山林场、八面山农垦场。地理坐标为东经110° 04′ 09″ ~ 110° 25′ 02″，北纬27° 01′ 42″ ~ 27° 26′ 11″	AGI2020-02-3218
128	芷江白蜡	湖南	芷江侗族自治县白蜡研究会	怀化市芷江侗族自治县所辖芷江镇、公坪镇、罗旧镇、新店坪镇、碧涌镇、岩桥镇、三道坑镇、土桥镇、楠木坪镇、牛牯坪乡、水宽乡、大树坳乡、梨溪口乡、洞下场乡、冷水溪乡、禾梨坳乡、罗卜田乡、晓坪乡共计18个乡（镇）152个行政村。地理坐标为东经109° 17′ 31″ ~ 109° 54′ 49″，北纬27° 04′ 12″ ~ 27° 38′ 24″	AGI2020-02-3219
129	托口生姜	湖南	洪江市农业技术推广中心	怀化市洪江市所辖托口镇、沅河镇、江市镇、岩垅乡、黔城镇共计5个乡（镇）68个行政村（社区）。地理坐标为东经109° 32′ 05″ ~ 109° 59′ 42″，北纬27° 02′ 48″ ~ 27° 19′ 20″	AGI2020-02-3220
130	隆回龙牙百合	湖南	隆回县农业综合服务中心	邵阳市隆回县所辖山界回族乡、北山镇、三阁司镇、桃花坪街道、花门街道、周旺镇、滩头镇、岩口镇、荷香桥镇、南岳庙镇、横板桥镇、西洋江镇、六都寨镇、荷田乡、七江镇、高平镇、罗洪镇、羊古坳镇、司门前镇、金石桥镇、鸭田镇、小沙江镇、虎形山瑶族乡、麻塘山乡、大水田乡共计25个乡镇（街道）495个村（居委会、社区）。地理坐标为东经110° 38′ 05″ ~ 111° 15′ 03″，北纬27° 00′ 34″ ~ 27° 40′ 08″	AGI2020-02-3221

续表

序号	产品名称	所在区域	证书持有人全称	划定的地域保护范围	质量控制技术规范编号
131	会同竹笋	湖南	会同县经济作物工作站	怀化市会同县所辖林城镇、坪村镇、堡子镇、马鞍镇、广坪镇、若水镇、团河镇、金竹镇、地灵乡、连山乡、高椅乡、沙溪乡、宝田侗族苗族乡、漠滨侗族苗族乡、蒲稳侗族苗族乡、青朗侗族苗族乡、炮团侗族苗族乡、金子岩乡共计18个乡（镇）230个行政村。地理坐标为东经109°26′35″～110°07′25″，北纬26°39′34″～27°09′43″	AGI2020-02-3222
132	邵东黄花菜	湖南	邵东市种子工作站	邵阳市邵东市所辖团山镇、流光岭镇、廉桥镇、流泽镇、黑田铺镇、水东江镇、简家陇镇、魏家桥镇、双凤乡、灵官殿镇、界岭镇、周官桥乡、斫曹乡、堡面前乡、牛马司镇、九龙岭镇、仙槎桥镇、火厂坪镇、余田桥镇、砂石镇、野鸡坪镇、杨桥镇、两市塘街道办事处、宋家塘街道办事处、大禾塘街道办事处共计25个乡镇（街道）410个行政村（居委会）。地理坐标为东经111°34′59″～112°05′50″，北纬26°55′49″～27°27′56″	AGI2020-02-3223
133	湘潭湘莲	湖南	湘潭县湘莲产业协会	湘潭市湘潭县所辖易俗河镇、谭家山镇、中路铺镇、白石镇、茶恩寺镇、河口镇、射埠镇、花石镇、青山桥镇、石鼓镇、云湖桥镇、乌石镇、石潭镇、杨嘉桥镇、分水乡、锦石乡、排头乡共计17个乡（镇）321个行政村。地理坐标为东经112°25′30″～113°03′45″，北纬27°20′00″～27°50′44″	AGI2020-02-3224
134	汉寿甲鱼	湖南	汉寿县稻田生态种养协会	常德市汉寿县所辖蒋家嘴镇、岩汪湖镇、坡头镇、西港镇、洲口镇、罐头嘴镇、沧港镇、朱家铺镇、太子庙镇、崔家桥镇、军山铺镇、百禄桥镇、洋淘湖镇、丰家铺镇、龙潭桥镇、聂家桥乡、毛家滩乡、龙阳街道、辰阳街道、沧浪街道、株木山街道、高新技术产业园区共计22个乡（镇、街道、高新区）203个行政村。地理坐标为东经111°42′59″～112°18′00″，北纬28°36′28″～29°06′45″	AGI2020-02-3225
135	常德甲鱼	湖南	常德市畜牲水产事务中心	常德市所辖武陵区、鼎城区、桃源县、临澧县、石门县、澧县、津市市、安乡县共计8个县（市、区）78个乡（镇）5个农（渔）场。地理坐标为东经110°29′50″～112°18′37″，北纬28°24′46″～30°07′34″	AGI2020-02-3226

续表

序号	产品名称	所在区域	证书持有人全称	划定的地域保护范围	质量控制技术规范编号
136	寺门前猪	湖南	衡阳县种畜场	衡阳市衡阳县所辖曲兰镇、洪市镇、大安乡、金兰镇、三湖镇、渣江镇、演陂镇、库宗桥镇、石市镇、长安乡、栏垅乡、台源镇、西渡镇、岘山镇、井头镇、关市镇、板市乡、杉桥镇、金溪镇、界牌镇、集兵镇、岣嵝乡、溪江乡、樟木乡、樟树乡共计25个乡（镇）443个行政村。地理坐标为东经112° 00′ 29″ ~ 112° 44′ 20″，北纬26° 52′ 51″ ~ 27° 40′ 34″	AGI2020-02-3227
137	武冈铜鹅	湖南	武冈市特色产业发展中心	邵阳市武冈市所辖龙溪镇、水西门街道、迎春亭街道、邓元泰镇、湾头桥镇、荆竹铺镇、秦桥镇、晏田乡、邓家铺镇、稠树塘镇、马坪乡、水浸坪乡、双牌镇、大甸镇、文坪镇、司马冲镇、法相岩街道、辕门口街道共计18个乡镇（街道）315个行政村（居委会）。地理坐标为东经110° 25′ 36″ ~ 111° 01′ 58″，北纬26° 32′ 42″ ~ 27° 02′ 07″	AGI2020-02-3228
138	五华红薯	广东	五华县农业科学技术研究所	梅州市五华县所辖潭下镇、郭田镇、转水镇、长布镇、龙村镇、岐岭镇、双华镇、河东镇、梅林镇、棉洋镇、周江镇、横陂镇、安流镇、华城镇、华阳镇、水寨镇共计16个镇412个行政村。地理坐标为东经115° 18′ ~ 116° 02′，北纬23° 23′ ~ 24° 12′	AGI2020-02-3229
139	神湾菠萝	广东	中山市神湾镇农业服务中心	中山市神湾镇所辖外沙村、宥南村、神溪村、海港村、竹排村、神湾居民委员会共计6个村（居）。地理坐标为东经113° 19′ 17″ ~ 113° 23′ 40″，北纬22° 14′ 00″ ~ 22° 21′ 56″	AGI2020-02-3230
140	石岐鸽	广东	中山市农业科技推广中心	中山市所辖石岐区、东区、南区、西区、小榄镇、沙溪镇、古镇镇、火炬区、港口镇、神湾镇、大涌镇、板芙镇、横栏镇、民众镇、黄圃镇、阜沙镇、南头镇、东凤镇、五桂山区、三角镇、三乡镇、南朗镇、东升镇、坦洲镇共计24个镇（区）277个村（居）。地理坐标为东经113° 09′ 02″ ~ 113° 46′，北纬22° 11′ 12″ ~ 22° 46′ 35″	AGI2020-02-3231
141	陈村蝴蝶兰	广东	佛山市顺德区陈村镇蝴蝶兰协会	佛山市顺德区所辖大良街道、容桂街道、伦教街道、勒流街道、陈村镇、北滘镇、乐从镇、龙江镇、杏坛镇、均安镇共计10个镇（街道）205个行政村（社区）。地理坐标为东经113° 00′ ~ 113° 23′，北纬22° 40′ ~ 23° 01′	AGI2020-02-3232

续表

序号	产品名称	所在区域	证书持有人全称	划定的地域保护范围	质量控制技术规范编号
142	广西六堡茶	广西	广西茶业协会	广西壮族自治区所辖南宁市江南区、邕宁区、武鸣区、横县、上林县；柳州市柳城县、鹿寨县、融安县、融水苗族自治县、三江侗族自治县；桂林市七星区、临桂区、荔浦市、阳朔县、全州县、龙胜各族自治县、恭城瑶族自治县；梧州市长洲区、万秀区、龙圩区、岑溪市、苍梧县、藤县；钦州市灵山县、浦北县；贵港市港北区、港南区、覃塘区、桂平市、平南县；玉林市容县、博白县、兴业县；百色市右江区、平果市、凌云县、乐业县、田林县、西林县、隆林各族自治县；贺州市八步区、平桂区、昭平县；河池市南丹县；来宾市武宣县、金秀瑶族自治县；崇左市扶绥县、龙州县共计 12 个市 48 个县（市、区）539 个乡镇（街道）。地理坐标为东经 104° 28′ ~ 112° 04′，北纬 21° 38′ ~ 26° 24′	AGI2020–02–3233
143	大苗山红茶	广西	融水苗族自治县农业技术推广中心	柳州市融水苗族自治县所辖融水镇、和睦镇、三防镇、怀宝镇、大浪镇、洞头镇、永乐镇、大年乡、良寨乡、拱洞乡、红水乡、白云乡、同练瑶族乡、汪洞乡、杆洞乡、滚贝侗族乡、香粉乡、四荣乡、安太乡、安陲乡共计 20 个乡镇 206 个行政村（社区）。地理坐标为东经 108° 34′ ~ 109° 27′，北纬 24° 49′ ~ 25° 43′	AGI2020–02–3234
144	融水紫黑香糯	广西	融水苗族自治县农业技术推广中心	柳州市融水苗族自治县所辖三防镇、怀宝镇、大浪镇、洞头镇、大年乡、良寨乡、拱洞乡、红水乡、白云乡、同练瑶族乡、汪洞乡、杆洞乡、滚贝侗族乡、香粉乡、四荣乡、安太乡、安陲乡共计 17 个乡（镇）174 个行政村（社区）。地理坐标为东经 108° 32′ ~ 109° 27′，北纬 24° 27′ ~ 25° 42′	AGI2020–02–3235
145	大新酸梅	广西	大新县水果生产服务站	崇左市大新县所辖桃城镇、全茗镇、龙门乡、五山乡、昌明乡、福隆乡、那岭乡、榄圩乡、恩城乡、雷平镇、宝圩乡、堪圩乡、硕龙镇、下雷镇、大新华侨经济管理区共计 14 个乡（镇）1 个经济管理区 146 个行政村（社区）。地理坐标为东经 106° 39′ 30″ ~ 107° 29′ 50″，北纬 22° 29′ 42″ ~ 23° 05′ 55″	AGI2020–02–3236

续表

序号	产品名称	所在区域	证书持有人全称	划定的地域保护范围	质量控制技术规范编号
146	大新腊月柑	广西	大新县水果生产服务站	崇左市大新县所辖桃城镇、全茗镇、龙门乡、五山乡、昌明乡、福隆乡、那岭乡、榄圩乡、恩城乡、雷平镇、宝圩乡、堪圩乡、硕龙镇、下雷镇、大新华侨经济管理区共计 14 个乡（镇）1 个经济管理区 146 个行政村（社区）。地理坐标为东经 106° 39′ 30″ ~ 107° 29′ 50″，北纬 22° 29′ 42″ ~ 23° 05′ 55″	AGI2020-02-3237
147	融安金桔	广西	融安县水果生产技术指导站	柳州市融安县所辖长安镇、浮石镇、泗顶镇、板榄镇、大将镇、大良镇、雅瑶乡、大坡乡、东起乡、沙子乡、桥板乡、潭头乡共计 12 个乡（镇）147 个行政村（社区）。地理坐标为东经 109° 13′ ~ 109° 47′，北纬 24° 46′ ~ 25° 34′	AGI2020-02-3238
148	柳州螺蛳	广西	柳州市渔业技术推广站	柳州市所辖柳江区、柳南区、柳北区、鱼峰区、城中区、柳城县、鹿寨县、融安县、融水苗族自治县、三江侗族自治县共计 10 个县（区）86 个乡（镇）。地理坐标为东经 108° 32′ ~ 110° 28′，北纬 23° 54′ ~ 26° 03′	AGI2020-02-3239
149	万宁金椰子	海南	万宁市金椰子产业发展协会	万宁市所辖龙滚镇、山根镇、和乐镇、后安镇、北大镇、大茂镇、万城镇、东澳镇、礼纪镇、长丰镇、南桥镇、三更罗镇、兴隆华侨农场共计 13 个镇（场）207 个行政村。地理坐标为东经 110° 00′ ~ 110° 34′，北纬 18° 35′ ~ 19° 06′	AGI2020-02-3240
150	冯家湾花螺	海南	文昌市水产养殖协会	文昌市所辖会文镇、东郊镇、龙楼镇、昌洒镇、锦山镇、冯坡镇、翁田镇、铺前镇、文城镇清澜区域共计 9 个镇 33 个行政村。地理坐标为东经 110° 34′ ~ 111° 03′，北纬 19° 23′ ~ 20° 10′	AGI2020-02-3241
151	黄瓜山梨	重庆	重庆市永川区南大街街道黄瓜山村果业协会	重庆市永川区所辖南大街街道的代家店村、黄瓜山村；吉安镇的尖山村、铜凉村、寒泸村、金门村；五间镇的合兴村、友胜村；仙龙镇的巨龙村、牛门口村；来苏镇的石牛寺村、五根松村，共计 5 个镇（街道）12 个行政村。地理坐标为东经 105° 43′ 21″ ~ 105° 54′ 06″，北纬 29° 07′ 59″ ~ 29° 19′ 26″	AGI2020-02-3242

续表

序号	产品名称	所在区域	证书持有人全称	划定的地域保护范围	质量控制技术规范编号
152	巴南乌皮樱桃	重庆	重庆市巴南区鱼洞街道农业服务中心	重庆市巴南区所辖鱼洞街道的百胜村、农胜村、干湾村、玄篆山村、新华村；龙洲湾街道的沿河村；二圣镇的巴山村；木洞镇的栋青村，共计4个镇（街道）8个行政村。地理坐标东经106° 26′ 02″ ~ 106° 59′ 53″，北纬29° 07′ 44″ ~ 29° 45′ 43″	AGI2020-02-3243
153	涪陵榨菜	重庆	重庆市涪陵区榨菜产业发展中心	重庆市涪陵区所辖马鞍街道、李渡街道、江北街道、荔枝街道、江东街道、龙桥街道、白涛街道、百胜镇、珍溪镇、南沱镇、清溪镇、焦石镇、马武镇、蔺市镇、新妙镇、石沱镇、义和镇、龙潭镇、青羊镇、罗云乡、大顺乡、同乐乡、增福乡共计23个乡镇（街道）。地理坐标为东经106° 56′ ~ 107° 43′，北纬29° 21′ ~ 30° 01′	AGI2020-02-3244
154	大竹白茶	四川	大竹县茶叶（白茶）产业发展中心	达州市大竹县所辖月华镇、团坝镇、高穴镇、清河镇、杨家镇、清水镇、庙坝镇、天城镇、观音镇、周家镇、文星镇、石子镇、乌木镇、欧家镇、中华镇、妈妈镇、朝阳乡、八渡乡、川主乡共计19个乡（镇）192个行政村。地理坐标为东经106° 59′ 54″ ~ 107° 32′ 17″，北纬30° 20′ 07″ ~ 31° 00′ 06″	AGI2020-02-3245
155	中江袖	四川	中江县经济作物技术推广站	德阳市中江县所辖永安镇、柏树乡、永太镇、东北镇、仓山镇、永丰乡、黄鹿镇、白果乡、永兴镇、双龙镇、南华镇共计11个乡（镇）240个村。地理坐标为东经104° 27′ 01″ ~ 105° 14′ 41″，北纬30° 31′ 07″ ~ 31° 17′ 04″	AGI2020-02-3246
156	丹棱脆红李	四川	丹棱县农业局多经站（丹棱县蚕桑管理站）	眉山市丹棱县所辖顺龙乡、齐乐镇、张场镇、仁美镇共计4个乡（镇）15个行政村。地理坐标为东经103° 14′ 45″ ~ 103° 35′ 59″，北纬29° 52′ 35″ ~ 30° 08′ 35″	AGI2020-02-3247
157	得荣树椒	四川	得荣县农业技术推广和土壤肥料站	甘孜藏族自治州得荣县所辖松麦镇、瓦卡镇、古学乡、曲雅贡乡、奔都乡、徐龙乡、贡波乡、斯闸乡、八日乡共计9个乡（镇）43个村。地理坐标为东经99° 07′ 56″ ~ 99° 34′ 23″，北纬28° 09′ 38″ ~ 29° 10′ 29″	AGI2020-02-3248

续表

序号	产品名称	所在区域	证书持有人全称	划定的地域保护范围	质量控制技术规范编号
158	石渠人参果	四川	石渠县农业技术推广和土壤肥料站	甘孜藏族自治州石渠县所辖色须镇、尼呷镇、洛须镇、真达乡、奔达乡、正科乡、麻呷乡、德荣马乡、长沙贡马乡、呷衣乡、格孟乡、蒙宜乡、新荣乡、宜牛乡、虾扎乡、起坞乡、阿日扎乡、长须贡马乡、长沙干马乡、长须干马乡、温波乡、瓦须乡共计22个乡（镇）166个行政村。地理坐标为东经97°20′00″～99°15′28″，北纬32°19′28″～34°20′40″	AGI2020-02-3249
159	邛崃中蜂蜜	四川	邛崃市蟲鑫蜂业协会	成都市邛崃市所辖文君街道、孔明街道、临邛街道、桑园镇、大同镇、平乐镇、南宝山镇、火井镇、临济镇、夹关镇、天台山镇共计11个乡（镇）202个行政村。地理坐标为东经102°47′30″～103°45′58″，北纬30°11′55″～30°32′36″	AGI2020-02-3250
160	金堂油橄榄	四川	金堂县油橄榄产业协会	成都市金堂县所辖赵镇街道、三星镇、官仓镇、栖贤乡、淮口镇、白果镇、福兴镇、赵家镇、五凤镇、高板镇、三溪镇、平桥乡、竹篙镇、隆盛镇、转龙镇、广兴镇、又新镇、土桥镇、云合镇、金龙镇共计20个乡（镇）226个行政村。地理坐标为东经104°20′37″～104°52′56″，北纬30°29′10″～30°57′41″	AGI2020-02-3251
161	茅坝米	贵州	湄潭县农业技术推广站	遵义市湄潭县所辖永兴镇、天城镇、马山镇、复兴镇共计4个镇37个行政村。地理坐标为东经107°31′21″～107°41′08″，北纬27°45′05″～28°04′11″	AGI2020-02-3252
162	杠村米	贵州	道真仡佬族苗族自治县农业技术推广站	遵义市道真县所辖三桥镇、河口镇、玉溪镇、大磏镇、旧城镇共计5个镇19个行政村。地理坐标为东经107°23′52″～107°43′29″，北纬28°43′46″～29°05′12″	AGI2020-02-3253
163	贞丰四月李	贵州	贞丰县李子专业协会	黔西南布依族苗族自治州贞丰县所辖白层镇、鲁贡镇、北盘江镇、者相镇、连环乡、平街乡、丰茂街道、珉谷街道、永丰街道、双峰街道共10个乡镇（街道）99个行政村（居、社区）。地理坐标为东经105°32′08″～105°52′37″，北纬25°10′38″～25°42′58″	AGI2020-02-3254

续表

序号	产品名称	所在区域	证书持有人全称	划定的地域保护范围	质量控制技术规范编号
164	石阡香柚	贵州	石阡县经济作物站	铜仁市石阡县所辖河坝镇、本庄镇、龙塘镇、花桥镇、大沙坝乡、坪地场乡、甘溪乡、坪山乡、枫香乡、国荣乡、石固乡、汤山街道、泉都街道、中坝街道共计14个乡镇（街道）211个行政村（社区）。地理坐标为东经107°44′55″～108°33′47″，北纬27°17′05″～27°42′50″	AGI2020-02-3255
165	金沙黑山羊	贵州	金沙县畜牧技术推广站	毕节市金沙县所辖岩孔街道、五龙街道、西洛街道、沙土镇、岚头镇、安底镇、禹谟镇、清池镇、源村镇、平坝镇、木孔镇、长坝镇、茶园镇、后山镇、高坪镇、化觉镇、桂花乡、石场苗族彝族乡、太平彝族苗族乡、马路彝族苗族乡、安洛苗族彝族满族乡、新化苗族彝族满族乡、大田彝族苗族布依族乡共17个乡镇(街道)6个民族乡215个行政村(社区)。地理坐标为东经105°47′～106°44′，北纬27°07′～27°46′	AGI2020-02-3256
166	荔波瑶山鸡	贵州	荔波县畜牧水产发展促进中心	黔南布依族苗族自治州荔波县所辖玉屏街道、朝阳镇、佳荣镇、甲良镇、茂兰镇、小七孔镇、瑶山瑶族乡、黎明关水族乡共计8个乡镇（街道）94个行政村。地理坐标为东经107°37′～108°18′，北纬25°07′～25°09′	AGI2020-02-3257
167	乃东青稞	西藏	山南市乃东区农牧综合服务中心	山南市乃东区所辖泽当镇、昌珠镇、亚堆乡、颇章乡、多颇章乡、结巴乡、索珠乡共计7个乡（镇）29个行政村。地理坐标为东经90°14′05″～94°22′02″，北纬27°08′03″～29°47′10″	AGI2020-02-3258
168	芒康葡萄	西藏	西藏芒康县农业技术推广站	昌都市芒康县所辖索多西乡、朱巴龙乡、如美镇、措瓦乡、徐中乡、曲孜卡乡、纳西乡、木许乡、嘎托镇、曲登镇共计10个乡（镇）41个行政村。地理坐标为东经98°00′28″～98°30′02″，北纬29°06′08″～29°43′34″	AGI2020-02-3259
169	加查核桃	西藏	西藏加查县农牧综合服务中心	山南市加查县所辖安绕镇、加查镇、拉绥乡、冷达乡共计4个乡（镇）31个行政村。地理坐标为东经92°14′24″～93°07′10″，北纬28°49′43″～29°43′16″	AGI2020-02-3260
170	索多西辣椒	西藏	西藏芒康县农业技术推广站	昌都市芒康县所辖索多西乡、朱巴龙乡、如美镇、措瓦乡、徐中乡、曲孜卡乡、木许乡、纳西乡共计8个乡（镇）34个行政村。地理坐标为东经98°00′28″～98°30′02″，北纬29°06′08″～29°43′34″	AGI2020-02-3261

续表

序号	产品名称	所在区域	证书持有人全称	划定的地域保护范围	质量控制技术规范编号
171	娘亚牦牛	西藏	那曲市畜牧兽医技术推广总站	那曲市嘉黎县所辖措多乡、绒多乡、夏玛乡、藏比乡、阿扎镇共计5个乡（镇）56个行政村。地理坐标为东经91° 49′ 21″ ~ 94° 08′ 27″，北纬30° 07′ 30″ ~ 31° 17′ 20″	AGI2020-02-3262
172	山阳天麻	陕西	陕西省山阳县农业技术推广中心	商洛市山阳县所辖城关街办、十里铺街办、高坝店镇、天竺山镇、两岭镇、中村镇、银花镇、王闫镇、西照川镇、延坪镇、法官镇、漫川关镇、南宽坪镇、板岩镇、杨地镇、户家塬镇、小河口镇、色河铺镇共计18个镇（街办）179个行政村。地理坐标为东经109° 32′ ~ 110° 29′，北纬33° 09′ ~ 33° 42′	AGI2020-02-3263
173	乾县香菜	陕西	乾县农产品质量安全检验检测站	咸阳市乾县所辖灵源镇、大杨镇、梁村镇、新阳镇、阳洪镇、城关街办共计6个镇（街办）41个行政村。地理坐标为东经108° 08′ ~ 108° 24′，北纬34° 26′ ~ 34° 33′	AGI2020-02-3264
174	兰州冬果梨	甘肃	永登县特色农产品产销协会	兰州市永登县所辖苦水镇、连城镇、河桥镇；七里河区八里镇；皋兰县什川镇、石洞镇，共计6个乡（镇）58个行政村。地理坐标为东经92° 13′ ~ 108° 46′，北纬32° 11′ ~ 42° 57′	AGI2020-02-3265
175	西和半夏	甘肃	西和县经济作物技术推广站	陇南市西和县所辖汉源镇、长道镇、何坝镇、姜席镇、石峡镇、洛峪镇、石堡镇、西峪镇、苏合镇、卢河镇、兴隆镇、稍峪镇、马元镇、晒经乡、十里镇、大桥镇、蒿林乡、太石河乡、六巷乡、西高山乡共计20个乡（镇）384个行政村。地理坐标为东经105° 03′ 28″ ~ 105° 18′ 34″，北纬33° 37′ 26″ ~ 34° 13′ 16″	AGI2020-02-3266
176	叶城核桃	新疆	叶城县农业技术推广站	喀什地区叶城县所辖恰尔巴格镇、乌吉热克乡、巴仁乡、萨依巴格乡、依提木孔乡、加依提勒克乡、江格勒乡、吐古其乡、恰萨美其特乡、洛克乡、伯西热克乡、铁提乡、夏合甫乡、依力克其乡、宗朗乡、乌夏巴什镇、柯克亚乡、棋盘乡共计18个乡（镇）308个行政村。地理坐标为东经76° 48′ 49″ ~ 77° 43′ 42″，北纬37° 00′ 57″ ~ 38° 12′ 29″	AGI2020-02-3267

续表

序号	产品名称	所在区域	证书持有人全称	划定的地域保护范围	质量控制技术规范编号
177	库尔勒香梨	新疆	巴音郭楞蒙古自治州库尔勒香梨协会	巴音郭楞蒙古自治州库尔勒市所辖英下乡、铁克其乡、恰尔巴格乡、兰干乡、上户镇、托布力其乡、和什力克乡、阿瓦提乡、哈拉玉宫乡、普惠乡、西尼尔镇共计 11 个乡（镇）58 个行政村。地理坐标为东经 85° 14′ 10″ ~ 86° 34′ 21″，北纬 41° 10′ 48″ ~ 42° 21′ 36″	AGI2020-02-3268
178	阿克苏苹果	新疆	阿克苏地区苹果协会	阿克苏市所辖喀勒塔勒镇、阿依库勒镇、依干其乡、拜什吐格曼乡、托普鲁克乡、库木巴希乡、实验林场片区管委会、柳源农场片区管委会、西城片区管委会、纺织工业城片区管委会、红旗坡片区管委会、多浪片区管委会；温宿县所辖吐木秀克镇、克孜勒镇、阿热勒镇、托甫汗管理区、共青团管理区、柯柯牙管理区、托乎拉乡、恰格拉克乡、佳木镇、依希来木其乡、古勒阿瓦提乡、博孜墩柯尔克孜族乡共计 24 个乡（镇）310 个行政村。地理坐标为东经 79° 28′ ~ 82° 01′，北纬 39° 30′ ~ 42° 15′	AGI2020-02-3269